高等职业学校烹饪工艺与营养专业教材

烹饪化学

（第二版）

Pengren Huaxue

王黎明 ◎ 主编
龙志芳 ◎ 副主编

中国轻工业出版社

图书在版编目（CIP）数据

烹饪化学 / 王黎明主编. —2版. —北京：中国轻工业出版社，2021.12
ISBN 978-7-5184-3676-7

Ⅰ. ①烹…　Ⅱ. ①王…　Ⅲ. ①烹饪—应用化学—高等职业教育—教材　Ⅳ. ①TS972.1

中国版本图书馆CIP数据核字（2021）第193892号

责任编辑：张　靓　　责任终审：李建华　　封面设计：锋尚设计
版式设计：锋尚设计　　责任校对：朱燕春　　责任监印：张　可

出版发行：中国轻工业出版社（北京东长安街6号，邮编：100740）
印　　刷：艺堂印刷（天津）有限公司
经　　销：各地新华书店
版　　次：2021年12月第2版第1次印刷
开　　本：787×1092　1/16　印张：12.5
字　　数：323千字
书　　号：ISBN 978-7-5184-3676-7　定价：42.00元
邮购电话：010-65241695
发行电话：010-85119835　传真：85113293
网　　址：http://www.chlip.com.cn
Email：club@chlip.com.cn
如发现图书残缺请与我社邮购联系调换
201354J2X201ZBW

前 言

我国是烹饪大国，中餐深受世界各国人民的喜爱，中餐馆在世界范围内遍地开花，但是中国烹饪一直以来重色香味形的师徒传承，轻烹饪原理和工艺的科学探索。当然，这与烹饪科学发展滞后有关。然而，在我国人民的文化水平普遍提高、健康意识普遍增强的当今时代，仅有色香味形的传承已不能满足世界各地食客的需求。当代烹饪专业人才必须学习烹饪科学原理，才能在传承的基础上创新发展。

本教材坚持“够用”和“必需”原则，以能够指导烹饪实践为内容选取依据。与其他教材以营养物质为编写线路不同，本教材以学生认识过程为主线编写教材。第一章介绍烹饪化学以及烹饪化学的学习方法。第二章是中学阶段的基础化学，这主要是考虑到目前高职院校烹饪专业学生有相当一部分来源于中等职业技术学校，化学基础薄弱，如果不学习基础化学就直接进入专业烹饪化学的学习，学习难度将无法想象。“结构决定性质，性质决定应用”。第三章介绍人体营养物质的结构，为第四、五、六章学习物质性质和应用做铺垫。烹饪中有许多化学变化，但是教材中不可能一一分析。第四章分析了一些烹饪中非常典型的化学变化，希望借此向学生示范如何根据物质的结构和性质判断其在不同条件下的化学变化，以及烹饪中如何利用和控制这些变化。第五章介绍水的极性结构。水的极性非常有代表性，学会分析水的极性，以后可以用同样方法分析其他物质的极性以及各种物质之间的相互作用，而且水在烹饪和人体中也非常重要。第六章介绍溶胶和凝胶。溶胶是烹饪中和生命体中液体的主要状态，溶胶的状态将影响人体的健康和烹饪的效果。第七章为风味学入门知识，希望能起到抛砖引玉的作用。

本教材具有一定深度，对学习难度较大的知识点采用了简化处理手段，始终以“电性作用”和“极性作用”为线索编写。如忽略各种“键”（化学键、次级键）的作用方式和作用强度之间的区别，将各种物质间相互作用引起的原因简化为“电性作用”；从正、负电中和角度分析难以理解的“等电点”。这些简化处理手段既不会影响学习效果，又能降低学生的理解难度。本教材可作为高等职业院校、应用型本科院校烹饪相关专业的教材，也可作为相关培训学校的参考书。

本教材第一版于2012年出版，主编王黎明，副主编杜淑琴，参编史守纪、龙志芳、杜二强、汪晓琳。此次修订，承蒙无锡商业职业技术学院龙志芳老师，四川旅游职业技术学院的何江红教授、丁捷副教授，无锡商业技术学院孙德伟博士，全国技能大赛一等奖获得者浙江农业商贸职业学院林梅老师的加入，同时也得到无锡商业职业技术学院许多技能大师及其他院校同行的帮助与指导，使教材质量更上一层楼，在此对他们深表谢意。

由于时间和水平的限制，教材还有一些不足之处，编者将不断在实践中探索，深入学习和研究，在以后不断修订完善。

编　者

目 录

第三章 生命体内重要的有机物

第四章　生命体和烹饪中重要的化学变化

第五章　水的利用与控制

第六章　烹饪中的胶体体系

第七章　食物风味与感官检验

第一章　绪　论

学习重点

1. 烹饪化学的研究内容；
2. 烹饪化学的学习目标；
3. 烹饪化学的学习方法。

学习难点

烹饪化学的学习方法。

第一节　烹饪和烹饪化学

一、烹饪的概念

随着人类文明的进步，烹饪从简单烹饪发展成复杂烹饪，从低级烹饪发展成高级烹饪，从简单工艺发展成复杂技艺，形成一门以原料学、营养学、生物化学、风味学、传热学、工艺学、美学为基础的科学。

“烹饪”是“烹”和“饪”的组合，“烹”是“烧、煮”的意思，“饪”是“熟”的意思，所以“烹饪”的本意是指将食物原料加热制熟。随着烹饪的发展，“烹饪”一词的内涵和外延在不断变化。如今，它泛指对食物原料所进行的一切人为加工和调味，使之成为安全、营养的可食物。高端的烹饪要求食物的色、香、味、形、质、养、美俱佳，其中“色”指色彩搭配符合美感，“香”指香气符合人的嗅觉感受，“味”指滋味符合人的味觉感受，“形”指形状、状态符合人的视觉感受，“质”指品质符合人类安全健康需求，“养”指营养符合人的健康需求，“美”指造型符合人的审美要求。

二、烹饪化学的研究内容

烹饪原料种类繁多，除少数可以直接生食以外，绝大多数要经过烹饪才能食用，说明在烹饪过程中原料中的物质发生了变化，使原来不可食用的原料变得可以食用。随着原料的变化，食物也形成了独特的品质和风味。

烹饪中物质的变化既包括物理变化（比如脂肪、糖类由固态变成液态），也包括化学变化（比如美拉德反应、水解反应）。烹饪化学是从化学角度探讨烹饪中物质的变化、产生的现象和原理，物理变化不在本课程的研究范畴。烹饪化学首先探讨烹饪主辅料中物质的结构，根据物质的结构探讨物质的性质，再根据物质的性质探讨烹饪原理、方法和手段。

烹饪中，原料的结构和性质会随着烹饪条件的改变而变化，这些变化可能有利于烹饪产品，但也有可能不利于烹饪产品，烹饪化学是用化学理论指导烹饪活动，使物质的化学变化朝向有利于产品品质的方向改变，或者为了简化工艺、节省时间、创新工艺等。因此，烹饪化学研究的内容包括以下方面。

1. 研究烹饪原料中各种化学成分的结构、性质

烹饪原料种类很多，大概可以分成三类：第一类是人体基础营养素，如水、蛋白质、脂肪、糖类、矿物质和维生素；第二类是除基础营养素以外的其他对人体有益的成分，称为活性物质，如类黄酮、异黄酮、褪黑素、大蒜素、番茄红素、膳食纤维等；第三类是有害物质，如有毒植物蛋白（包括有害酶类、毒肽）、植物血凝素、毒苷（氰苷、硫苷、皂苷等）、有毒碱（如毒蝇碱、秋水仙碱、茄碱等）、有毒酚（如棉酚）等。烹饪化学主要研究这些物质的结构，通过结构分析这些物质的化学性质和对烹饪加工特性和食物感官特性、安全性、营养性的影响，再制定它们的应用措施和烹饪策略。

2. 研究烹饪原料中化学成分的变化规律

中式烹饪加工方式有爆、炒、炸、烘、蒸、煮、煨、炖等，主要是利用热、电磁辐射等能量加工原料，使原料中的化学物质发生变化，有时还加酸（醋酸）、碱（小苏打）、糖等调味料处理原料。不同的烹饪条件，原料中的化学物质发生的变化不同。比如，脂肪在脂肪酶的作用下发生水解，如果完全水解，产物为脂肪酸和甘油，如果在高温条件下加热，将发生裂解和聚合作用，产生对人体有害的丙烯醛；维生素C在酸性条件下不容易被破坏，在碱性条件下容易被破坏。烹饪化学就是研究原料中的化学成分的变化规律，指导烹饪者制定烹饪策略，破坏原料中的有害成分，保护原料中的有益成分，提高食物的消化吸收率和安全性，形成符合当地民众习惯的色、香、味、形等食物感官特性。

3. 研究烹饪中原料化学成分的相互作用规律

生物体中的化学物质除少数单独存在以外，大多数相互结合在一起，如蛋白质、

糖、脂肪往往相互结合成糖蛋白、糖脂、脂蛋白，维生素和矿物质往往以酶的辅基等形式存在。这些化学成分在烹饪加工时也不例外，总是相互作用，对烹饪原料的加工性能、成品感官特性产生影响。比如淀粉裹在肉片上，水和淀粉会结合到肉片上，影响肉片的营养、安全、嫩度，而脂肪与水相互作用力小，水就不会结合到脂肪上，这形成了冰淇淋、油酥点心等食物独特的口感。物质间不同的相互作用源于物质的结构不同。烹饪化学从物质的结构出发，探讨烹饪原料不同化学成分之间的相互作用以及对食物的口感、质地、色香味形所造成的影响，从而为制定合理的烹饪工艺提供支持，发挥烹饪化学专业基础课的作用。

4. 研究形成和保持烹饪制品色、香、味、形等感官特性的原理

不论是现代烹饪，还是传统烹饪，卓越的色、香、味、形永远是烹饪追求的目标，它们可以提高食物的档次，增强人们的食欲。

烹饪中对食物颜色的控制，一是利用天然原料的颜色，二是利用烹饪过程中产生的颜色。烹饪过程中的化学反应有些是变色反应，如焦糖化反应生成焦糖色、美拉德反应和褐变反应生成棕褐色。这些变色反应有些有利于食物品质的形成，有些变色反应不利于食物品质，如花青素遇铁锅变黑。食物的香气和滋味主要在烹饪过程中产生的。工艺不同、原料不同，香气和滋味也不同。如谷类高温下的烤香味和水煮的饭香味完全不同；都是优质蛋白质原料，猪肉、牛肉、豆腐的滋味和香气完全不同。因为不同的原料中含有不同的香气物质和滋味物质，因此原料搭配不同，食物的香气和滋味也不同，如单独的鱼有鱼腥味，单独的豆类制品有豆腥味，鱼煮豆腐则使鱼腥味和豆腥味都减弱，产生了独特的鱼煮豆腐味。类似的例子还有很多，再比如，羊肉和孜然搭配，番茄和鸡蛋搭配等。食物的形状大多数决定于初加工，特别是面食。如山西的刀削面、猫耳朵，山东的戗面馒头，加工时要求面团具有很好的韧性，所以要冷水和面。冷水和面可以使面筋蛋白质不变性，充分吸水交联后形成的面筋口感筋道。因此，合理地利用烹饪原料中物质的化学变化，可以带给烹饪成品良好的色、香、味、形。

5. 研究降低营养素损失的烹饪措施

将烹饪原料中的营养素在烹饪加工过程中的损失降到最低，可以最大限度地发挥烹饪原料的价值。烹饪化学根据营养素的结构和性质，研究原料中的化学成分在不同的加工和烹饪过程中可能发生的变化以及由此而造成的损失，从而帮助烹饪工作者合理规划烹饪工艺，保护原料中的营养素。如大多数二价金属离子能与草酸、植酸、鞣酸结合生成不溶性盐，烹饪时这两种营养素含量丰富的原料应避免出现在同一餐食物中，或采取焯水等处理措施防止它们结合；大多数维生素对热、氧、酸或碱中的一个因素或多个因素敏感，烹饪蔬菜时应烹前切配、急火快炒、断生即食；不同油脂的烟点不同，油炸时应选择烟点高的烹饪油，炖煮时应选择烟点低的烹饪油。

6. 研究破坏原料中有害物质或避免在烹饪中产生有害物质的措施

烹饪制熟的基本作用之一是破坏原料中原有的有害物质，防止原料本身对人体健

康的损害，比如研究青皮马铃薯中的龙葵素，鲜黄花菜中的秋水仙碱，杏仁、桃仁、枇杷仁、李子仁中的氰苷的性质，根据这些物质的化学性质，寻找破坏龙葵素、秋水仙碱和氰苷毒性的烹饪方法。

烹饪化学还研究如何防止在烹饪过程中产生有害物质，保证烹饪制品的食用安全。如以蛋白质、油脂、淀粉为主的原料，高温烹饪会产生有毒物质——丙烯醛、多环芳烃、丙烯酰胺、杂环胺等。烹饪化学要研究这些物质产生的条件，据此制定防止这些物质产生的烹饪措施。

7. 研究制品良好品质形成的烹饪措施

烹饪化学综合各种物质的化学性质、变化规律，研究烹饪制品良好品质的形成措施，达到饮食安全营养、口感独特、滋味丰富的目的。

8. 研究烹饪工艺中节约措施

烹饪中应尽可能地根据物质的性质选择合适的烹饪工艺，在营养成分的基本组成结构不被破坏的前提下，尽可能地破坏原料中的有害成分，并充分利用原料中化学成分的理化性质，提高食物的感官品质、消化吸收率和安全性。优秀的烹饪工艺还应做到节能高效、工艺简洁。

巩固提高

1. 烹饪化学的主要研究内容有哪些？
2. 在《说文解字》中，“烹”和“饪”的解释分别是什么？

第二节　烹饪化学学习方法

烹饪化学以无机化学、有机化学、生物化学、高分子物理等课程为基础，它是烹饪专业的基础理论课，为烹饪营养课程、烹饪技能课程等几乎所有烹饪专业课服务。烹饪化学从化学角度探讨烹饪中的诸多现象，分析烹饪过程中物质的变化，找到烹饪科学原理，从而为合理利用化学理论指导烹饪工艺、提高烹饪技术提供必要的理论基础。

一、学习目标

1. 熟练掌握物质的结构和理化性质

“结构决定性质、性质决定应用”是烹饪化学课程的基本逻辑。烹饪的对象是各种食物原料。烹饪过程绝大多数是原料由“生”变“熟”的过程，这一过程的实质是原料中各种物质的化学变化。掌握物质变化的规律就能够预测原料在不同条件烹饪的结果以及食物对人体的营养效果，从而制定合理的烹饪工艺。因此掌握物质的结构和理化性质是学习烹饪化学的首要任务。

2. 学会用烹饪化学原理解释烹饪现象

科学理论建立的途径是：生产实践现象—总结归纳形成科学理论—应用科学理论指导生产实践—修正科学理论中的瑕疵与错误。烹饪化学理论也不例外，它以烹饪实践为基础，通过总结烹饪中的化学现象，形成烹饪化学原理，反过来指导烹饪实践。学习烹饪化学应学会用烹饪化学原理解释烹饪过程中的各种化学现象，在形成理论和指导实践两者之间不断循环往复训练，才能自如地应用烹饪化学原理指导烹饪实践、创新烹饪工艺、提高烹饪技能。

3. 学会用烹饪化学原理创新烹饪工艺

烹饪专业学生除了要学会用化学原理解释发生在烹饪过程中的化学现象之外，还要学习烹饪工艺的创新研究。缺少理论指导的烹饪工作者，往往缺乏创新能力，烹饪行为主要是传承和延续。烹饪化学理论能够帮助烹饪工作者拨开烹饪现象的层层迷雾，看到当中最根本、最本质的问题，并掌握解决这些根本问题的基本逻辑。

二、学习方法

1. 功夫在教材外

教材由于受篇幅的限制，知识容量总归有限。要学好烹饪化学这门课程，仅靠几本教材是远远不够的，需要广泛学习、拓展阅读、深入实践，遵守从理论到实践再提升理论这一学习规律。要学好烹饪化学及烹饪技能，除了要阅读烹饪相关知识，还要具有扎实的有机化学知识。

2. 抓住化学变化的本质

原子是化学变化的最小微粒，所以化学变化归根到底是原子间的相互作用。推动自然界物质相互作用的是“力”，其中推动原子间相互作用的是“电磁力”。原子间的“磁力”来源于核外电子的变速运动，而“电力”源于电子与电子的相互作用以及电子与质子的相互作用。电子与电子或电子与质子之间的作用力导致磁场反应，引起粒子的吸引或排斥。但是由于磁力作用表现不明显，可忽略不计，因此可将原子间作用力简化为电性作用力。烹饪化学的学习只要紧抓“电性作用力”这根主线，烹饪化学的学习就会变得非常简单。烹饪化学课程中的许多概念本质上都是电性作用力，无非是电性作用力的形式和大小不同，取了不同的名称。比如，离子键是相邻原子间强烈的静电作用力*，氢键是孤对电子的负电和显正电的氢之间的弱电性作用力，偶极力是瞬时电性作用力，极性作用、疏水相互作用本质上都是电性作用力相关。化学基础

* 静电作用力也属于电性作用力。

扎实的同学在烹饪化学学习过程中可以将重点放在这些电性作用力的区别之处；化学基础薄弱的同学如果过多关注这些概念，反而被弄得晕头转向，学习过程中应采取化繁为简的方法，将所有类型的电性作用力简单地分为“极性作用”和“非极性作用”，如化学键、氢键、水合作用、偶极力等统统归为极性作用，疏水相互作用归为非极性作用，这样有利于把握化学变化的本质，不被概念干扰。

3. 掌握教材体系和章节间的逻辑

学好一门课程首先要了解这门课程有哪几个模块，各模块之间有怎样的逻辑关系。本教材与其他《烹饪化学》教材的编写体系不同。目前，几乎所有其他《烹饪化学》教材都是按照烹饪原料中主要营养成分为顺序编写的，本教材是按照料学生认知过程为顺序编写的。

教材可分为四个模块：第一个模块为第二章，第二个模块为第三、四章，第三个模块为第五、六章，第四个模块为第七章。第二章是中学化学的高度浓缩，但与中学化学的侧重点不同。本教材在介绍化学基础知识的同时，偏重于极性与非极性的概念，因为它们是许多化学作用的原动力，后几章的内容将主要围绕极性与非极性展开。第三章介绍烹饪原料中主要营养物质的化学结构与性质，因为结构决定性质，性质决定应用，所以只有熟悉物质的化学结构，才能以性质为出发点开展守正创新式的应用，才是烹饪化学这门课的价值所在。第四章介绍这些物质在烹饪过程中常见的化学变化，属于第三章中物质性质的延续。第五章介绍水的结构和性质以及水与其他物质的相互作用，第六章是水和其他物质相互作用的应用。第七章是风味学内容。

除了第四个模块第七章风味学内容与前几个模块的关联度不大以外，其他三个模块按照认知顺序相互关联。第一模块为化学基础模块，是烹饪化学课程的基础理论，第二模块是第三模块的理论基础，第三模块是第二模块的应用。

4. 抓住重点、攻克难点、提高效率

学习过程中既不能囫囵吞枣，也不能眉毛胡子一把抓，要有针对性，要抓住重点、攻克难点。有些同学学习时遇到难点就绕着走，这样学习再多遍，不会的还是不会，没有实效，还浪费时间。只有将“不会”变成“会”，学习才有效率，才有价值。

巩固提高

1. 怎样才能学好烹饪化学？
2. 学习烹饪化学的目的是什么？

知识拓展

治大国若烹小鲜——中华厨圣伊尹

伊尹，生于公元前1649年，名挚，“尹”是官职名，等同丞相。伊尹生于夏朝晚期，后辅佐商汤讨伐夏朝，建立商朝，是当时著名的政治家、思想家。他还是一位厨圣，后被尊为中华厨师鼻祖。

伊尹出生于有莘国，是个奴隶，养父是有莘国王身边的厨师。伊尹从小聪颖好学，一边田间劳作，一边学习尧舜治国之道，烹饪技术也青出于蓝，自愿成为有莘国王贴身厨师。后伊尹厨艺美名远播至成汤耳中。成汤一心想得到伊尹，多次重礼聘请，有莘国王均不放行，后成汤以娶有莘国王的女儿为代价才将伊尹带到成汤国。传说，伊尹见成汤时，背着做菜的鼎和切菜的砧板，一边给成汤烹饪，一边讲厨艺。《吕氏春秋》里有一段关于伊尹说汤以至味的记载。他给成汤讲解烹饪原料尤其是水，告诉成汤烹饪要注意火候和调味，以及食物美味的境界。原文如下："君之国小，不足以具之，为天子然后可具。夫三群之虫，水居者腥，肉玃者臊，草食者膻，臭恶犹美，皆有所以。凡味之本，水最为始。五味三材，九沸九变，火为之纪。时疾时徐，灭腥去臊除膻，必以其胜，无失其理。调和之事，必以甘酸苦辛咸，先后多少，其齐甚微，皆有自起。鼎中之变，精妙微纤，口弗能言，志弗能喻。若射御之微，阴阳之化，四时之数。故久而不弊，熟而不烂，甘而不哝，酸而不酷，咸而不减，辛而不烈，澹而不薄，肥而不腻。"

其意为：君的国家小，不可能都具备；如果得到天下当了天子就可以了。说到天下三类动物，水里的味腥；食肉的动物味臊；吃草的动物味膻。无论恶臭还是美味，都是有来由的。味道的根本在于水。酸、甜、苦、辣、咸五味和水、木、火三材都决定了味道，烧煮九次味道变九次，火很关键。一会儿火大一会儿火小，通过疾徐不同的火势可以灭腥去臊除膻，只有这样才能做好，不失去食物的品质。调和味道离不开甘、酸、苦、辛、咸。用多用少用什么，全根据自己的口味来将这些调料调配在一起。至于锅中的变化，那就非常精妙细微，只可意会，不可言传，如同射箭驾马一样精妙又如阴阳转化、四季变更一般规律。所以久放而不腐败，煮熟了又不过烂，甘而不过于甜，酸又不太酸，咸又不咸得发苦，辣又不辣得浓烈，淡却不寡薄，肥又不太腻，这样才算达到了美味啊！

这便是伊尹著名的"火候"和"五味调和"理论。表面上伊尹在给成汤讲烹饪，实际在讲治国。伊尹后来帮助成汤策划灭了夏桀，并成为商汤的宰相，即"尹"。伊尹担任商朝"尹"期间，以"调和五味"等烹饪方法治国，把商朝治理得很好，经济繁荣，政治清明，历事成汤、外丙、仲壬、太甲、沃丁五代君主，100岁时逝世，被以天子之礼安葬在商汤的陵墓旁边。后来老子评价其为"治大国若烹小鲜"的贤相。

第二章 原子之间的相互作用

学习重点

1. 中性原子的结构；
2. 原子的稳定结构及其形成途径；
3. 共价键和共价化合物的极性；
4. 离子键和离子化合物的定义；
5. 化学变化的条件和影响因素。

学习难点

1. 电性作用力；
2. C—C键和H—O键的极性；
3. 化学键的断裂及其生成物。

学习指导

世界是由物质组成的。世界上物质的变化形式主要有化学变化和物理变化两种（还有核变化，但不在本教材讨论范围）。化学是从微观的原子探讨物质的组成和结构，进而在宏观上探讨物质的性质和物质的应用，所以原子的结构是“烹饪化学”学习的起点，实际上它也是任何一门化学课程的学习起点。

本章是本教材其他章节的基础。本章理解得越深刻、学得越扎实，其他章节学起来就越容易。反过来，如果本章没有学好，其他章节学起来就非常困难。同学们在学习本章时，要注意抓住“电性作用”这一线索。许多原子之所以能够“凑”在一起组成分子，就是因为有电性作用力的存在，要分开它们，就要克服它们之间的电性作用力。化学中，电性作用力并不总是以“电性作用力”这个名词出现，根据表现形式，常常以范德华力、离子键、共价键、金属键、极性作用、非极性作用等名词出现。无论以什么名词出现，它们的本质都是电性作用力。学习中尤其要注意这一点，不要被各种名词绕糊涂了，要始终抓住它们本质上都是电性作用力。本教材中，经常用极性作用表示广义电性作用力。

学习本章时，应侧重于理解，不要死记硬背，一些专业名词的定义要在理解的基础上记忆。学习第一节中性原子的结构时，将重点放在核外电子，尤其是最外层电子的运动规律上，因为最外层电子最容易受外界干扰而发生变化。学习第二节原子的稳定结构时，要理解原子从不稳定状态向稳定状态转变是自发过程，而从稳定状态向不稳定状态转变是逆自发过程，需要外界的帮助，这便是化学反应的条件。学习第三节化学键和化合价时，重点要理解化合价的本质和化学键的实际含义，尤其要理解共价化合物的化合价本质，这对后面“原料中的水”这一章的学习至关重要，甚至对整个“烹饪化学”的学习都至关重要。学习第四节化学变化时，重点是理解化学反应完成需要的条件，以及化学平衡移动的影响因素，关键是理解勒沙特列原理。学习第五节物质的分类时，要整体把握掌握自然界物质的分类。

第一节　中性原子的结构

知识目标

1. 熟悉中性原子的结构；
2. 熟悉核外电子的运动规律；
3. 熟悉电子分层排布规律；
4. 熟悉元素周期表和元素周期律。

能力目标

1. 能画出原子结构示意图；
2. 能按元素周期表的顺序背诵出前20个元素。

重点内容

元素周期律。

难点内容

核外电子的运动规律。

自然界的物质有些由分子组成，有些由原子组成，有些由离子组成。因为分子也是原子组成的，离子是电子发生了变化的原子，所以归根结底，自然界的物质是由原子组成的。原子是参加化学反应的最小微粒。

一、中性原子的结构

原子是由居于原子中心的带正电的原子核和核外带负电的电子构成，原子核由质子和中子构成，质子数等于电子数，中子数可能与质子数相同，也可能不同。原子的种类取决于质子数和中子数。质子数与中子数都相同的两个原子是同一种原子；质子数相同中子数不同的两个原子是不同种原子，但是同种元素。

每个质子带一个单位正电荷，中子不带电，每个电子带一个单位负电荷。所以原子核内质子所带的正电荷与核外电子所带的负电荷相等，整个原子呈电中性。这种核内质子数等于核外电子数的原子也称为中性原子。受质子所带正电荷的吸引，电子在原子核外广阔空间内围绕着原子核做高速无规则运动。

原子的直径大约是10^{-10}m，在化学反应中不可再分割。原子的大部分质量都集中在原子核上（99.9%），电子几乎不占质量，通常可忽略不计。原子没有清晰的边界。图2-1所示为碳原子立体结构示意图。

1. 电子云图

统计发现，电子围绕原子核作高速无规则运动时遵循能量最低原理，即能量低的电子在离核近的区域出现的概率高，能量高的电子在离核远的区域出现的概率高。当然，能量低的电子偶尔也会出现在离核远的区域，能量高的电子偶尔也会出现在离核近的区域。为了表示电子在原子核外空间某处出现的概率，化学中引入了“电子云”这一概念，它由核外电子无数多个瞬间重叠而成。如图2-2是氢原子的电子云图。图中的点表示电子在该区域出现概率的大小。

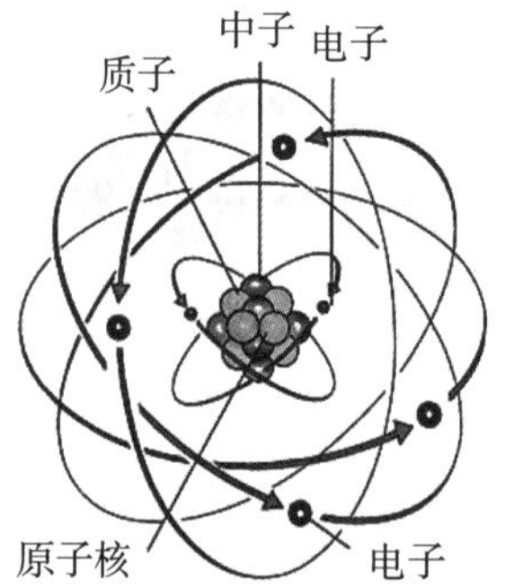

图2-1　碳原子（C）立体结构示意图（玻尔模型）

图2-2　氢原子的电子云图

2. 电子分层排布规律

由于原子核外电子的运动的复杂性，为了便于更加深入地研究与描述原子核外电子的运动规律，科学家们对原子核外电子的运动作了简化处理：一是忽略偶然因素和小概率事件，如忽略“能量低的电子偶尔出现在离核远的区域，能量高的电子偶尔出现在离核近的区域”这种小概率事件，把电子的能量最低原理当作绝对规律看待，认为“能量低的电子只能出现在离核近的区域，能量高的电子只能出现在离核远的区域”；二是将复杂的问题简单化处理，将原子核外电子运动的广阔区域虚拟地划分成以同心球面隔开的多个电子运动层，简称电子层，由里往外（能量由低到高）依次称为K层（第1层）、L层（第2层）、M层（第3层）、N层（第4层）、O层（第5层）、P层（第6层）、Q层（第7层），平面结构示意图如图2–3所示。每个电子层最多只能容纳$2n^2$个电子（n指电子层数），最外层（倒数第1层）最多只能容纳8个电子（K层为最外层时不能超过2个），次外层（倒数第2层）最多只能容纳18个电子（K层为次外层时不能超过2个）。这一规律被称为核外电子的分层运动规律，又称核外电子的分层排布规律。

图2–3　核外电子分层排布平面结构示意图

核外电子的分层排布规律可以解释如下：每个电子层能容纳的电子数是电子—原子核间吸引力与电子–电子间排斥力平衡的结果，可以这样想象：在原子核的作用下，电子朝原子核聚拢，聚拢时低能量的电子首先进入第1层，随着第1层的电子数越来越多，电子间距离越来越小，电子间排斥力变得越来越大，当排斥力大到一定程度时，便与原子核–电子间的吸引力达到平衡，其他电子不能再进入第1层，只能进入第2层，依此原理，电子不断往高层（外层）排布，且电子的能量也越来越高（该解释仅适用于元素周期表中的主族元素）。图2–4所示为核外电子分层排布的立体结构示意图。

3. 原子结构示意图

如何表示电子的分层排布呢？是不是可以用图2–4的立体结构示意图或图2–3的平面结构示意图表示呢？当然可以。但是图2–3和图2–4画起来太复杂，为了简化表示方法，化学中将图2–3中的圆简化为弧线，如图2–5所示。图2–5被称为“原子结构

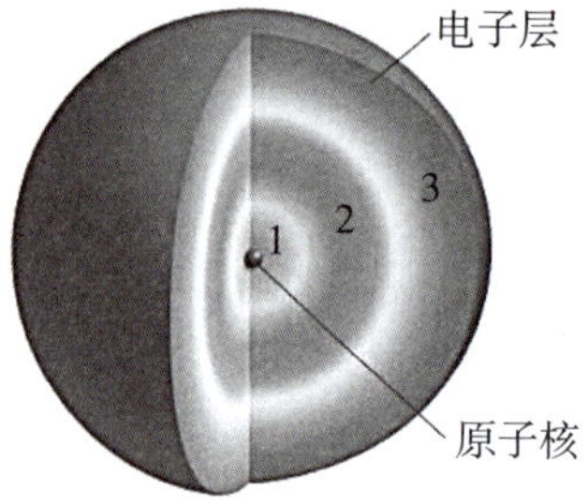

图2-4　核外电子分层排布的立体结构示意图

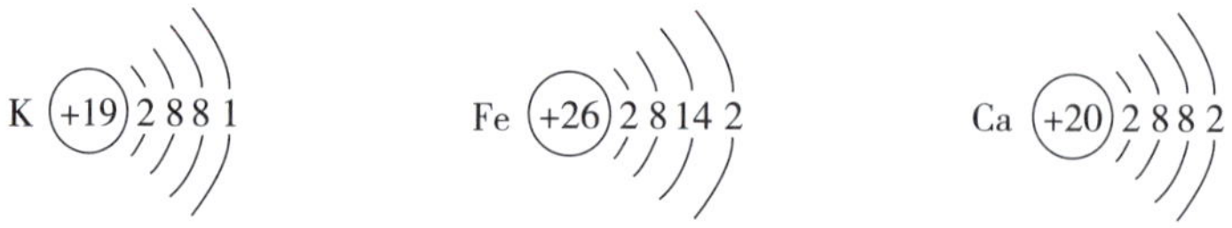

图2-5　原子结构示意图

示意图"，其中圆圈表示原子核，圈内的数字表示核内质子数，弧线表示电子层，弧线上的数字表示该层的电子数。

二、元素

1. 元素和同位素

自然界中有很多原子，它们的质子数相同，中子数不同，如氕（H）、氘（D）、氚（T）的质子数均为1，中子数分别为0、1、2。化学中将这些质子数相同而中子数不同的原子统称为"元素"，如"氢元素"指氕、氘、氚三种原子。相同质子数、不同中子数的原子之间互称为同位素，如氕（H）原子的同位素有氘（D）、氚（T）；氘（D）的同位素是氕（H）、氚（T）等。

自然界中许多元素都有同位素，有的是天然存在的，有的是人工制造的，有的有放射性，有的没有放射性。天然同位素之间原子个数百分比是确定的。同位素的化学性质基本相同，物理性质有差异。迄今为止，已发现的109种元素中有20种元素未发现稳定的同位素，但所有的元素都有放射性同位素。

2. 元素周期表

元素周期表（图2-6）中从ⅠA至ⅦA族7个主族元素以及0族，从ⅠB至ⅦB族以及Ⅷ族为过渡元素。因"烹饪化学"中只涉及主族和0族元素，所以过渡元素不在本教材讨论范围。元素周期表中的"行"称为"周期"，"列"称为"族"。同一周期的元素，电子层数相同，同一族的元素，最外层电子数相同。所有100多种化学元素中，非金属元素有22种，其他为金属元素。

通过元素周期表可以查出某一元素原子的序数、元素符号、相对原子质量、元素类型（金属元素或非金属元素、主族元素或过渡元素）等。

元素周期表

原子序数 ← 19 K → 元素符号
钾 → 元素名称
原子量 ← 39.0983 (1)
注 * 的是人造元素

族 / 周期	IA	IIA	IIIB	IVB	VB	VIB	VIIB	VIIIB			IB	IIB	IIIA	IVA	VA	VIA	VIIA	VIIIA	电子层
1	1 H 氢 1.00794(7)																	2 He 氦 4.002602(2)	K
2	3 Li 锂 6.941(2)	4 Be 铍 9.012182(3)											5 B 硼 10.811(7)	6 C 碳 12.0107(8)	7 N 氮 14.0067(2)	8 O 氧 15.9994(3)	9 F 氟 18.9984032(5)	10 Ne 氖 20.1797(6)	L K
3	11 Na 钠 22.989770(2)	12 Mg 镁 24.3050(6)											13 Al 铝 26.981538(2)	14 Si 硅 28.0855(3)	15 P 磷 30.973761(2)	16 S 硫 32.065(5)	17 Cl 氯 35.453(2)	18 Ar 氩 39.948(1)	M L K
4	19 K 钾 39.0983(1)	20 Ca 钙 40.078(4)	21 Sc 钪 44.955910(8)	22 Ti 钛 47.867(1)	23 V 钒 50.9415	24 Cr 铬 51.9961(6)	25 Mn 锰 54.938049(9)	26 Fe 铁 55.845(2)	27 Co 钴 58.933200(9)	28 Ni 镍 58.6934(2)	29 Cu 铜 63.546(3)	30 Zn 锌 65.409(4)	31 Ga 镓 69.723(1)	32 Ge 锗 72.64(1)	33 As 砷 74.92160(2)	34 Se 硒 78.96(3)	35 Br 溴 79.904(1)	36 Kr 氪 83.798(2)	N M L K
5	37 Rb 铷 85.4678(3)	38 Sr 锶 87.62(1)	39 Y 钇 88.90585(2)	40 Zr 锆 91.224(2)	41 Nb 铌 92.90638(2)	42 Mo 钼 95.94(2)	43 Tc 锝 * 97.907	44 Ru 钌 101.07(2)	45 Rh 铑 102.90550(2)	46 Pd 钯 106.42(1)	47 Ag 银 107.8682(2)	48 Cd 镉 112.411(8)	49 In 铟 114.818(3)	50 Sn 锡 118.710(7)	51 Sb 锑 121.760(1)	52 Te 碲 127.60(3)	53 I 碘 126.90447(3)	54 Xe 氙 131.293(6)	O N M L K
6	55 Cs 铯 132.90545(2)	56 Ba 钡 137.327(7)	57—71 La-Lu 镧系	72 Hf 铪 178.49(2)	73 Ta 钽 180.9479(1)	74 W 钨 183.84(1)	75 Re 铼 186.207(1)	76 Os 锇 190.23(3)	77 Ir 铱 192.217(3)	78 Pt 铂 195.078(2)	79 Au 金 196.96655(2)	80 Hg 汞 200.59(2)	81 Tl 铊 204.3833(2)	82 Pb 铅 207.2(1)	83 Bi 铋 208.98038(2)	84 Po 钋 208.98	85 At 砹 209.99	86 Rn 氡 222.02	P O N M L K
7	87 Fr 钫 * 223.02	88 Ra 镭 226.03	89—103 Ac-Lr 锕系	104 Rf 𬬻 * 261.11	105 Db 𬭊 * 262.11	106 Sg 𬭳 * 263.12	107 Bh 𬭛 * 264.12	108 Hs 𬭶 * 265.13	109 Mt 鿏 * 266.13	110 Ds 𫟼 * (269)	111 Rg 𬬭 * (272)	112 Cn 鿔 * (277)	113 Uut * (278)	114 Fl 𫓧 * (289)	115 Uup * (288)	116 Lv 𫟷 * (289)		118 Uuo * (294)	Q P O N M L K

镧系	57 La 镧 138.9055(2)	58 Ce 铈 140.116(1)	59 Pr 镨 140.90765(2)	60 Nd 钕 144.24(3)	61 Pm 钷 * 144.91	62 Sm 钐 150.36(3)	63 Eu 铕 151.964(1)	64 Gd 钆 157.25(3)	65 Tb 铽 158.92534(2)	66 Dy 镝 162.500(1)	67 Ho 钬 164.93032(2)	68 Er 铒 167.259(3)	69 Tm 铥 168.93421(2)	70 Yb 镱 173.04(3)	71 Lu 镥 174.967(1)
锕系	89 Ac 锕 227.03	90 Th 钍 232.0381(1)	91 Pa 镤 231.03588(2)	92 U 铀 238.02891(3)	93 Np 镎 237.05	94 Pu 钚 244.06	95 Am 镅 * 243.06	96 Cm 锔 * 247.07	97 Bk 锫 * 247.07	98 Cf 锎 * 251.08	99 Es 锿 * 252.08	100 Fm 镄 * 257.10	101 Md 钔 * 258.10	102 No 锘 * 259.10	103 Lr 铹 * 260.11

图2-6 元素周期表

巩固提高

一、选择题

1．关于原子的结构，下列说法错误的是（　　）。

A．原子有清晰的边界

B．电子围绕原子核做高速运动

C．电子在离核远的地方出现的概率低

D．离核近的电子能量低于离核远的电子

2．构成原子的各种粒子中，能表示原子种类的是（　　）。

A．质子数　　B．中子数

C．质子数和中子数　　D．核外电子数

3．关于中性原子的带电性，下列说法正确的是（　　）。

A．原子核带正电，核外电子带负电，且正负电荷数相等

B．质子带正电，中子带负电，且正负电荷数相等

C．中子带正电，质子带负电，且正负电荷数相等

D．中子带正电，核外电子带负电，且正负电荷数相等

4．在电子云图中，小黑点表示的意义是（　　）。

A．1个小黑点表示1个电子

B．黑点的多少表示电子个数的多少

C．表示电子运动的轨迹

D．黑点的多少表示电子出现概率的大小

5．关于电子结构示意图，说法正确的是（　　）。

A．圆圈表示原子核

B．圆圈内数字表示电子数

C．弧线是电子层的分界线

D．弧线上的数字表示该层所能容纳的电子数

6．关于原子核外电子的分层排布规律，说法正确的是（　　）。

A．每层最多能容纳$2n^2$个电子

B．所有原子的最外层电子数都是8个，次外层电子数都是18个

C．每层最多能容纳的电子数既受电子-电子排斥力影响，又受质子-电子吸引力影响

D．由K层到P层，电子的能量逐渐降低

二、判断题

（　　）1．电子层是真实存在的。

(　　) 2. 原子中，能量最高的那个电子（电子总数超过2个）绝不可能出现在第1层区域内。

(　　) 3. 每一层最多能容纳的电子数只取决于质子对电子吸引力的大小。

(　　) 4. 分子是参加化学反应的最小微粒。

(　　) 5. 中性原子中的“中性”指整个原子对外不显电性。

(　　) 6. 原子的质量均匀分布在质子、中子、电子上。

(　　) 7. 电子的分层排布规律是将真实的电子运动情况理想化、简化后的结果。

(　　) 8. 电子云图中，点越密集的位置，电子越多。

三、思考题

1. 如何解释“中性原子”中的“中性”？
2. 如何理解电子分层排布中的“层”，它是否真实存在？

第二节　原子的稳定结构

知识目标

1. 熟悉原子的稳定结构；
2. 熟悉原子半径和核内质子数对得失电子的影响；
3. 熟悉共用电子对的运动方式。

能力目标

1. 能大致判断常见元素形成稳定结构的方式；
2. 能判断共用电子对的偏移情况。

重点内容

HCl和H_2O中共用电子对的偏移情况。

难点内容

原子半径对得失电子的影响。

物质的能量越低，越稳定，且自然界的物质具有自发降低能量变得更稳定的趋势。原子也不例外。中性原子不稳定性，有变得更稳定的趋势。但稀有气体（也称惰性气体）的原子是稳定的，很难发生变化。研究发现当原子最外层有8个电子（第1层是最外层时有2个电子）时，原子的结构最稳定。原子有两种方式由不稳定结构变成稳定结构，一是通过得失电子，二是通过共用电子。

一、得失电子

1．一般规律

一般来说，活泼金属原子通过失去最外层电子，使其次外层（有8个或2个电子）变成最外层，形成稳定结构；而活泼非金属原子通过得到其他原子失去的电子，使最外层电子数达到8个（或2个），形成稳定结构。如锂（Li）原子核外有3个电子，共有2个电子层，第1层有2个电子，第2层（也是最外层）有1个电子，要形成最外层为8个电子（第1层是最外层时有2个电子）的稳定结构，理论上，可以失去最外层的1个电子，使次外层（即第1层）变成最外层，也可以从其他原子那得到7个电子，使最外层（第2层）变成8个电子，明显地，失去1个电子要比得到7个电子容易得多，因此Li原子是通过失去最外层1个电子，使次外层变成最外层，形成最外层为2个电子的稳定结构的；再如氧（O）原子核外有8个电子，最外层有6个电子，要形成最外层为8个电子（第1层是最外层时，有2个电子）的稳定结构，理论上可以失去最外层6个电子，也可以从其他原子处得到2个电子，很明显得到2个电子要比失去6个电子容易得多，因此氧原子是通过得到2个电子形成稳定结构的；又如氟（F）原子核外有9电子，最外层有7个电子，要形成最外层为8个电子的稳定结构，理论上可以失去最外层的7个电子，或者得到1个电子，很显然，得到1个电子要比失去7个电子容易，因此氟原子更倾向于得到1个电子，形成稳定结构。

2．原子半径对得失电子的影响

图2-7所示为主族元素原子半径变化规律图。对于主族元素来说，同周期元素随着原子序数的递增，原子核电荷数逐渐增大，而电子层数却没有变化，因而核子核对核外电子的引力逐渐增强，原子半径逐渐减小。随着原子半径逐渐减小，原子失电子能力逐渐降低，金属性逐渐减弱，得电子能力逐渐增强，非金属性逐渐增强。如钠原子（Na）与镁原子（Mg）都有2层电子，但是钠原子最外层有1个电子，镁原子最外层有2个电子，所以钠原子比镁原子更容易失去电子。

而非金属原子最外层电子越多，从其他原子那得到电子的能力就越强。如氟原

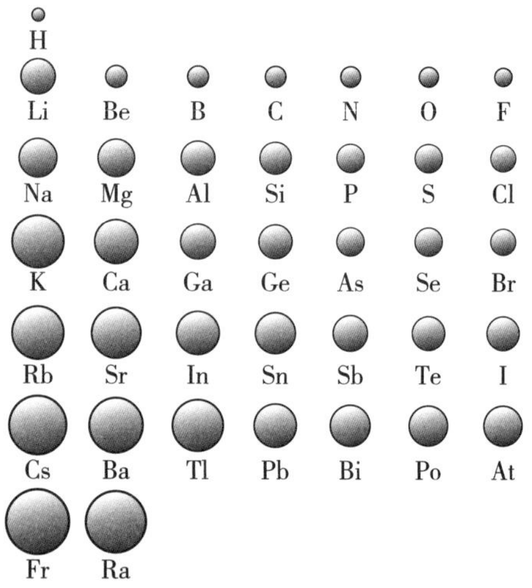

图2-7　主族元素原子半径变化规律图

子（F）和氧原子（O）都有2层电子，但是氟原子最外层有7个电子，而氧原子最外层有6个电子，所以氟原子夺电子能力比氧原子更强。在相同最外层电子数情况下，金属原子电子层数越多，越容易失去电子。

同族元素随着原子序数递增，电子层数逐渐增多，原子半径明显增大，原子核对最外层电子的引力逐渐减弱，原子失电子能力逐渐增强，得电子能力逐渐减弱，所以元素的金属性逐渐增强，非金属性逐渐减弱。如钠原子（Na）和钾原子（K）最外层都有1个电子，但是钠原子具有3层电子，而钾原子具有4层电子，所以钾原子比钠原子更容易失去最外层的1个电子。对于非金属元素原子来说，电子层数越少，夺电子能力越强。如氟原子和氯原子的最外层都有7个电子，但是氟原子有2层电子，而氯原子有3层电子，所以氟原子夺电子能力更强。

以上规律也可以通过主族元素原子半径变化示意图清晰地表示出来（图2–7）。图中除氢原子（H）以外，越往右上角，原子半径越小；越往左下角，原子半径越大。原子半径越小，得电子能力越强，失电子能力越弱；原子半径越大，失电子能力越强，得电子能力越弱。所有主族元素原子中，钫（Fr）原子失电子能力最强，而氟原子（F）得电子能力最强。

二、共用电子

许多非金属元素的原子之间相互都没有足够的能力夺取对方的最外层电子，它们如何形成稳定结构呢？研究发现，它们通过共用电子的方式形成稳定结构。两个原子对共用电子对作用力相同时，共用电子对均匀出现在两个原子核周核，无明显偏移，两个原子对共用电子对的电性作用力一个大，一个小，共用电子对在作用力大的原子核周围出现的频率高，而在作用力小的原子核周围出现的频率低，电子发生偏移。下面以H_2、C—C、HCl、H_2O为例来说明原子如何通过共用电子对形成稳定结构。

1. H_2的共用电子对

氢（H）原子位于元素周期表的第1周期第ⅠA簇，原子核外仅有1个电子（用·表示）。失去这个电子，氢原子将变成核外无电子的裸露质子。没有电子的裸露质子非常不稳定，所以这个电子很难失去。但是氢原子核内只有1个带1个单位正电荷的质子，在这个质子已经与核外电子相吸引的基础上，再夺取其他原子的电子并不容易，所以氢原子既不易失去那1个电子，又难以从其他原子那得到1个电子，一般以与其他原子共用电子的形式形成最外层是2个电子的稳定结构。

H_2是2个H各提供1个电子，组成共用电子对（图2–8）。图2–8中2个H对中间的共用电子对的电性作用力相等，所以共用电子对不偏向任何一个H，即$a=b$（a，b分别是共用电子对距2个H原子核的距离）。图2–8只是个示意图。共用电子对形成

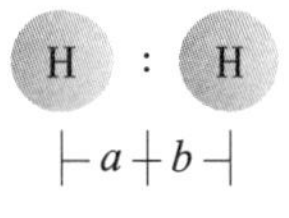

图2–8　H_2非极性共用电子对示意图

的实际情形如图2–9所示，共用电子对并非一直处于2个H之间，而是一个顺时针、一个逆时针同时围绕2个H核作高速运动（图2–9）。

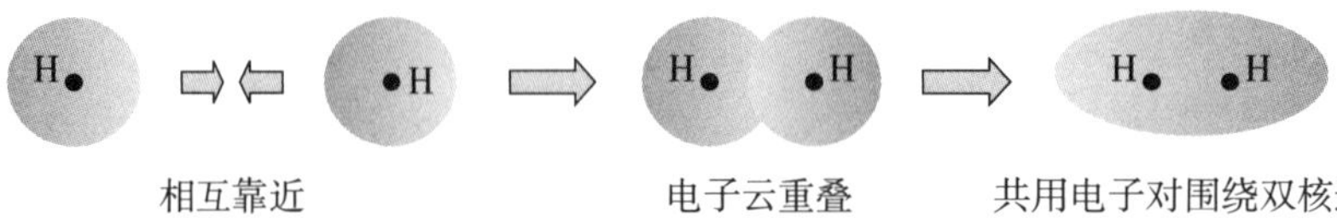

图2–9　H_2共用电子对形成过程

2. C—C 共用电子对

C位于元素周期表第2周期第ⅣA簇，最外层有4个电子。要达到最外层有8个电子（第1层为最外层时2个电子）的稳定结构，理论上说，可以失去最外层4个电子，使次外层（第1层2个电子）变成最外层，也可以夺取其他原子4个电子，使最外层变成8个电子。实际上，C核内6个质子所带的正电荷对其最外层4个电子有相当的吸引力，但也无法再夺取其他原子4个电子，所以C既不容易失去4个电子，也不容易得到4个电子。它和H一样，形成共用电子对，达到最外层8个电子的稳定结构。

图2–10所示为C的4个共用电子对电子式示意图。中间C最外层4个电子（×）分别与周围C最外层的1个电子（·）形成共用电子对，共形成4个共用电子对。中间C成为最外层有8个电子的稳定结构。如果周围4个C的其余3个电子都与H形成共用电子对，则图2–10就变成新戊烷［$C(CH_3)_4$］电子式。

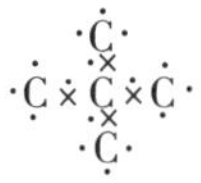

图2–10　C原子的电子式

图2–10的共用电子对，因为提供电子的两个原子相同，电性作用力相同，所以共用电子对不偏移。

两个C之间可以形成1～3个共用电子对，图2–10是C与C之间形成了1个共用电子对，乙烯（$CH_2{=}CH_2$）是C与C之间形成了2个共用电子对，乙炔（$CH{\equiv}CH$）是C与C之间形成了3个共用电子对。

C与其他原子形成共用电子对的原理与C与C之间形成共用电子对的原理相同。如CO_2是1个C与每个O各形成2对共用电子。

3. HCl 的共用电子对

HCl中H核外的1个电子与Cl最外层的1个电子（共7个电子）形成共用电子对（Cl剩余6个电子组成3对孤对电子）。如果用点（·）表示Cl的电子，用叉（×）表示H的电子，HCl的电子式如图2–11所示，虚线框内的叉（×）和点（·）共同组成1个共用电子对。这个共用电子对围绕H—Cl双核作高速运动。但是由于Cl核对这个共用电子对的静电引力大于H核，因此这个共用电子对在Cl核附近出现的概率大，在H核附近出现的概率小，使得$a>b$，见图2–12。因为Cl核周围的电子云密度大于H核周围的电子云密度，所以Cl对外显部分负电，而H对外显部分正电。

图2-11　HCl的电子式

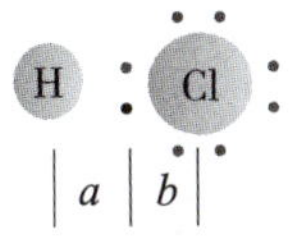

图2-12　HCl共用电子对示意图

4. H_2O 的共用电子对

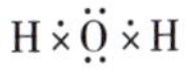

图2-13　H_2O的电子式

H核外仅有1个电子，第1层即最外层。O最外层有6个电子，达到稳定结构还缺2个电子。图2-13中，O最外层的2个电子（·）分别与H最外层的1个电子（×）形成共用电子对。2个共用电子对均围绕各自的H—O双核作高速运动。但由于O核对电子对的静电引力大于H核对电子对的静电引力，所以这2个共用电子对出现在O核周围的概率大，使O表现出负电特性，出现在H核周围的概率小，使H表现出正电特性。

一个原子与其他原子共用电子后，其共用的电子既没有失去，也没有得到，只是运动轨迹发生了变化，所以与其他原子共用电子的原子仍然称为原子。共用的两个电子称为共用电子对。

巩固提高

一、选择题

1. 对Fe^{3+}、Fe^{2+}、Fe三种粒子，判断不正确的是（　）。

   A. 核电荷数相同

   B. 相对原子质量相同

   C. 属于同一种元素

   D. 核外电子数相同

2. 对元素周期表的描述正确的是（　）。

   A. 元素周期表的“行”表示“族”，同族原子最外层电子数相同

   B. 元素周期表的“列”表示“周期”，同周期原子的电子层数相同

   C. 元素周期表按质子数排序

   D. 元素周期表按核外电子数排序

3. 下列信息不能从元素周期表直接查得的是（　）。

   A. 原子序数

   B. 原子最外层电子数

   C. 元素符号

   D. 相对原子质量

4. 下列粒子中与铵根离子（NH_4^+）的质子数和电子数都相等的是（　　）。

A. OH^-　　B. H_3O　　C. Ne　　D. Na^+

5. 下列离子的电子层结构相同的一组是（　　）。

A. O^{2-}，F^-，Na^+，Mg^{2+}

B. Na^+，Mg^{2+}，S^{2-}，Cl^-

C. F^-，Cl^-，Br^-，I^-

D. Na^+，Mg^{2+}，K^+，Ca^{2+}

二、根据元素周期表填空

1. 核电荷数为6和14的一组原子，它们的__________相同，__________不相同，属于第__________族。
2. 核电荷数为15和16的一组原子，它们的__________相同，__________不相同，属于第__________周期。
3. 核电荷数为10和18的一组原子，它们的最外层电子数为__________个，它们是__________元素的原子，属于__________族，一般情况下化学性质__________。
4. 某元素的原子核外有三个电子层，最外层电子数是核外电子总数的1/6，该元素的元素符号是__________，该元素处在第__________周期第__________族。

三、思考题

1. 原子得失电子的能力与原子半径和核电荷数之间有怎样的关系？
2. 共用电子对在什么情况下会产生偏移？

知识拓展

元素周期表和门捷列夫

现代的化学元素周期律是19世纪俄国人门捷列夫发现的。他将当时已知的63种元素以表的形式排列，把化学性质相似的元素放在同一列，这就是元素周期表的雏形。这个表经过多年修订才成为当代的周期表。在周期表中，元素以元素的原子序数排列，最小的排行最前。表中一行称为一个周期，一列称为一个族。元素周期律的发明是近代化学史上的一个伟大创举。它揭示了原子核电荷数递增引起元素性质发生周期性变化的事实，有力地证明了量变引起质变；它将看似毫不相关的各种元素纳入一个系统内，反映了元素间的内在联系，打破了曾经认为元素是互相孤立的观点；它使人们可以通过元素的内在联系预测新元素的结构和性质……

事实上，门捷列夫一生的成就不计其数。除发现元素周期律外，还研究过气体定律、气象学、石油工业、农业化学、无烟火药、度量衡。由于他的刻苦钻研，在这些领域都不同程度地做出了成绩。他的名著——伴随着元素周期律而诞生的《化学原理》，在19世纪后期和20世纪初，被国际化学界公认为标准著作，前后共出了八版，影响了一代又一代的化学家。

然而这样一位伟大的科学家，一生颠沛流离、生活窘迫，是真正从苦难中磨砺出来的英才。门捷列夫出生不久，父亲因白内障失明，不得不退职，一家人靠父亲微不足道的退休金生活。母亲不得已把娘家已陷入危机即将倒闭的玻璃厂接收过来，然而因敌不过竞争对手，工厂衰落到勤杂工也得由她担任的地步。门捷列夫13岁时，父亲去世了；14岁时，玻璃厂被一场意外大火烧成灰烬，母亲的爱女在火灾中丧生。由于相继而来的不幸，门捷列夫的母亲此时已心力交瘁，十分衰弱。但是一心向往着至少让末子门捷列夫上大学成为学者的母亲，决心离开家乡迁到大城市。经过2000千米以上艰辛的马车旅行，母子俩到了莫斯科。无数次碰壁后，门捷列夫终于被一所高等学校的物理数学系接受，母亲看到儿子有了着落才放了心，祝福着他的未来而与世长辞了。门捷列夫大学毕业后，换过许多工作单位，但凭着努力，23岁便任彼得堡大学副教授。他在大学任教期间的实验室极其简陋，实验器材少得可怜，而且是物理学、化学、动物学等学科的实验全挤在一间实验室。即便如此，他仍然在科学上做出了卓越贡献。

第三节　化学键与化合价

知识目标

1. 理解“键”的含义以及“化学键”的本质；
2. 掌握离子化合物和共价化合物的定义；
3. 熟悉极性共价键和极性共价化合物（简称极性物质）的定义以及它们的区别。

能力目标

1. 会计算物质中各元素的化合价；
2. 能大致辨识极性物质和极性共价键。

重点内容

极性共价键和极性共价化合物（简称极性物质）的定义。

难点内容

极性共价键和极性共价化合物（简称极性物质）的辨识。

发生电子得失的原子，核内质子数和核外电子数不再相等，整个原子不再呈电中性，要么正电荷多于负电荷，要么负电荷多于正电荷。为了与中性原子相区别，将这种带电的原子称为离子。带正电荷的离子称为正离子或阳离子，带负电荷的离子称为负离子或阴离子。

一、化学键

同种电荷相互吸引，异种电荷相互排斥，所以正离子和负离子会因相互吸引而靠近。但是正负离子又不可能无限地靠近，因为当正负离子靠近到一定程度时，正离子的核外电子与负离子的核外电子，以及正离子的核内质子与负离子的核内质子之间便会产生同种电荷的排斥作用。

对于共用电子的两个原子（甲、乙两个原子）来说，在某一瞬间，共用电子对都运动到甲原子核周围，偏离了乙原子核，此时甲原子周围负电荷多于正电荷，甲原子带负电，乙原子带正电，甲乙两原子暂时因带不同电荷而相互吸引紧靠在一起；在下一瞬间，共用电子对又运动到乙原子核周围，偏离了甲原子核，这样乙原子核周围的负电多于正电，乙原子带负电，甲原子带正电，甲乙两原子又暂时因带不同电荷而相互吸引紧靠在一起。当无数个瞬间这样不断地循环时，便形成甲乙两个原子始终紧靠在一起的状态。与正负离子间的相互吸引一样，共用电子的两个原子也不能无限地靠近。当两个原子靠近到一定程度时，它们的核外电子与核外电子之间或者核内质子与核内质子之间便会产生同种电荷的排斥作用。

化学中，将分子内这种相邻的原子或原子团*之间强烈的相互作用称为化学键。化学键的本质是“电性作用力”。化学键分为离子键、共价键和金属键，通过离子键、共价键和金属键形成的物质分别称为离子化合物、共价化合物和金属。

1. 离子键与离子化合物

活泼的金属原子和活泼的非金属原子之间发生电子得失后，得到电子的原子成为正离子，失去电子的原子成为负离子。正、负离子间存在强烈的静电作用力形成离子键。通过离子键形成的化合物称为离子化合物。例如NaCl，Na失去最外层电子成为

* 原子团是指在许多化学反应里常常作为一个整体参加反应，由多个原子组成的原子集团，通常称为“某根”。常见的5种原子团是SO_4^{2-}（硫酸根），CO_3^{2-}（碳酸根），NH_4^-（铵根），OH^-（氢氧根），NO_3^-（硝酸根），此外还有COO^-（有机酸根），PO_4^{3-}（磷酸根）等。

Na^+，Cl获得Na失去的电子成为Cl^-，Na^+和Cl^-因异种电荷相吸引而形成NaCl晶体，所以NaCl也可以写成Na^+Cl^-。原子团（如NH_4^+）与带电的原子团之间也可以形成离子键，如$(NH_4)_2SO_4$、NaOH、NH_4NO_3。

离子化合物一般以晶体形式存在。每个正离子被若干个负电子包围，每个负离子又被若干个正离子包围，所以离子晶体不是单个分子。如纯度很高的NaCl晶体并不是只有一个Na^+和一个Cl^-相互吸引在一起，而是每个Na^+周围有6个Cl^-，每个Cl^-周围有6个Na^+（图2–14）。

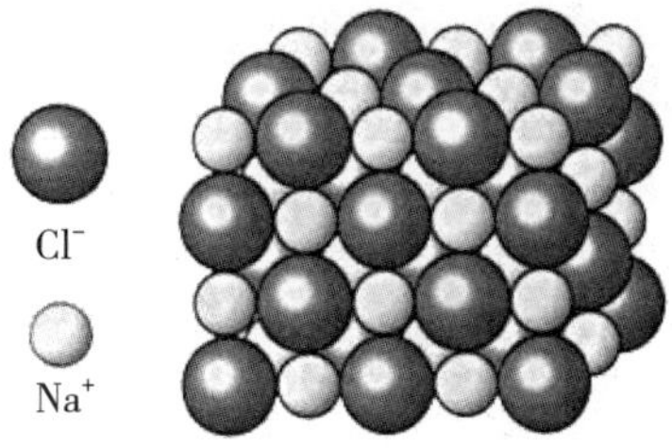

图2–14　NaCl晶体结构

离子键在水溶液或熔融状态下很容易断裂，并释放出离子（解离*），如NaCl晶体溶于水或熔融时，便以Na^+和Cl^-形式存在，如果将其置于强电场中，Na^+因为带有正电荷而向电场的负极移动，Cl^-因为带有负电荷而向电场的正极移动。所以离子晶体在溶于水或熔融时，具有导电性。关于NaCl分子在水中的溶解过程将在第五章第二节中作进一步说明。

2. 共价键和共价化合物

（1）共价键　共价键是通过共用电子对形成的化学键，由几个相邻原子通过共用电子并与共用电子对之间形成的一种强烈的作用，其本质是原子轨道重叠后，高概率地出现在两个原子核之间的电子与两个原子核之间的电性作用。以短实线（—）表示。常见的共价键是在同种（如H_2）或不同种非金属元素（如HCl）之间形成的，但不活泼的金属元素和非金属元素之间也可以形成共价键，如$AlCl_3$（氯化铝）中铝原子和氯原子。

共价键可分为极性共价键和非极性共价键。共价键有无极性取决于共用电子对是否发生偏移。电子对发生偏移的是极性共价键，电子对未发生偏移的是非极性共价键。因为同种元素的两原子吸引电子的能力相同，共用电子对没有偏移，所以成键的两原子对外不显示电性，这样的共价键称为非极性共价键，简称非极性键；不同种元素的两原子对共用电子对的吸引能力不同，共用电子对必然偏向吸引电子能力强的原子，使该原子带部分负电荷（δ^-），而另一原子带部分正电荷（δ^+）。这种电荷分布不均的共价键称为极性共价键，简称极性键。两原子吸引电子的能力相差越大，键的极性越大。

（2）共价化合物　分子中含有共价键的化合物称为共价化合物。共价化合物分为极性共价化合物和非极性共价化合物。

极性共价化合物中的原子分布不对称，正负电荷中心分别位于分子的不同部位，不能重合，如HCl分子中，H原子带部分正电荷，Cl原子带部分负电荷，正负电荷中

* 解离是指化合物或分子在溶剂中释放出离子的过程。

心位于HCl分子的不同位置；H_2O分子中，2个H原子均带部分正电荷，正电荷中心位于2个H原子核连线的中点，O原子带部分负电荷，负电荷中心位于O原子核中心，因为2个H原子核与O原子核之间存在小于180° 的夹角，因此正负电荷中心不重合；CH_3CH_2OH（乙醇）分子比较复杂，氧原子带部分负电荷，与之相连的碳原子和氢原子带有部分正电荷。因为C原子核、H原子核与O原子核之间存在小于180° 的夹角且C—O和O—H之间共用电子对偏离程度不同，因此CH_3CH_2OH分子的正负电荷中心也不重合（HCl、H_2O、CH_3CH_2OH分子模型见图2-15）。因为极性共价化合物的正负电荷分别位于分子的不同位置，所以不能相互抵消。极性共价化合物的正电荷中心和负电荷中心分别会对异种电荷产生吸引力。

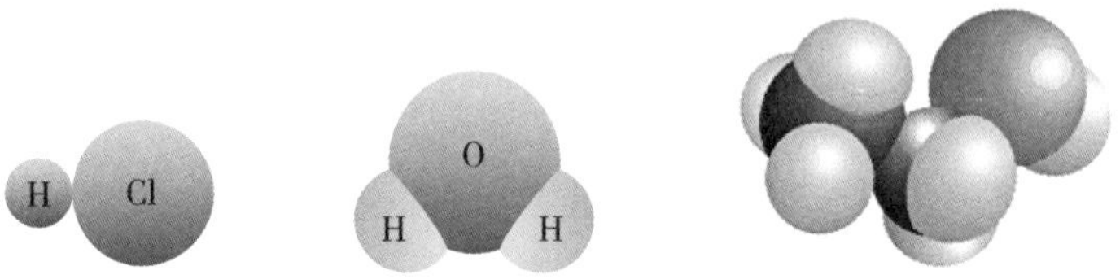

图2-15　HCl、H_2O、CH_3CH_2OH的分子比例模型

非极性共价化合物中的原子分布对称、均匀，正负电荷中心因重合而使正负电荷相互抵消，所以对外不能产生静电引力。非极性共价化合物可以分成两类：①形成分子的原子相同，如O_2的共用电子对不偏离或偏向任何一个O原子，所以2个O原子没有正电荷中心或负电荷中心，对外不显电性；②形成分子的原子不相同，如CO_2的2个O原子呈180° 对称分布在碳原子（C）两侧，C—O之间的共用电子对偏向氧原子（O）而偏离碳原子（C），所以两个氧原子带部分负电荷，而碳原子带部分正电荷。氧原子的负电荷中心位于两个氧原子核连线的中点，该位置正好是碳原子的正电荷中心——碳原子核中心，所以正负电荷因中心重合而抵消，使整个CO_2分子对外不能产生静电引力；同样，P_2O_5分子中，5个氧原子的负电荷中心位于中间的氧原子核位置，磷原子（P）的正电荷中心也位于该位置，正负电荷中心重合（O_2、CO_2、P_2O_5分子模型见图2-16）。

共价键的极性与共价化合物的极性是不同的概念。共价键的极性取决于两原子间共用电子对是否偏移，共价化合物的极性取决于整个分子中原子分布是否对称以及正负电荷中心是否重合。对称结构的分子中，同种元素的原子间是非极性共价键，如$H_3C—CH_3$中的“C—C”键、$CH_2═CH_2$中的“C═C”键、Na_2O_2中的“O—O”键等；不对称结构的分子中，同种元素的原子间是极性共价键，如CH_3CH_2OH、CH_3COOH中的“C—C”键。

图2-16中，CO_2的C—O键和P_2O_5中的P—O键都是极性键，说明分子中含有极性键的共价化合物可能是极性共价化合物，也可能是非极性共价化合物。全部是非极性

共价键的共价化合物肯定是非极性共价化合物。

3. 金属键与金属

金属原子的最外层电子（价电子）易脱离原子核的束缚，成为自由电子，使金属原子变成金属离子。金属离子与自由电子之间存在强烈的电性作用力。自由电子能在整个金属晶体或熔融体中自由移动，使得金属离子好像浸在电子的海洋中（图2–17）。这种电性作用力称为金属键。金属键能够很好地解释金属的各种性质，如强度、弹性、导电性、导热性等。

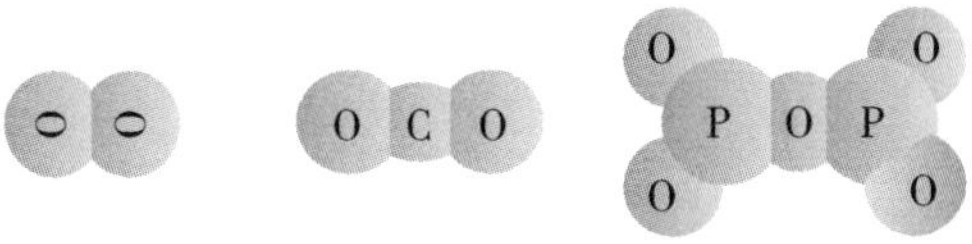

图2–16　O_2、CO_2、P_2O_5的分子比例模型

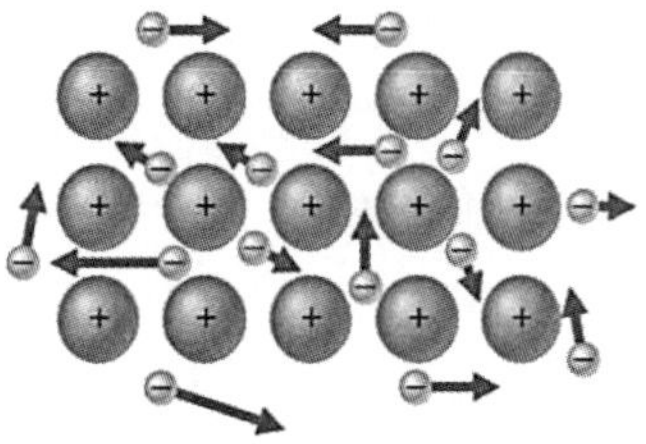

图2–17　金属键示意图

二、化合价

化合价由“+”或“–”加数字组成。数字表示原子得失电子或共用电子的数目，“+”或“–”表示原子得失电子或共用电子后整个原子对外显示的电性。正离子或阳离子的化合价标为“+”，负离子或阴离子的化合价标为“–”；共用电子对偏离标为“+”，共用电子对偏向标为“–”。下面分别以$MgCl_2$和HCl为例说明离子化合物和共价化合物的化合价。

1. 离子化合物的化合价

$MgCl_2$中，Mg原子失去2个电子，每个Cl原子得到1个电子（图2–18），所以Mg原子核内有12个质子，核外有10个电子，质子比电子多2个，整个原子对外显2个单位正电，化合价为+2价，标记为Mg^{2+}。Cl得到1个电子后，核内有17个质子，核外有18个电子，正负电荷抵消后还剩余1个单位的负电荷，整个原子对外显示1个单位负电，化合价为–1价，标记为Cl^-。

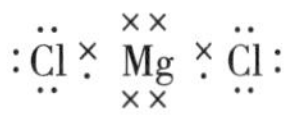

图2–18　$MgCl_2$电子式

2. 共价化合物的化合价

HCl中，H与Cl有1对共用电子对（图2–11），这对共用电子对在Cl原子核周围出现的概率大，在H原子核周围出现的概率小，因此HCl中Cl原子对外显示部分负电，为–1价，H原子显部分正电，为+1价。

共价化合物化合价中的“+”和“–”，不是表示电子的得失，而是表示在较长时间内，电子以偏离为主，还是以偏向为主。以偏离为主则标记为“+”价，以偏向为主则标记为“–”价。共价化合物中的原子不能称为离子，仍然称为原子。

3. 单质的化合价

单质是由同种元素组成的物质。因为单质的两个原子相同，所以共用电子对受两个原子核的电性作用力相同，围绕两个原子核高速运动时不偏向任何一个原子，也不偏离任何一个原子。从统计角度看，单质的两个原子对外均不显电性，因此单质的化合价为0价。

4. 化合价的一般规律

一般情况下，金属元素显正价，非金属元素显负价。但这不是绝对的，有些情况下，金属元素也可能显负价，非金属元素也可能显正价，如HClO中的Cl原子为+1价，H_2O中的H原子也是+1价，NaIn中的In（铟）为–1价。化合价的正负或大小只与最外层电子有关，所以最外层电子也称为价电子。

巩固提高

一、选择题

1. 下列关于化合价的叙述正确的是（　）。
   A. 化合价只有正价和负价，其数值等于元素的原子得失电子的数目
   B. 一种元素只有一种化合价
   C. 在化合物中非金属元素的化合价只可能为负价
   D. 在共价化合物中，元素化合价的数值就是它的一个原子与其他元素的原子形成共用电子对的数目
2. X与Y两种元素，其相对原子质量分别为24和14，它们互相形成化合物时，其化合价分别为+2和–3，则X、Y组成的化合物的相对分子质量是（　）。
   A. 38　　B. 90
   C. 100　　D. 没有答案
3. X原子的最外层有7个电子，Y元素显+3价，则由元素X、Y所组成的化合物的化学式为（　）。
   A. YX_3　　B. XY_3
   C. Y_7X_3　　D. X_3Y_7
4. 化学反应中，最容易发生变化的粒子是（　）。
   A. 最外层电子　　B. 质子
   C. 内层电子　　D. 中子
5. $CaCO_3$在水中仍以$CaCO_3$形式存在，而NaCl在水中以Na^+和Cl^-形式存在，以下判断正确的是（　）。
   A. Ca^{2+}和CO_3^{2-}之间的键能小于Na^+和Cl^-之间的键能

B．Ca^{2+}和CO_3^{2-}之间的键能大于Na^+和Cl^-之间的键能

C．Ca^{2+}和CO_3^{2-}之间的键能等于Na^+和Cl^-之间的键能

D．以上都不对

二、判断题

（　）1．化学键的本质是电性作用力。

（　）2．H_2O中H原子是+1价，O原子是–2价，说明O原子得到2个电子，每个H原子失去1个电子，共失去2个电子。

（　）3．离子键的键能比共价键的键能小。

（　）4．极性共价化合物分子对称。

（　）5．极性共价化合物与极性共价键的含义相同。

三、思考题

1．共价化合物化合价中的“+”或“–”表示什么含义？

2．查一查，汉语中“键”是什么意思？

3．为什么单质中各原子是0价？

4．H_2O中O—H键是极性共价键，O_2中O—O键是非极性共价键，请从共价键的极性角度解释为什么O_2难溶于H_2O中。

知识拓展

“键”的史话

世界上的元素只有100多种，但化合物有1000万种。元素是怎样形成化合物的？最早化学家假设原子和原子之间是用一个神秘的钩子钩住的。这种设想至今留有痕迹——“化学键”的“键”字就有“钩”的意思。公元前5世纪，哲学家恩培多克勒认为物质和人类一样，有喜爱和憎恶两种感情，化合物生成如同人类结婚，分解如同人类离婚。希波克利特也认为元素彼此间的亲近和同情是物质化合的原因。

1811年瑞典科学家贝采里乌斯完成了电化学二元学说。他认为各元素的原子都具有两极，两极上聚集着正负不同和数量不等的电量，使得每个原子呈现出正电性或负电性。正电性较强的元素和负电性较强的元素之间可以形成键而生成化合物。电化学二元学说蕴涵着现在离子键的思想。

1916年德国的柯赛尔测定了许多有代表性的化合物的离子带有的电子数，结果是与惰性气体的某种元素的电子数相等。因此他发表了离子键理论：稳定离子的形成是由原子获得或失去电子，以便达到惰性气体原子的电子结构而形成阴阳

离子。随着阴阳离子相互接近，离子核外电子之间以及核与核之间产生的斥力越来越强烈。当吸引力和排斥力平衡时，阴阳离子间距离保持恒定，便形成了稳定的化学键。

由于柯塞尔的描述格外清晰，于是被公认为离子键的创始人。柯塞尔的理论能解释许多离子化合物的形成，但无法解释非离子型化合物。1923年美国化学家路易斯发展了柯塞尔的理论，提出共价键电子理论：两个或者多个原子可以共有一对或多对电子，以便达到稀有气体原子的电子层结构，从而形成稳定的分子。

第四节　化学变化

知识目标

1. 理解键断裂、形成的原因及结果；
2. 熟悉化学反应需要的条件；
3. 熟悉影响化学反应的因素；
4. 熟悉勒沙特列原理。

能力目标

能判断化学反应平衡移动的方向。

重点内容

化学键的形成与断裂。

难点内容

化学键断裂的条件。

自然界的物质不是一成不变的，而是一直在不断地变化，旧的物质不断解体，新的物质不断产生。例如，人体内的蛋白质不断地分解成氨基酸，氨基酸又不断地重新组合成蛋白质；岩石在不停地风化，水中的无机盐等矿物质又在不停地沉积；腐朽的植物被微生物分解，新生的幼苗又从那里破土而出。那么，自然界的物质是如何变化的呢？

一、键的形成与断裂

1．键能

当共用电子的两原子是相同的原子时，两原子对共用电子对的作用力相同，两原子间形成非极性共价键；当共用电子的两原子不同时，两原子对共用对子对的作用力便不同，共用电子对偏离一种原子，偏向另一种原子，两原子间形成极性共价键；当不同的两原子对共用电子对的作用力相差很大，以至于一种原子可以完全夺取共用电子对，而另一原子则完全失去对共用电子对的控制，两原子间便形成了离子键。化学中以“键能”表示相邻两原子间作用力的强弱。键能越大，两原子（团）间作用力越强，越不容易分开；键能越小，两原子（团）间作用力越弱，越容易分开。

2．键的形成

原子通过得失电子成为阴阳离子，阴阳离子通过正负电荷的静电作用紧密结合在一起，成为较稳定的离子键，或通过共用电子对使两个原子被共用电子对的电子云包裹而紧密结合在一起，形成稳定的共价键。有离子键的化合物是离子化合物，全部为共价键的化合物为共价化合物。化合物中的各原子比原来的中性原子更加稳定。

3．键的断裂

尽管成键的两原子间的电性作用力很强，但在一定的外界条件下仍可能被克服，使成键的两原子分离。这种成键的两原子因相互间的静电作用力被克服而分离的现象称为键的断裂。

（1）离子键的断裂　离子键在高温熔融状态或水溶液中容易断裂成离子。高温状态下，形成离子键的原子运动加剧，挣脱离子间的静电作用力而恢复成离子。水溶液中，形成离子键的原子受到水分子的作用而成为离子。

（2）共价键的断裂　共价键断裂有两种方式：均裂和异裂。均裂就是共用电子对被拆开，电子各自回归到自己的原子核周围。所以均裂会产生带单个电子的原子或原子团。这种带单电子的原子或原子团称为自由基，用元素或原子团符号加一个点表示，如氧自由基表示为O·。因为核外电子成对时才稳定，所以自由基特别不稳定，总是攻击其他分子，企图组成对变成稳定结构，但这对被攻击的分子来说是破坏作用。所以人体中如果有过多的自由基，会使人容易衰老、生病。熬夜、电离辐射等能够产生自由基。均裂一般发生在得失电子能力相近的两个原子之间。异裂一般发生在得失电子差距较大的两个原子之间。共价键断裂时，得电子能力强的原子夺取整个电子对，成为阴离子，得电子能力弱的原子失去电子，成为阳离子。如蛋白质水解时，肽链中的C变成了$—C^{+}$，N变成了$—N^{-}$。所以异裂发生时，成键的两个原子之间由共用电子对转化为得失电子。

（3）化学键断裂的条件　化学键是相邻原子间强烈的相互作用力，因此要将已经形成化学键的两个原子分开，需要外界提供作用力来克服这种相互作用力，通常这种外界作用力是能量，主要是热能。因此，化学键的断裂是吸热过程。

二、化学反应

化学反应的本质是化学键的断裂和重生，即反应物化学键断裂，各原子重新组合成新的物质。化学反应时，反应物做无规则热运动，不停地相互碰撞。碰撞时，能量高的分子（活化分子）化学键发生断裂，并在碰撞中重新组合生成新的化学键。只有活化分子才能发生化学反应，未活化的分子从外界获得能量并变成活化分子后才发生化学反应。反应物中活化分子的比例越大，有效碰撞的次数就越多，反应速率就越大。压强、温度、反应物浓度、催化剂等影响化学反应速率。其中压强与反应物浓度有关，温度与催化剂、活化分子数有关。

1. 影响化学反应的因素

（1）压强　对有气体参与的化学反应，其他条件不变时，增大压强，即体积减小，反应物浓度增大，单位体积内活化分子数增多，单位时间内有效碰撞次数增多，反应速率加快；反之则减小。若体积不变，压强增大（加入不参加此化学反应的气体），反应速率不变，因为参与化学反应的气体浓度没变，单位体积内活化分子数也没变。但在体积不变的情况下，加入反应物，同样是加压，增加反应物浓度，反应速率增加。

（2）温度　升高温度，反应物分子获得能量，使一部分原来能量较低的分子变成活化分子。增加活化分子的比例，使有效碰撞次数增多，故反应速率加大（主要原因）。当然，由于温度升高，分子运动速率加快，单位时间内反应物分子碰撞次数增多，反应也会相应加快（次要原因）。

（3）催化剂　使用正催化剂能够降低反应所需的能量，使更多的反应物分子成为活化分子，大大提高了单位体积内活化分子的比例，从而能成千上万倍地增大反应速率。使用负催化剂则反之。催化剂只能改变化学反应速率，改变不了化学反应平衡，因为正方向反应速率增加的同时，反方向反应速率也在增加。

（4）反应物浓度　当其他条件不变，增加反应物浓度就是增加了单位体积内活化分子的数目，从而增加有效碰撞，导致反应速率增加，但活化分子的比例没变。

（5）其他影响因素　增大一定量固体的表面积（如粉碎）可增大反应速率。光照一般也可增大某些反应速率。此外超声波、电磁波、溶剂等对反应速率也有影响。

2. 化学反应的可逆性

化学反应有可逆反应和不可逆反应。在同一条件下，既能从反应物向生成物方向（正反应方向）进行，又能从生成物向反应物方向（逆反应方向）进行的化学反应称为可逆反应。如果反应只能向一个方向进行，则称为不可逆反应。可逆反应是绝对的，不可逆反应是相对的。有些放热反应向正反应方向进行时，以热能或光能形式释放出大量的能量，如果要使其再朝逆反应方向进行，则需要比其释放出的能量大得多的能量。自然界中无法得到这种能量，因此逆反应方向难以进行，为不可逆反应。如在下列反应方程式中：

$$Na_2CO_3+H_2O \rightleftharpoons NaHCO_3+NaOH$$

碳酸钠与水是反应物，碳酸氢钠与氢氧化钠是生成物。以箭头“$\longrightarrow$”表示的反应称为正向反应（正反应），而以箭头“$\longleftarrow$”表示的反应称为逆向反应（逆反应）。以箭头“$\rightleftharpoons$”表示的反应整体称为可逆反应，即反应物和生成物的位置是可以颠倒的。

有许多化学反应的生成物中含有气体分子或沉淀，如：

$$Zn+H_2SO_4 \longrightarrow ZnSO_4+H_2\uparrow$$

生成的氢气立刻逸出，离开反应体系，用“$\uparrow$”表示；再如：

$$Ba(OH)_2+H_2SO_4 \longrightarrow BaSO_4\downarrow+H_2O$$

生成的硫酸钡溶解度极小，立刻沉淀，从反应体系中析出，用“$\downarrow$”表示。

生成气体、沉淀或生成不能电离的物质（如水）的反应都是不可逆的单向反应，这种单向反应即不可逆反应。不可逆反应中，反应物将全部转变成生成物。

3. 化学平衡及其移动

化学平衡是在一定条件下可逆反应进行到一定程度时正反应和逆反应速率相等，反应物和生成物浓度不再发生变化时的状态。这时由反应物和生成物组成的混合物（简称反应混合物或反应体系）就处于化学平衡状态。化学平衡是动态平衡，只是由反应物得到生成物的速率和由生成物得到反应物的速率相等，整个体系中各组成成分的比例保持稳定。

不可逆反应不存在反应平衡问题。化学平衡是一定条件下的平衡，如果原有的平衡条件被破坏，则正反应速率和逆反应速率就不再相等，平衡将发生移动，直至建立新的平衡为止。影响化学平衡的因素主要有反应物浓度、压强和温度等。平衡的移动遵循勒沙特列原理：在一个已经达到平衡的反应中，如果改变影响平衡的条件之一（如温度、压强，以及参加反应的化学物质的浓度），平衡将向着能够减弱这种改变的方向移动。

巩固提高

一、选择题

1. 关于Na^+Cl^-离子键的断裂，理解错误的是（　　）。

   A. Na^+和Cl^-分开，如Na^+Cl^-在水中离解成Na^+和Cl^-

   B. Na^+和Cl^-重新变成中性的Na和Cl

   C. Na^+和Cl^-之间的吸引力被克服

D．Na^+Cl^-离子键断裂需要消耗能量

2．不影响化学反应速率的因素是（　）。

A．反应物浓度　　B．温度

C．反应物相对分子质量　　D．压强

3．不影响化学平衡的因素是（　）。

A．反应物浓度　　B．温度

C．催化剂　　D．压强

4．温度影响反应速率的原因，不正确的是（　）。

A．增加分子间的碰撞次数　　B．提高分子的活化能

C．增加活化分子比例　　D．提高分子运动速率

5．下列化学反应，哪些是可逆反应？（　）

A．有沉淀生成　　B．有气体生成

C．有非电离物质生成　　D．有盐生成

6．如果给一个正反应为放热反应、逆反应为吸热反应的平衡体系加热，平衡移动的方向是（　）。

A．向正反应方向进行　　B．向逆反应方向进行

C．平衡不发生变化　　D．以上都不对

7．如果向平衡体系添加反应物，平衡移动的方向是（　）。

A．向正反应方向进行　　B．向逆反应方向进行

C．平衡不发生变化　　D．以上都不对

二、判断题

（　）1．电离是化学反应。

（　）2．只要反应物之间发生碰撞就一定会发生化学反应。

（　）3．催化剂能改变化学反应速率的原因是加快了分子的运动速度，增加了碰撞次数。

（　）4．有水生成的反应一般是不可逆反应。

（　）5．化学平衡状态中，正反应方向和逆反应方向都处于停止状态。

（　）6．如果一个可逆化学反应的正方向有气体生成，平衡后在不向体系添加任何气体的情况下，通过缩小反应体系的体积，增大反应体系的压强，平衡向逆反应方向移动。

三、思考题

1．共价键断裂以后生成什么？

2．勒沙特列原理的主要内容是什么？

第五节　物质的分类

知识目标

1. 了解构成自然界物质的粒子有哪些；
2. 熟悉自然界物质的分类。

能力目标

1. 能判断单质和化合物；
2. 能判断酸、碱、盐、氧化物；
3. 能判断离子化合物和共价化合物。

重点内容

酸、碱的本质。

难点内容

判断酸、碱、盐、氧化物。

一、构成物质的微粒

自然界一切物质都是由各种各样的粒子构成的，科学家研究发现，构成物质的微粒有离子、分子、原子。由离子构成的物质主要是离子化合物；由分子构成的物质主要有共价化合物和单质；由原子构成的物质主要有金属、稀有气体和大多数固态非金属如硫（S）、碳（C）。由离子化合物、共价化合物、单质构成的物质用分子式表示，如食盐晶体用NaCl表示，水用H_2O表示，氧气用O_2表示；自由离子用离子符号表示，如血液中以离子形式存在的NaCl用Na^+和Cl^-表示；由原子构成的物质用该原子的元素符号且不带数字表示，如铁用Fe表示、汞用Hg表示，氦用He表示。分子是保持物质化学性质的最小微粒。发生物理变化时，分子自身不发生变化。如液态水变成气态水，仅仅分子之间的距离增大，水分子本身没发生任何变化。发生化学变化时，分子本身发生了变化，生成了新的物质，新物质不再具有原物质的化学性质。

二、物质的分类

自然界的物质通常有以下两类：

1. 单质

单质是由同种元素组成的分子，分为非金属单质［如硫（S）、碳（C）、O_2、H_2、O_3等］和金属单质（如Fe等）。

2. 化合物

化合物是由不同种元素组成的分子，如H_2O、NaCl、HCl、CaO等。虽然自然界单质的种类很多，但化合物的种类更多。化合物可以进一步分类。

（1）按来源分类　化合物可分为有机化合物（简称有机物）和无机化合物（简称无机物）。最初人们把来源于生物体的物质称为有机化合物，把来源于无生命的矿物的物质称为无机化合物。后来人们发现可以用从非生物体中取得的物质合成有机物，如尿素、醋酸、柠檬酸等。如今人们不但可以合成许多自然界已有的有机化合物，还可以合成自然界原本并不存在的多种多样的性能良好的有机化合物，如合成橡胶、合成塑料、药物、染料等。所以现在有机物的定义发生了改变，把除CO、CO_2、H_2CO_3及其盐，氢氰酸HCN及其盐，硫氰酸HSCN、氰酸（HCNO）及其盐等少数含碳的物质以外，其他所有含C和H的物质都称为有机物；把不含C、H的化合物称为无机化合物，如H_2O、$KClO_3$、MnO_2、$KMnO_4$、NaOH、NaCl等。

有机物与无机物在数量、成键特点、稳定性、熔沸点、溶解性、反应性之间有着明显的区别：有机物有两千多万种、无机物只有十几万种；有机物以共价键为主，无机物以离子键为主；有机物受热不稳定，易燃烧，易分解，无机物受热稳定，不易燃烧，不易分解；有机物一般难溶于水，无机物一般易溶于水；有机物化学反应速度慢，无机物化学反应速度快。

（2）按化学键分类　可以分为离子化合物、共价化合物等。

（3）按化学性质分类　化合物可以分成氧化物、酸、碱、盐。氧化物是由氧元素与另外一种元素组成的二元化合物，如二氧化碳（CO_2）、氧化钙（CaO）、一氧化碳（CO）等。酸分为无机酸和有机酸。无机酸一般指能解离出氢离子（H^+）的无机化合物，如HCl、H_2CO_3；有机酸指广泛存在于生物体中的一种含有羧基的酸性有机化合物（不包括氨基酸），如醋酸（CH_3COOH）。碱也分为无机碱和有机碱。无机碱指在水溶液中电离出的阴离子全部都是OH^-的物质；一般情况下，有机碱都含有氮原子，例如胺类化合物和含氮杂环化合物。盐是指一类金属离子或铵根离子（NH_4^+）与酸根离子或非金属离子结合的化合物，如氯化钠、碳酸钙。

巩固提高

一、选择题

1．下列哪种物质不是构成物质的微粒？（　）

A．原子　　B．电子　　C．分子　　D．离子

2．由原子构成的物质是（　　）。

A．氧气　　B．铁　　C．小苏打　　D．氯化氢

3．以下不是单质的是（　　）。

A．O_2　　B．Fe　　C．CO　　D．S

4．硝酸铵（NH_4NO_3）是（　　）物质?

A．单质　　B．离子化合物　　C．共价化合物　　D．有机物

5．以下是有机酸的是（　　）。

A．H_2CO_3　　B．HCl　　C．HCOOH　　D．HNO_3

6．以下是有机物的是（　　）。

A．H_2CO_3　　B．HCN　　C．CO　　D．CH_3COOH

二、判断题

（　　）1．自然界所有的物质都是由分子构成的。

（　　）2．物质铁的化学表示方式是Fe_2。

（　　）3．中性氧原子O变成O^{2-}是化学变化。

（　　）4．H^+和中性H的化学性质相同。

（　　）5．凡是含有C和H的化合物都是有机物。

三、填空题

化学变化、物理变化、化学性质、物理性质是四个重要的概念，它们之间既有区别又有联系，分析以下描述：①潺潺的流水蒸发成水蒸气；②水蒸气变成天空中的白云；③白云变成了雨滴或雪花降落到地面；④莽草酸为白色精细粉末；⑤熔点185～191℃，气味辛酸；⑥易溶于水，难溶于氯仿、苯和石油；⑦能与活泼金属、酸性高锰酸钾溶液反应；⑧铁矿石冶炼成钢铁；⑨钢铁能变成铁锈。

属于物理性质的是___________，属于化学性质的是___________，属于物理变化的是___________，属于化学变化的是___________。

四、思考题

煤气是人们日常生活中的一种重要燃料，它的主要成分是一氧化碳。一氧化碳是一种没有颜色、没有气味的有毒气体。为了防止煤气中毒，人们有意识地在煤气中加入少量有刺激性气味的气体——硫醇，这样当煤气泄漏时，人们便可以根据硫醇的气味察觉到煤气的泄漏，以便及时采取相应措施。在标准状况下，一氧化碳难溶于水，密度为1.25g/L，比空气的密度略小。一氧化碳能使人中毒的原因是它能与人体血液中的血红蛋白结合，从而使人体缺氧而死亡。一氧化碳能在空气中燃烧生成二氧化碳。在冶金工业上，可以高温下使一氧化碳与铁的氧化物反应，生成铁和二氧化碳达

到炼铁的目的。

请归纳出一氧化碳的性质：

①物理性质__________；__________；__________；__________；__________。

②化学性质__________；__________；__________。

知识拓展

侯氏制碱法

侯德榜（1890—1974），美国哥伦比亚大学化学博士，杰出的化工专家，世界制碱业权威，侯氏制碱法的创始人。我国近代化学工业的奠基人与开拓者。

第一次世界大战期间，欧亚交通梗塞，使依赖从英国进口纯碱的我国一时间纯碱非常缺乏，一些以纯碱为原料的民族工业难以生存。1917年，爱国实业家范旭东在天津塘沽创办了永利碱业公司，决心打破洋人的垄断，生产出中国的纯碱。他聘请正在美国留学的侯德榜先生出任总工程师。1920年，侯德榜先生毅然回国任职，全身心地投入制碱工艺和设备的改进上，终于摸索出了索尔维制碱法的各项生产技术。

1937年，日军铁蹄踏向江南。侯德榜位于南京的永利公司（图2-19）作为亚洲第一流的化工厂，早已令日寇垂涎三尺，他们企图派人收买侯德榜。侯德榜义正辞严地拒绝："宁肯给工厂开追悼会，也决不与侵略者合作!"同时还积极利用工厂设施，转产硝酸铵炸药等军需物资，支援抗日前线。日寇恼羞成怒，派飞机对碱厂进行狂轰滥炸。在战火逼近的情况下，侯德榜当机立断，将化工厂迁往四川。

制碱的主要原料是食盐。四川井盐质差价高，原有制碱工艺不适用，用传统的索尔维法制碱成本太高，无法维持生产。为寻找适应内地条件的制碱工艺，永

图2-19　侯德榜和当时的永利公司

利公司准备向德国购买新的工艺——察安法的专利，但德国却与日本暗中勾结、故意刁难，提出不准在东三省出售“红三角”纯碱的辱国条件。这更激发了侯德榜的民族自尊心。他下决心打破敌人封锁，在抗战的艰苦环境中发奋图强、不懈努力，经过了500多次循环试验，分析了2000多个样品，终于研发出了举世瞩目的“侯氏制碱法”，极大地振兴了民族工业。

导学树

本章由中性原子出发，将原子分成原子核和核外电子两部分介绍。化学反应中发生变化的总是核外电子，所以本章重点介绍最外层电子的变化。因为原子核在化学变化过程中不改变，所以原子核仅介绍了它的带电性。为什么要介绍原子核的带电性？因为化学的基础就是原子核的正电和核外电子的负电在各种情形下的相互作用。下图是本章主要内容的导学树。参照导学树学习，有助于从整体上理解本章内容。

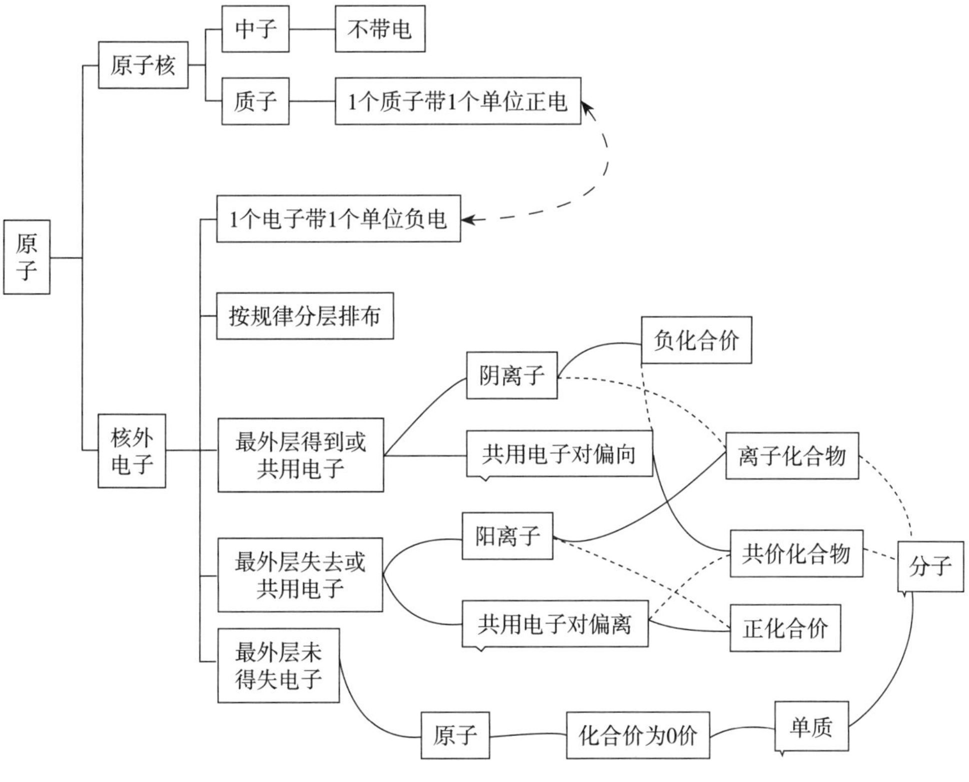

第三章 生命体内重要的有机物

学习重点

1. 有机物的结构特点、表示方法和官能团；
2. 糖类、蛋白质、脂肪的结构特点和极性；
3. 无机盐的拮抗与协同作用；
4. 多糖、蛋白质在水溶液中的构象；
5. 蛋白质的等电点及其意义；
6. 维持蛋白质空间结构的作用力。

学习难点

1. 有机物的官能团；
2. 糖类、蛋白质、脂肪的极性；
3. 蛋白质的等电点。

学习指导

烹饪的对象是原料，烹饪服务的对象是人体，所以无论是烹饪的对象，还是烹饪服务的对象都是生物体，因此研究生物体中的物质及其变化规律是烹饪化学的主要任务。生物体中有许多物质，是否都是烹饪化学的研究对象呢？当然不是，如果将生物体中所有物质都要介绍一遍，篇幅上是不允许的，而且目前没有任何人能将生物体中所有物质弄清。那么烹饪化学主要研究生物体中的哪些物质？这个问题不难回答。对于人来说，饮食的主要目的是为了摄取营养物质，保证原料中的营养物质在烹饪中不被破坏、更容易被人体吸收和利用，而人体的基础营养物质是蛋白质、脂类、糖类、维生素、矿物质，除无机盐属无机化学内容以外，其他都是有机物，属有机化学内容。与无机化学相比，有机化学要复杂得多。

本章主要介绍有机化学基础知识以及烹饪原料中几种有机营养素的结构和性

质。第一节介绍有机化学基础知识。有机化学学习的重点仍然是结构和性质，有机化学的结构以基团为单元，主要分成极性基团和非极性基团。第二节是糖类，糖类相对比较简单，因为它的结构特点就是羟基多，羟基具有亲水性，所以糖的所有内容几乎都与糖的亲水性有关。第三节是蛋白质。蛋白质是人体重要的营养物质，蛋白质原料是烹饪的重要对象，而且蛋白质有许多其他物质没有的特性。烹饪中常利用蛋白质这些特性加工食物或创新食物，因此学好这一节，对于学好烹饪至关重要。学习这一节时，尤其要重视两点：①蛋白质的等电点；②蛋白质侧链的亲水性和疏水性。后续章节中，涉及蛋白质的应用内容中，除一些决定于蛋白质链本身之外，如胶凝作用，其余几乎都与以上两个性质有关。第四节是脂类，重点是脂肪。前两节内容涉及的物质——蛋白质和糖类，结构特点都是极性强。结构决定性质，因此它们的性质具有共同点——亲水，虽然蛋白质侧链有疏水区域，但大多数蛋白质侧链以亲水区域为主。脂肪与前两种物质不同，其结构以疏水结构（C—H结构）为主。脂肪的疏水性对人体和烹饪加工都是不利的，但是烹饪中常会应用油的疏水性，如油酥面点制作。本节的重点是理解脂肪的疏水性及其产生的效果。第五节是维生素。维生素是小分子，结构简单、性质简单。

第一节　有机物概述

知识目标

1. 了解碳原子的成键特点；
2. 熟悉有机物的表达式；
3. 熟悉常见官能团的结构。

能力目标

1. 能辨识有机物和无机物；
2. 能辨识常见的有机物官能团。

重点内容

1. 熟悉有机物的表达式；
2. 常见官能团的结构。

难点内容

碳原子的成键特点。

有机物数量比无机物多得多，生活中随处可见，如棉、麻、纤维、黏胶、丝绸、油漆、塑料、染料、汽油、沥青等都是有机物。生物体内重要的有机物有糖类、蛋白质、脂肪、维生素等。

一、有机物的元素和成键特征

有机物除含C和H以外，还可能含有S、N、P、O等元素。大多数有机物骨架由C和C通过共价键连接而成，H、S、N、P、O等连在骨架C上，并位于骨架的两侧。C与C之间可以形成碳碳单键（C—C）、碳碳双键（C═C）和碳碳三键（C≡C），C与O之间可以形成碳氧单键（C—O）或碳氧双键（C═O），C与H之间只能形成单键（C—H，碳氢键），C与N之间可以形成碳氮单键（C—N）、碳氮双键（C═N）和碳氮三键（C≡N）。生命体有机物中C≡C和C≡N极少。仅含碳、氢两种元素的化合物称作烃，其中仅含C—C的称为烷烃，如甲烷（CH_4）是最简单的烷烃；含有C═C的称为烯烃，如乙烯（C_2H_4）是最简单的烯烃。

二、有机物的分类

有机物从结构上有以下两种分类方法。

1. 依据碳骨架分类

（1）开链化合物　开链化合物中的C原子互相连接成链状。由于最初是在油脂中发现的，所以开链化合物又称为脂肪族化合物，如$CH_3CH_2CH{=}CH_2$、CH_3CH_2OH等。

（2）脂环化合物　脂环化合物至少含有3个以上C原子，C原子相互连接成一个或多个碳环，环内相邻的两个C原子之间可以是单键、双键或三键。例如：

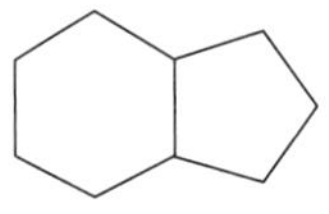

（3）芳香族化合物　化学史上曾将一类从植物胶中取得的具有芳香气味的物质称为芳香族化合物。但根据气味分类并不科学，所以现在的芳香族化合物是指分子中至少含有一个苯环，具有与开链化合物或脂环烃不同的独特性质（称芳香性）的一类化合物。例如：

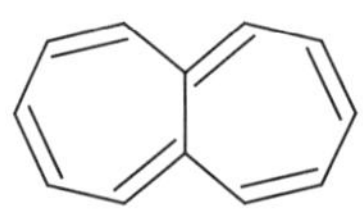

（4）杂环化合物　杂环化合物是指分子中含有杂环结构的有机化合物。构成环的原子除C外，还至少含有一个杂原子，包括O、S、N等。理论上可以把杂环化合物看

成是苯的衍生物，即苯环中的一个或几个C被杂原子取代而生成的化合物。杂环化合物可以与苯环并联成稠杂环化合物。例如：

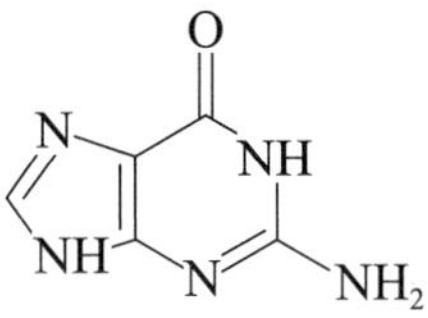

2. 依据官能团分类

依据有机化合物的官能团可将有机化合物分为醇、醛、酸、醚、酚、烃等，见表3-1。

三、有机物中常见的基团

1. 烃基

烃是有机物的一种，只有C、H两种元素，所以又称为碳氢化合物，C原子之间全是单键的称为烷，有双键存在的称为烯，有三键存在的称为炔。烃分子中少掉一个或几个氢原子而成的基团称为烃基。以下是有机物中一些常见的烃基结构及其名称。

（1）常见的脂烃基（用R表示）　甲基：CH_3—；乙基：CH_3CH_2—；丁基：$CH_3CH_2CH_2CH_2$—；异丁基：H_3C—CH（CH_3）—CH_2—；1，2-亚乙烯基：—CH═CH—；乙炔基：CH≡CH—。

（2）常见的芳香基（用Ar表示）　芳香基（简称芳基）指任何从简单芳香环衍生出的官能团或取代基。最简单的芳基是苯基，由苯衍生而来。

苯基：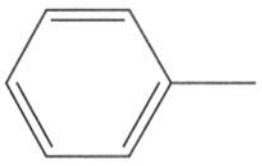

苯甲基：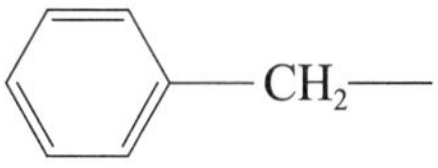

苯乙基：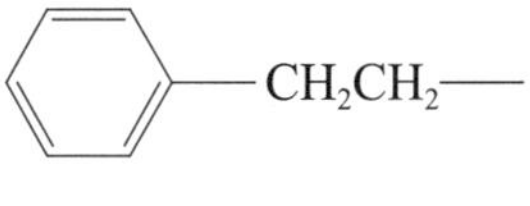

对苯甲基：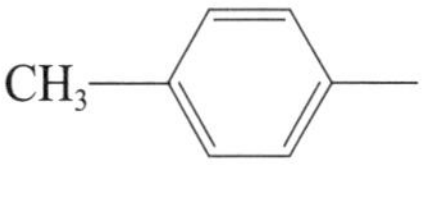

邻苯甲基：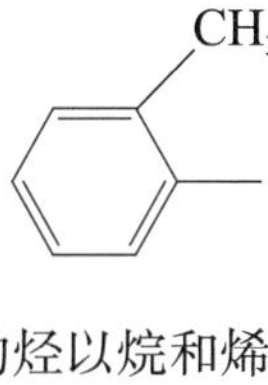

生命体中的烃以烷和烯为主。烷和烯中除C—C或C═C以外就是C—H键，C—H键中成键的两个原子是不同元素的原子，所以是极性键，但是由于C原子最外层有4个电子，是稳定结构——8个电子的一半，H的最外层有1个电子，也是稳定结构——2个电子的一半，所以C、H两原子对它们的共用电子对的电性作用力相当，因此C—H键的极性非常小，近似于无极性。所以烃是非极性化合物，表现出极强的疏水性（难溶于水）。

2. 其他基团

烃分子中H可以被其他原子或原子团取代，衍生出一系列新的化合物，如甲烷（CH_4）中的1个H被Cl取代，得到一氯甲烷（CH_3Cl）。CH_3Cl经化学反应可以转变为其他有机化合物，如甲醇（CH_3OH）、乙酸（CH_3COOH）等。这些化合物从结构上看，可看作是烃的衍生物，像甲醇中的羟基（—OH）、乙酸中的羧基（—COOH）等这类决定有机物化学性质的原子或原子团称作官能团。有机化学反应主要发生在官能团上，官能团对有机物性质起决定作用。常见官能团有—X（X表示卤素原子）、—OH、—CHO、—COOH、$—NO_2$、$—SO_3H$、$—NH_2$、—NHCO—。这些官能团决定了有机物中卤代烃、醇或酚、醛、羧酸、硝基化合物或亚硝酸酯、磺酸类有机化合物、胺类、酰胺类的主要化学性质（表3-1）。

表 3-1　有机化合物常见官能团与性质

化合物类别	官能团结构	官能团名称	物质的主要性质
卤代烃	—X	卤素原子	在碱的水溶液发生“水解反应”生成醇；在碱的醇溶液中发生“消去反应”得到不饱和烃
醇	—OH	羟基	醇能与钠反应，产生氢气；能发生消去得到不饱和烃（与羟基相连的碳直接相连的碳原子上如果没有氢原子，不能发生消去）；能与羧酸发生酯化反应；能被催化氧化成醛
酚	—OH	羟基	酚具有酸性，能和钠反应得到氢气；酚羟基使苯环性质更活泼，使苯环上更易发生取代反应，酚羟基在苯环上是邻对位定位基，能与羧酸发生酯化
醛	—CHO	醛基	醛能与银氨溶液发生银镜反应；能与新制氢氧化铜溶液反应生成红色沉淀；能被氧化成羧酸；能被加氢还原成醇
羧酸	—COOH	羧基	羧酸具有酸性（一般酸性强于碳酸）；能与钠反应生成氢气；不能被还原成醛（注意是“不能”）；能与醇发生酯化反应
酯	—COO—	酯基	酯能发生水解得到酸和醇

表3-1官能团中，卤素原子和O原子对共用电子对都有很强的吸引力，且O原子上有2对孤对电子，卤素原子3对孤对电子，电负性很强，所以表3-1中的官能团都是极性键。

四、有机物的表达

表示无机物一般用分子式，如NaCl、H_2SO_4、HCl、$KMnO_4$等。有机物的分子式虽然也能够反映有机物的分子组成，但是不能反映有机物各原子间的连接情况，无法表示有机物的分子结构，因此有机物根据需要，一般常用结构式、结构简式和键线式表示。

1. 结构式

结构式是将有机物中原子间的共用电子对（一个共价键）用短线（—）表示，例如丁烷的结构式可表示为：

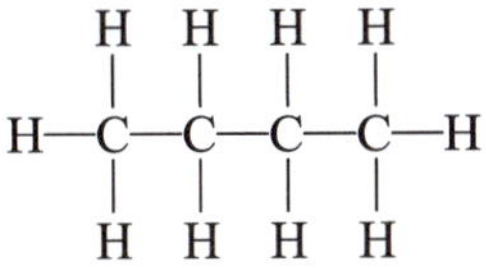

2. 结构简式

结构简式是将结构式中C—C键和C—H键中的“—”全部或部分省略不写，如乙烷结构简式是$CH_3—CH_3$、$H_3C—CH_3$、CH_3CH_3等；丁烷的结构简式可以写成$CH_3—CH_2—CH_2—CH_3$或$CH_3CH_2CH_2CH_3$。但“C═C”和“C≡C”中的“═”和“≡”不能省略，如乙烯的结构简式可写为$CH_2═CH_2$、$H_2C═CH_2$等，而不能写为CH_2CH_2。

但是C═O中的“═”可以省略，如$—\overset{\overset{\displaystyle O}{\|}}{C}—OH$可以简写为—COOH。

3. 键线式

键线式是将结构式中的C、H元素符号和C—H键中的“—”省略，其余化学键不省略，并通过折拐方式表示C的位置。例如，丁烷的键线式可以写成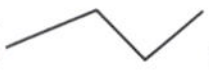，线的每个拐点或终点均表示有一个C；每个C周围H的数量通过C的4个键计算。键线式一般在表示含有3个以上C的有机物时才使用。

巩固提高

一、选择题

1．以下有机物有（　　）个C。

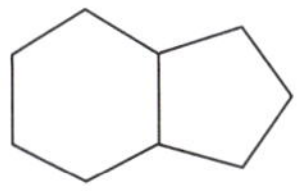

A．11　　B．9　　C．7　　D．5

2．以下有机物有（　　）个H。

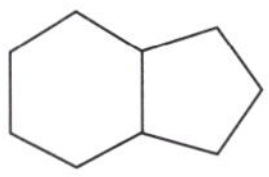

A．18　　B．17　　C．16　　D．15

3．乙酸（CH_3COOH）的官能团是（　　）。

A．$—CH_3$　　B．—COOH　　C．—OH　　D．$—COCH_3$

4．以下不是官能团的是（　　）。

A．$—CH_2CH_3$　　B．—CHO　　C．—OH　　D．—COO—

5. 以下是有机物的是（　）。

A. 来源于生物体的物质

B. 含碳的化合物

C. 除CO_2、CO、CO_3^{2-}、CN^-以外的含碳化合物

D. 合成的物质

6. 有机物有如下哪些特点？（　）

A. 一般比无机物化学反应更快　　B. 一般比无机物沸点更低

C. 分子中主要是共价键　　D. 难溶于有机溶剂

7. 以下不是有机物的是（　）。

A. 塑料袋　　B. 草木灰　　C. 头发　　D. 釉彩

二、判断题

（　）1. 官能团必须是原子团，不能是原子。

（　）2. CH_3Cl中，—Cl是官能团。

（　）3. 两个C原子之间可以形成碳碳四键。

（　）4. 乙炔的结构简式是CHCH。

（　）5. 乙烷的结构简式之一是$H_3C—CH_3$。

三、思考题

有机物中的C原子有几对共用电子？用结构式表示时，周围有几根短线？

知识拓展

现代有机合成之父——伍德·沃德

伍德·沃德1917年生于美国马萨诸塞州的波士顿。1933年夏，只有16岁的伍德·沃德以优异的成绩考入美国著名的麻省理工学院。他在全班年龄最小，却有“神童”之称。学校为了培养他，为他一人单独安排了许多课程。他只用了3年时间就学完了大学的全部课程，并以出色的成绩获得了学士学位。获学士学位后，伍德·沃德直接攻读博士学位。只用了一年时间，伍德·沃德就学完了博士生的所有课程，并通过论文答辩获得博士学位。获博士学位以后，伍德·沃德在哈佛大学执教，1950年被聘为教授。他培养的学生，许多人成了化学界的知名人士，其中包括获得1981年诺贝尔化学奖的美国化学家霍夫曼。

伍德·沃德在有机合成化学实验和理论上取得的划时代成果多得罕见。他以极其精巧的技术合成了胆固醇、皮质酮、马钱子碱、利血平、叶绿素等复杂有机化合物，所以他被称为“现代有机合成之父”。

伍德·沃德还探明了金霉素、土霉素、河豚素等复杂有机化合物的结构与功能，探索了核酸与蛋白质的合成问题，发现了以他的名字命名的伍德沃德有机反应和伍德沃德有机试剂。他在有机化学合成、结构分析、理论说明等多个领域都有独到的见解和杰出的贡献，他还独立地提出二茂铁的夹心结构。

1965年，伍德·沃德因在有机合成方面的杰出贡献而荣获诺贝尔化学奖。获奖后，他并没有因为功成名就而停止工作，而是向着更艰巨复杂的化学合成方向前进。他组织了14个国家的110位化学家，协同攻关，探索维生素B_{12}的人工合成问题。在他以前，这种极为重要的药物，只能从动物的内脏中提取，所以价格极为昂贵，且供不应求。合成维生素B_{12}过程中，伍德·沃德和他的学生兼助手霍夫曼一起，提出了分子轨道对称守恒原理。

1979年6月8日，伍德·沃德积劳成疾，与世长辞，终年62岁。

第二节　糖的结构和性质

知识目标

1. 熟悉糖的结构和性质；
2. 理解糖的分子间和分子内氢键形成原理及结果；
3. 熟悉淀粉糊化和老化的过程并理解其原理；
4. 理解糖的吸湿性和保湿性与结构之间的关系。

能力目标

能预防和控制淀粉老化。

重点内容

糖的分子间和分子内氢键。

难点内容

淀粉糊化和老化的原理。

植物吸收空气中的CO_2和H_2O，在叶绿体吸收的太阳能作用下，合成糖类，由此可知糖类主要由C、H、O三种元素组成。糖类研究的早期，科学家发现糖类分子中H和O的比例为2∶1，化学式通式可以用$C_m(H_2O)_n$表示，如葡萄糖化学式$C_6H_{12}O_6$和蔗糖化学式$C_{12}H_{22}O_{11}$，可以分别写成$C_6(H_2O)_6$、$C_{12}(H_2O)_{11}$。这个通式看起来好像糖类是由C和H_2O按一定比例组成的，因此曾把糖类称为碳水化合物。后来发现有些化合物，按结构和性质分，应属于碳水化合物，可化学式并不符合$C_m(H_2O)_n$通式，如鼠李糖（$C_6H_{12}O_5$）、脱氧核糖（$C_5H_{10}O_4$）等；而有些化合物如甲醛（CH_2O）、乙酸（$C_2H_4O_2$）、乳酸（$C_3H_6O_3$）等，化学式符合通式$C_m(H_2O)_n$，但结构与性质却与碳水化合物完全不同，所以碳水化合物这个名称并不确切，改称“糖类”。但碳水化合物这个名称使用已久，人们仍习惯使用。

糖类在自然界分布广泛，存在于几乎所有动植物、微生物体内。植物体内糖类最多，约占植物干重的80%，人和动物组织器官中所含糖类不超过身体干重的2%，微生物体内所含糖类占身体干重的10%～13%。

一、糖的基本结构

糖类可以分成单糖、低聚糖和多糖。低聚糖由少量（3～10个）单糖分子依次连接（脱水缩聚）而成，多糖由许多（10个以上）单糖分子缩聚而成。从结构上看，低聚糖和多糖由单糖缩聚而成。生产生活中也用多糖水解得到单糖和低聚糖。单糖缩聚成低聚糖和多糖时，部分共价键发生了断裂和重生，也就是发生了化学反应，这意味着多糖分子中的单糖与原单糖分子已经不同，不能再称为单糖，而改称为糖残基或糖单元。

图3-1分别是葡萄糖和果糖的开链结构，图3-2分别是葡萄糖的α型［1号C位羟基（—OH）与2号C位羟基在同侧］和β型［1号C位羟基与2号C位羟基在异侧］环状结构。自然界中的单糖可能是环状，也可能是开链，而且环状与开链间可以相互转变。从图3-1和图3-2可以看出，糖分子上有许多羟基（—OH）。糖分子上的羟基（—OH）和H_2O（H—OH）上的—OH结构类似：O原子有2对孤对电子，使O原子电负性很强；O原子和H原子之间有一个偏向O原子、偏离H原子的共用电子对，使O原子带部分负电，H原子带部分正电。这样的结构满足氢键形成的条件，容易形成氢键。糖的许多性质都与其易形成氢键有关，如高渗性、吸湿性、保湿性等。

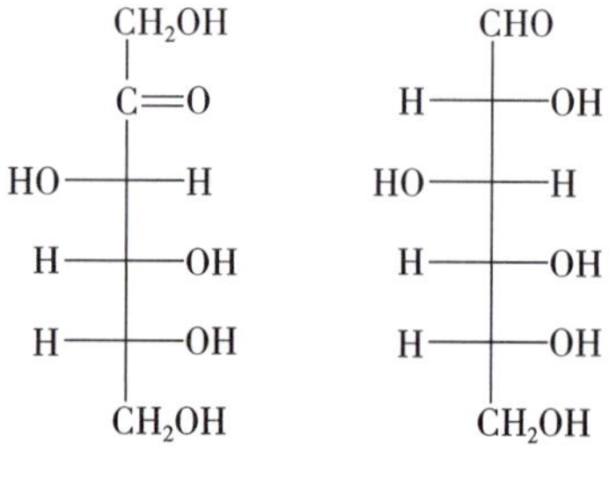

图3-1　葡萄糖和果糖分子结构式

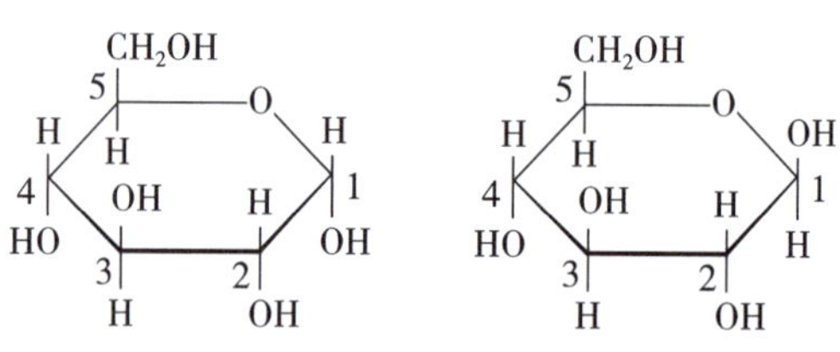

（1）α型　（2）β型

图3-2　葡萄糖的环状结构

二、常见的天然单糖和二糖

常见的单糖有葡萄糖、果糖，二糖有蔗糖、麦芽糖、乳糖等。葡萄糖与人的血糖有关，果糖是水果中最为常见的单糖，蔗糖是白砂糖、绵白糖的主要成分，麦芽糖常用于制作糖果，乳糖是乳制品中的主要糖类。天然多糖有膳食纤维、淀粉、糖原等，主食原料中的主要成分是淀粉，蔬菜、水果中含有大量膳食纤维，糖原是人体内糖的主要贮存形式。

单糖和二糖有甜味，多糖没有甜味。所有单糖中，果糖最甜，其他依次是葡萄糖、半乳糖。葡萄糖在动植物体内具有重要的生理功能。食物中的低聚糖和多糖必须水解成单糖才能被机体吸收和利用。

1. 葡萄糖

葡萄糖在自然界分布最广，是最为重要的一种单糖，主要存在于苹果、葡萄、梨等有甜味的水果中。很多蔬菜如洋葱、番茄、豆类、圆白菜中也含有葡萄糖，蜂蜜和动物体液如血液、淋巴液、大脑液、脊髓液中也含有葡萄糖。葡萄糖是人体血糖的主要成分。

纯净的葡萄糖为无色晶体，有甜味，甜度是蔗糖的65% ~ 75%。葡萄糖的甜味有凉爽感，适宜食用。

2. 果糖

果糖以其大量存在于水果中而得名，多与葡萄糖共存于果实和蜂蜜中，以菊科植物中含量最为丰富，广泛用于糖果、糕点、饮料中。果糖是最甜的糖，甜度比蔗糖高一倍。纯净的果糖为无色晶体，熔点为103 ~ 105℃，不易结晶，通常为黏稠性液体。

3. 蔗糖

蔗糖在植物界分布广泛，大量存在于根、茎、叶、花、果实、种子内，尤其在甘蔗、甜菜中最多。蔗糖是由一个葡萄糖分子和一个果糖分子缩合而成的双糖，是日常生活中常用的食糖，是白砂糖、绵白糖、冰糖、红糖的主要成分，甜度仅次于果糖。纯净的蔗糖无色透明，易溶于水，难溶于乙醇，溶解度随温度升高而增大。

4. 麦芽糖

麦芽糖由两个葡萄糖分子缩合而成，白色针状，易溶于水，熔点160 ~ 165℃，甜度为蔗糖的46%。新鲜粮食中没有游离态麦芽糖；陈粮淀粉被麦芽淀粉酶水解，产生大量麦芽糖。含淀粉的食物在口腔中经唾液淀粉酶作用，可部分水解为有甜味的麦芽糖。

5. 乳糖

乳糖是由一分子葡萄糖和一分子半乳糖缩合而成的双糖，甜度仅为蔗糖的39%。乳糖是哺乳动物乳汁中的主要糖类，人乳中含5% ~ 7%，牛羊乳中含4% ~ 5%。乳糖为白色结晶颗粒或粉末，受热变成金黄色，在水中的溶解度较小，能吸附气味物质和有色物质。

三、淀粉

淀粉是人类膳食中最基本和最丰富的糖类，是人体主要产热营养素。淀粉以淀粉颗粒形式存在，主要存在于豆类种子、植物块茎球茎果实、坚果中，图3-3是各种来源的淀粉颗粒的微观结构。

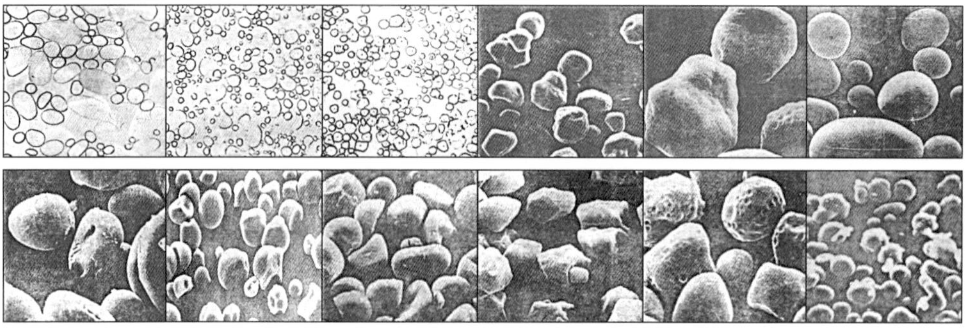

图3-3　各种淀粉颗粒的微观结构

1．淀粉的分类

淀粉有直链淀粉和支链淀粉两种。直链淀粉是由葡萄糖分子脱水缩聚而成且分子链上无分支的线形高分子化合物（又称大分子化合物，图3-4）。支链淀粉（图3-5）是由葡萄糖分子脱水缩聚而成且分子主链上有分支的树状高分子化合物。因为支链淀粉在直链主链的基础上还有分支，所以一般支链淀粉的相对分子质量比直链淀粉的要大得多。

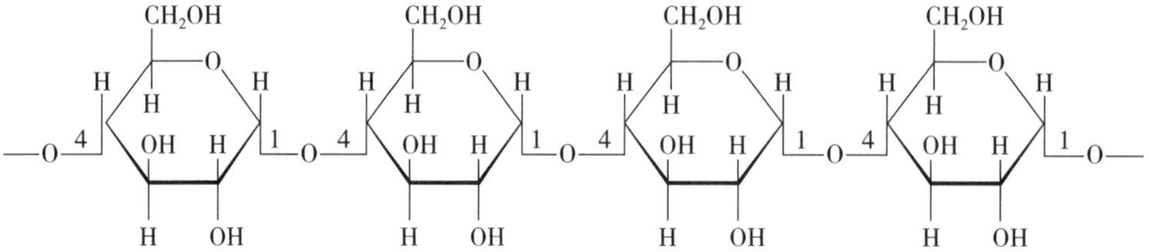

图3-4　直链淀粉的结构

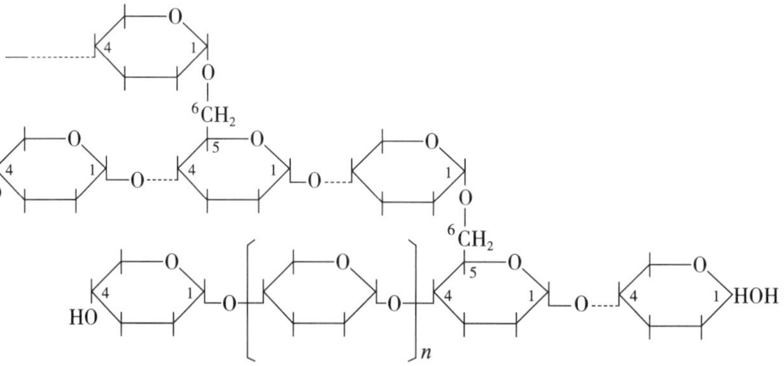

图3-5　支链淀粉的局部结构

2. 淀粉的分子内和分子间氢键

（1）氢键　当H原子与一个电负性比较大、半径比较小的X原子通过共价键相连（X—H）时，共用电子对的偏离使得H原子带部分正电，能与另一个电负性大、半径小的Y原子上的孤对电子作用形成直线型作用，这种作用称为氢键，可以用“X—H···Y”表示，其中“···”表示氢键作用。X—H中X原子的电负性必须比氢原子强，这样X原子与H原子形成共价键时，共用电子对将偏离H原子，偏向X原子，使H原子带部分正电荷，形成正电区，Y必须是富电子的原子，含有孤对电子的原子是富电子的原子，如氧原子有两对孤对电子，氟原子有三对孤对电子，氮原子有一对孤对电子，这些孤对电子均带负电，能形成负电区，当同一分子或不同分子上存在上述正电区和负电区且它们之间不存在空间阻碍时，正负电区便会因电性作用而相互吸引在一起，该电性作用力便是氢键。

符合条件的X、Y原子只有F、O、N、S，但由于S原子形成的氢键太弱，没有实际应用价值，所以，一般认为只有F、O、N才可以形成氢键。这三种原子相互组合可以形成9种氢键（图3–6）。

2013年，我国国家纳米科学中心在超高真空和低温条件下，通过原子力显微镜（AFM）观测在铜单晶表面吸附的8–羟基喹啉分子，获得了其化学骨架、分子间氢键的高分辨图像（图3–7）。

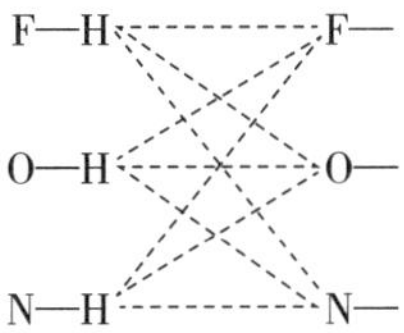

图3–6　9种形式的氢键

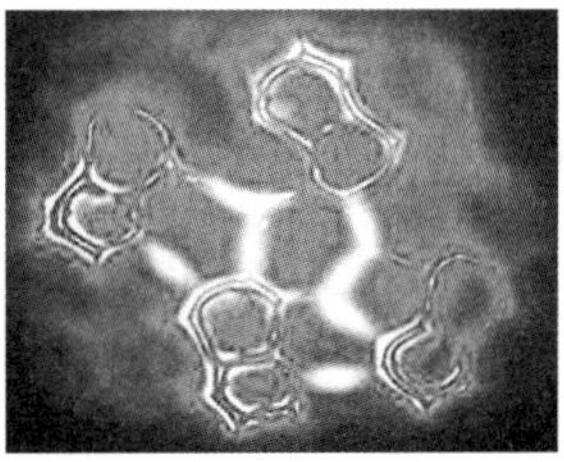

图3–7　8–羟基喹啉分子间氢键（黄色部分）

正负电区域在同一分子上的氢键称为分子内氢键（图3–8），正负电区域在不同分子上的氢键称为分子间氢键（图3–9）。分子间氢键使分子间作用力减小，分子内氢键使分子间作用力增大。一个X—H结构只能和一个Y原子结合成氢键，而且氢键的方向与X—H共价键的轴尽可能在同一个方向，即以H原子为中心的三个原子尽可能在一条直线上，这样X原子与Y原子的距离最远，斥力最小，形成的氢键较强，且氢原子尽量与Y原子的孤对电子方向一致。

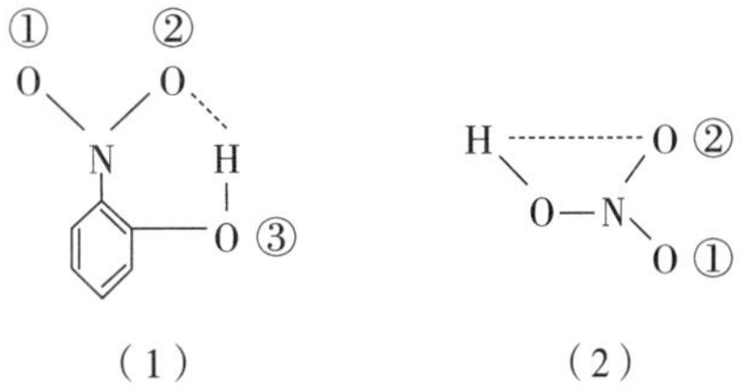

图3–8　分子内氢键

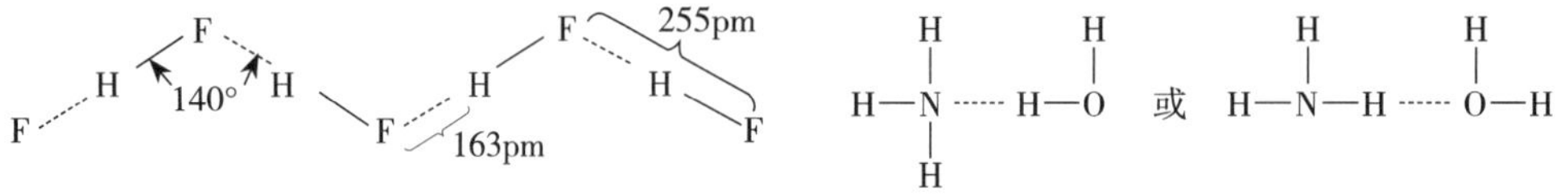

图3-9　分子间氢键

图3-8（1）中，③号位的O与H形成O—H共价键，其共用电子对偏离H，偏向O，所以H显正电性，H附近有孤对电子的原子有2个O（①号位O和②号位O）和1个N，其中①号位O离H较远，由于空间阻碍，①号位O不可能与H形成氢键，剩下②号位O与N都有孤对电子，但是O有2对孤对电子，N有1对孤对电子，O的负电性更强，所以H与②号位O形成氢键。图3-7（2）中的H与②号位O形成氢键，而不是与N形成氢键。

（2）淀粉分子内和分子间氢键　因为葡萄糖分子上有许多羟基（—O—H），所以由葡萄糖分子缩聚而成的淀粉分子链上也有许多羟基。羟基中的O—H间共用电子对偏离H原子，偏向O原子，此外O原子上还有2对孤对电子，所以—O—H中H显正电性，O显负电性，一个羟基中的O很容易与另外一个羟基中的H形成氢键。因为淀粉分子中有很多羟基，所以氢键可以说是无处不在，这些氢键可以分成两类，一类是分子内氢键，另一类是分子间氢键。同一链上不同位置的羟基—OH（比如间隔8～12个单糖单元）间形成的氢键称为分子内氢键。分子内氢键使分子链卷曲成螺旋状（图3-10）。天然状态的直链淀粉一般以这种螺旋形状结构存在。

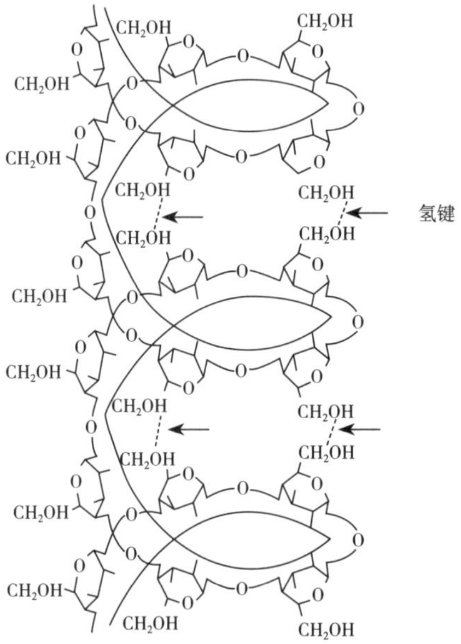

图3-10　直链淀粉的分子内氢键和螺旋结构

淀粉颗粒中有许多条淀粉链。一条淀粉链上的羟基与另一条淀粉链上的羟基形成的氢键称为分子间氢键（图3-11）。分子间氢键使淀粉成为坚硬的束状。木质素、纤维素等之所以坚硬结实，也是因为分子间氢键的存在。

当许多直链分子排列在一起时，相邻分子上的羟基容易形成氢键，使得直链淀粉的分子链与分子链之间的作用力很大，在冷水中不溶，在热水中时，热水的能量使分子链之间的氢键断裂，淀粉颗粒容易膨胀崩解。支链淀粉因为有分支，相邻分子链之间不易形成氢键，分子链与分子链之间的作用力小，所以易溶于冷水，当然更易溶于热水。形成稳定的胶体，静置时溶液不易沉淀，加热糊化后，分子链较为松散，所以具有较高的黏度，淀粉糊冷却时，支链淀粉分子中的分支结构阻碍了分子链重新排列成紧密结构，表现出较好的抗老化能力。但支链淀粉耐剪切的稳定性较差，在剪切力

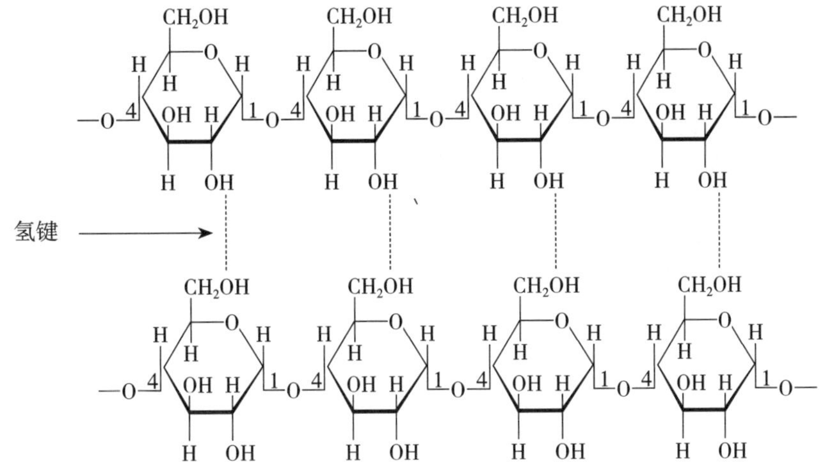

图3-11　淀粉分子间氢键和束状

作用下淀粉链被破坏，表现为黏度下降，保水力减弱。

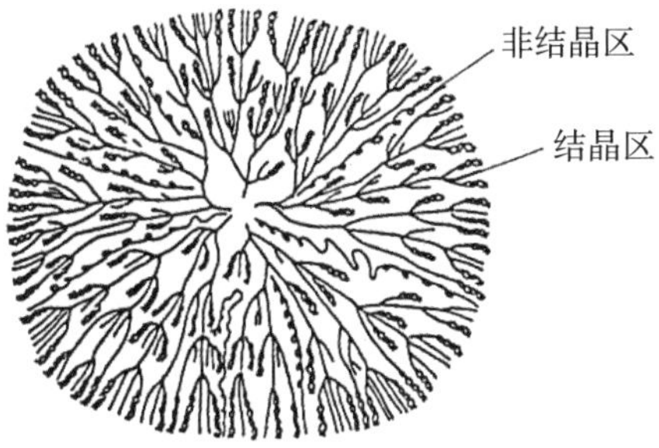

图3-12　淀粉颗粒的淀粉晶体结构

（3）淀粉的糊化　绝大多数淀粉颗粒的微观结构是支链淀粉呈紧密的放射状排列，线性的直链淀粉贯穿在支链淀粉分子空隙中（图3-12）。大量存在的氢键使淀粉颗粒不溶于水，但淀粉颗粒在水中能吸收少量水分，使体积稍微膨胀，如普通玉米淀粉和马铃薯淀粉在水中所含的水分大约为28%和33%。淀粉颗粒的这种吸水膨胀现象是可逆的，去除水分，淀粉颗粒仍恢复到原来大小。将淀粉颗粒溶于水并不停地搅拌，淀粉颗粒悬浮于水中，形成白色悬浊液。这种白色悬浊液称为淀粉乳。加热淀粉乳，淀粉颗粒随温度升高，吸水量增多，直链淀粉不断从膨润的淀粉颗粒中滤出，螺旋结构在热的作用下，氢键逐渐断裂，变成无规卷曲状（图3-13）。当对淀粉溶液进一步加热与搅拌后，保留着支链淀粉分子的淀粉残存颗粒发生破裂并进入水相，这是淀粉糊化过程（图3-14）。糊化的淀粉被称为淀粉糊。淀粉颗粒崩解时的温度称为淀粉的糊化温度。

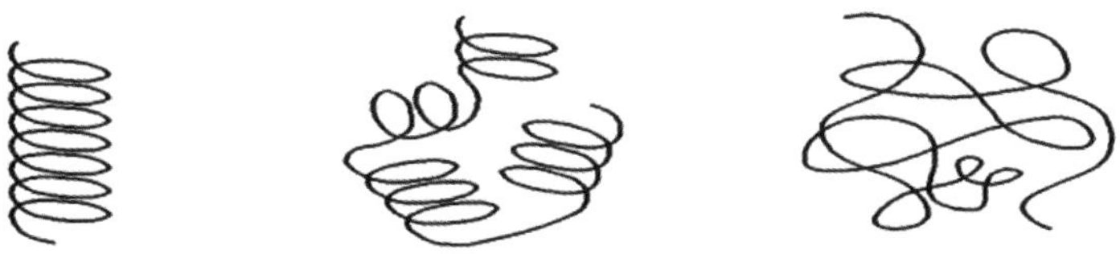

图3-13　直链淀粉滤出后螺旋结构逐渐解体成无规卷曲状

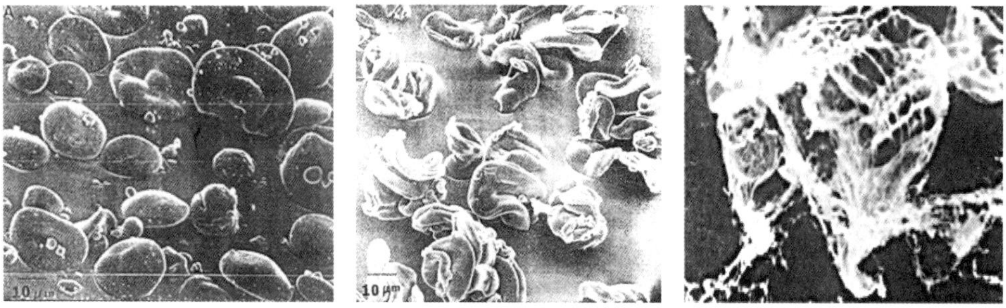

图3-14　淀粉的糊化过程

不同的淀粉品种，糊化温度有差别。同一种淀粉品种，颗粒大小不同，糊化温度也有差别。大颗粒易糊化，糊化温度低；小颗粒难糊化，糊化温度高。淀粉乳受热时，乳中大颗粒先糊化，接着普通大小的颗粒糊化，最后小颗粒糊化。淀粉的糊化温度不是固定的温度，而是一个温度范围，温差约为10℃，如玉米淀粉糊化温度为62～72℃，马铃薯淀粉糊化温度为56～68℃。

（4）淀粉的老化　溶胀糊化的淀粉糊在室温下放置后变得不透明甚至凝结沉淀的现象称为淀粉的老化。淀粉老化时，直链淀粉分子之间重新形成新的分子间氢键，使链与链之间成束状排列（图3-15），支链淀粉因为分支形成了空间阻碍作用，使一个分子与另一个分子之间不容易形成分子间氢键，所以不容易老化。如由小麦面粉制作的馒头易老化，由100%支链淀粉组成的糯米粽子不老化。

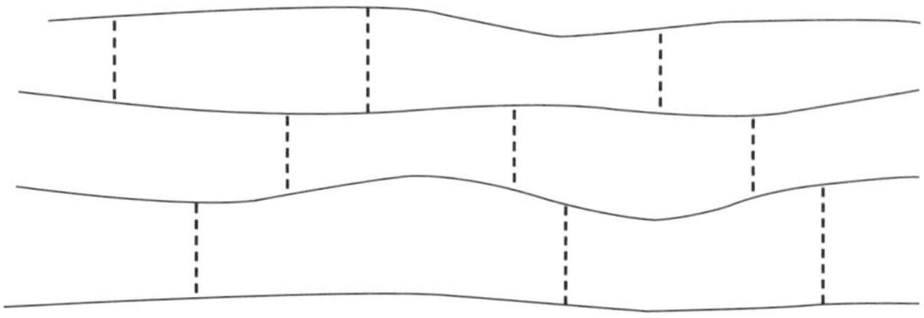

图3-15　淀粉老化状态的微观示意图

老化最适温度为2～4℃；高于60℃或低于-20℃时，不易发生老化；在0～60℃之间时，随温度降低，老化速率加快；在-20～0℃时，随温度降低，老化速率减慢。淀粉糊含水率小于15%时，淀粉基本不老化；含水率在30%～60%时，老化速率最快；含水率大于60%时，老化速率变慢。不同来源的淀粉，老化难易程度不同。直链淀粉比支链淀粉容易老化，所以含支链淀粉多的糯米或糯米粉制品不容易产生老化现象。不同来源的淀粉，老化速率由快到慢依次为：玉米＞小麦＞甘薯＞马铃薯＞黏玉米。老化后的淀粉消化难度增大。

四、其他重要多糖

1. 膳食纤维

膳食纤维包括纤维素、半纤维素、木质素、果胶等，是不被消化、吸收的多糖混合物。多糖上大量的羟基，使膳食纤维具有很强的吸水性，可调节肠道润滑性，促进肠道蠕动，利于粪便排出，使致癌物质在肠道路内的停留时间缩短，减少对肠道的不良刺激，预防肠癌发生。

2. 糖原

糖原是由葡萄糖缩聚而成的动物性多糖。人体摄入的碳水化合物和脂肪过量时，就会将多余的能量转化成糖原贮存在肝脏和肌肉中，当人体需要时，在酶的作用下重新分解成葡萄糖，及时供给人体。肌糖原分解得到的葡萄糖，主要为肌肉自身收缩提供能量；肝糖原分解得到的葡萄糖，主要用于维持血糖浓度。

五、糖的性质

1. 亲水性

因为糖具有很强的形成氢键能力，所以糖有较强的亲水性。糖的许多性质与应用都与亲水性有关，如溶解度、高渗透性、吸湿性、保湿性等。

单糖和二糖的强亲水性使它们易溶于水，尤其易溶于热水。常见的单糖和二糖溶解度都很高，能够形成高浓度糖溶液。亲水性越强，糖的溶解度越大。同一温度下，各种糖的溶解度不同，其中果糖溶解度最大（表3-2）。糖的溶解度大这一性质常用于制作拔丝。制作拔丝时，在白糖中加入适量水，加热使糖溶化、并熬稠（但温度不能过高产生焦糖化反应）后，将山楂、马铃薯、香蕉、大枣等适合做拔丝食品的原料倒入，立即和匀，迅速冷却。

表 3-2　糖的溶解度

名称	20℃		30℃		40℃		50℃	
	浓度/%	溶解度/（g/100g水）	浓度/%	溶解度/（g/100g水）	浓度/%	溶解度/（g/100g水）	浓度/%	溶解度/（g/100g水）
果糖	78.94	374.78	81.54	441.70	84.34	538.63	86.94	665.58
葡萄糖	46.71	87.67	54.84	120.46	61.89	162.38	70.91	243.76
蔗糖	66.60	199.4	68.18	214.3	70.42	238.10	72.25	260.40

2. 吸湿性和保湿性

糖的吸湿性指糖在相对湿度较高的环境中吸收环境中水的性质。糖的保湿性指糖在相对湿度较低的环境中保持已吸收水分不散失的性质。这两种性质都是由糖分子中大量羟基的亲水性引起。不同的糖，吸湿能力不一样。果糖的吸湿性最强，葡萄糖、麦芽糖次之，蔗糖吸湿能力最小。糖的吸湿性和保湿性可使食物的持水量保持恒定，从而保持食物的柔软度、弹性、加工性、储藏性。例如，饴糖、玉米糖浆可保持面包、糕点中的水分，使面包、糕点保持柔软、耐储藏；蔗糖可保持酥糖及酥性饼干的酥脆。

糖和蛋白质（尤其是水溶性蛋白质）都具有较强的亲水性，但是单糖和二糖的亲水性大于蛋白质的亲水性，因此面粉中掺入单糖或二糖可降低面粉蛋白的持水能力，降低面粉蛋白质胶粒的膨润度，限制面团中面筋的形成，减弱面团的弹性。

巩固提高

一、选择题

1．以下为单糖的是（　）。

A．蔗糖　　B．麦芽糖　　C．乳糖　　D．葡萄糖

2．甜度最大的糖是（　）。

A．蔗糖　　B．麦芽糖　　C．乳糖　　D．葡萄糖

3．蔗糖是由哪两种单糖组成的？（　）

A．葡萄糖和葡萄糖　　B．葡萄糖和果糖

C．乳糖和葡萄糖　　D．果糖和果糖

4．直链淀粉的螺旋结构由（　）引起。

A．分子间氢键

B．分子内氢键

C．既有分子间氢键，又有分子内氢键

D．以上都不是

5．糖的溶解度大是因为（　）。

A．糖的结晶能力小　　B．糖的亲水作用强

C．糖的渗透作用强　　D．糖的黏度大

6．凉粉的主要成分是（　）。

A．淀粉　　B．蛋白质　　C．脂肪　　D．以上都不是

7．直链淀粉越多的食物越容易老化，原因是（　）。

A．直链淀粉比支链淀粉容易形成分子间氢键

B．直链淀粉比支链淀粉黏度大

C．直链淀粉比支链淀粉容易形成分子内氢键

D．直链淀粉比支链淀粉更易溶于冷水

8. 防止淀粉老化，不可采用的方法是（　）。

A. 60℃以上保存　　B. −20℃以下保存

C. 4℃保存　　D. 小于15%含水率

9. 淀粉最容易老化的温度是（　）。

A. 0℃以下　　B. 2～4℃　　C. 60℃　　D. 185℃

10. 馒头、烙饼冷却后变硬的原因是淀粉发生了（　）。

A. 糊化　　B. 老化　　C. 水解　　D. 氧化

二、判断题

（　）1. 淀粉颗粒的糊化温度是个温度点。

（　）2. 梅雨季节，暴露在空气中的糖易溶化。

（　）3. 糖原和纤维素的组成单元都是葡萄糖。

（　）4. 淀粉的分子内和分子间氢键必须都被破坏，淀粉才能被糊化。

（　）5. 支链淀粉比直链淀粉易糊化。

三、思考题

1. 描述淀粉的糊化过程。

2. 为什么馒头中的淀粉老化后，馒头会变硬，难以咀嚼？

第三节　蛋白质的结构和性质

知识目标

1. 熟悉氨基酸的通式和酸碱两性结构；
2. 熟悉蛋白质四个层次的结构；
3. 理解蛋白质的等电点及其形成机理；
4. 熟悉形成蛋白质空间结构的作用力，尤其是二硫键对维持蛋白质空间结构的重要性。

能力目标

1. 能根据蛋白质的等电点判断不同pH时肽链的带电情况；
2. 能判断不同pH时，肽链的大致构象。

重点内容

1. 蛋白质的等电点；

2. 形成蛋白质空间结构的作用力。

难点内容

蛋白质的等电点及其形成原理。

蛋白质占人体质量的16%~20%。它既是生命有机体的重要组成部分，又参与几乎所有的生命现象，是生命的物质基础。生命体中蛋白质的重要性体现在两方面：①皮肤、肌肉、内脏、毛发、骨骼、指甲等所有动物体器官和组织都以蛋白质为物质基础，起着构成生命骨架的作用；②蛋白质几乎参与所有生命现象、见证所有生命过程，是动物体内酶、激素、抗体、载体等的主要成分。蛋白质是由氨基酸组成的，了解蛋白质之前，必须先了解氨基酸。

一、氨基酸的结构和性质

1. 氨基酸的基本结构

氨基酸是蛋白质的基本单元，其通式为：

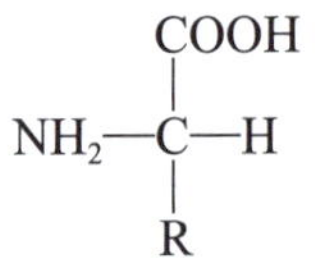

其中R称为R基，表示除NH_2—CH—COOH以外的所有基团。从通式可以看出，所有氨基酸都有氨基（—NH_2）、羧基（—COOH）和α碳（—CH），不同氨基酸的区别在于R基，所以R基决定着氨基酸的性质。

2. 氨基酸的分类

构成人体蛋白质的氨基酸有20种，其中大部分氨基酸，人体自身能合成，少数氨基酸，人体自身不能合成或合成速度不能满足机体需要，必须从食物中获得。这些人体自身不能合成或合成速度不能满足人体需要的氨基酸称为必需氨基酸，共有8种，分别是赖氨酸、色氨酸、苯丙氨酸、甲硫氨酸、苏氨酸、异亮氨酸、亮氨酸、缬氨酸。也有人把组氨酸、精氨酸列为必需氨基酸。按照R基的极性，氨基酸可分为非极性氨基酸（8种）、极性不带电氨基酸（7种）、带正电荷（碱性）的氨基酸（3种）、带负电荷（酸性）的氨基酸（2种）见表3-3。

表 3-3　20 种常见氨基酸的名称、结构式和等电点

名称	中文缩写	英文缩写	结构式	p*I*
非极性氨基酸				
甘氨酸（Glycine）	甘	Gly	$\underset{^+NH_3}{CH_2}—COO^-$	5.97
丙氨酸（Alanine）	丙	Ala	$CH_3—\underset{^+NH_3}{CH}—COO^-$	6.02
亮氨酸（Leucine）	亮	Leu	$(CH_3)_2CHCH_2—\underset{^+NH_3}{CH}COO^-$	5.98
异亮氨酸（Isoleucine）*	异亮	Ile	$CH_3CH_2\underset{CH_3}{CH}—\underset{^+NH_3}{CH}COO^-$	6.02
缬氨酸（Valine）*	缬	Val	$(CH_3)_2CH—\underset{^+NH_3}{CH}COO^-$	5.97
脯氨酸（Proline）	脯	Pro	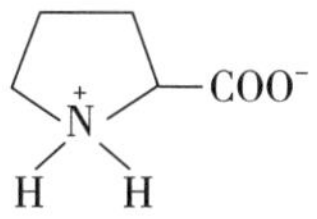	6.30
苯丙氨酸（Phenylalanine）*	苯丙	Phe	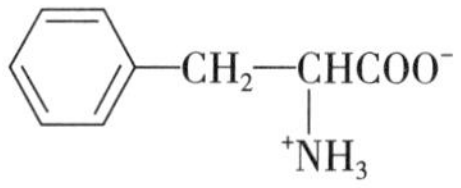	5.48
甲硫氨酸（Methionine）*	甲硫	Met	$CH_3SCH_2CH_2—\underset{^+NH_3}{CH}COO^-$	5.75
色氨酸（Tryptophan）*	色	Trp	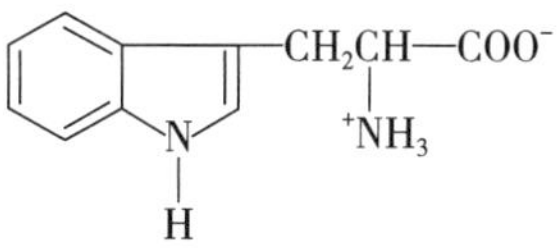	5.89
不带电的极性氨基酸				
丝氨酸（Serine）	丝	Ser	$HOCH_2—\underset{^+NH_3}{CH}COO^-$	5.68
谷氨酰胺（Glutamine）	谷胺	Gln	$H_2N—\overset{O}{\overset{\|}{C}}—CH_2CH_2\underset{^+NH_3}{CH}COO^-$	5.65
苏氨酸（Cysteine）*	苏	Thr	$CH_3\underset{OH}{CH}—\underset{^+NH_3}{CH}COO^-$	6.53

续表

名称	中文缩写	英文缩写	结构式	p*I*
半胱氨酸（Cysteine）	半胱	Cys	$HSCH_2-CHCOO^-$ $^+NH_3$	5.02
天冬酰胺（Asparagine）	天胺	Asn	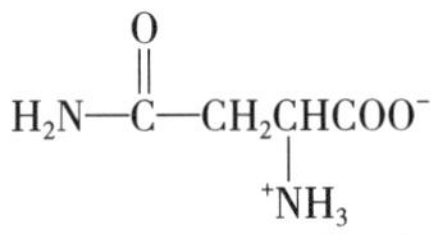	5.41
酪氨酸（Tyrosine）	酪	Tyr	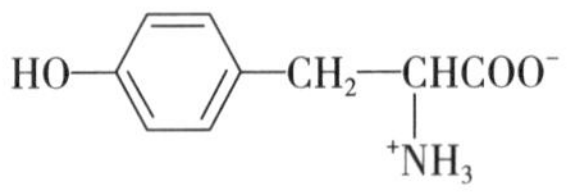	5.66
酸性氨基酸				
天冬氨酸（Aspartic acid）	天	Asp	$HOOCCH_2CHCOO^-$ $^+NH_3$	2.97
谷氨酸（Glutamic acid）	谷	Glu	$HOOCCH_2CH_2CHCOO^-$ $^+NH_3$	3.22
碱性氨基酸				
赖氨酸（Lysine）*	赖	Lys	$^+NH_3CH_2CH_2CH_2CH_2CHCOO^-$ $^+NH_3$	9.74
精氨酸（Arginine）	精	Arg		10.76
组氨酸（Histidine）	组	His	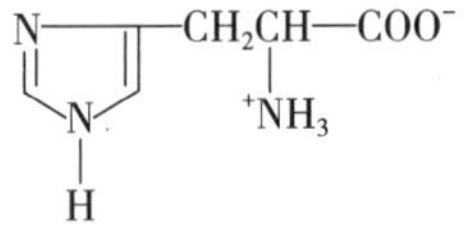	7.59

注：* 为必需氨基酸。

非极性氨基酸也称为疏水氨基酸，其R基上的正负电荷中心重合，正负电性互相抵消，对外不显电性，不能与水形成电性作用，所以难溶于水。极性不带电氨基酸的R基像水分子一样，正负电荷中心不重合，有些原子对外显正电性，能与水分子的氧原子形成电性作用，有些原子对外显负电性，能与水分子的氢原子形成电性作用，所以可溶于水。带正电荷的氨基酸，其R基团上有带正电荷的氨基（$-NH_3^+$），能与水分子上的氧原子形成静电作用力，易溶于水。因氨基在水溶液中显碱性，所以带正电荷的氨基酸也称为碱性氨基酸。带负电荷的氨基酸，其R基团上带有负电荷的羧基（$-COO^-$），能与水分子中的氢原子形成静电力，易溶于水。因为羧基在水溶液中显酸性，所以带负电荷的氨基酸也称为酸性氨基酸。

因为羧基（—COOH）在水中显酸性（$-COO^-+H^+$），氨基（$-NH_2$）在水中显碱性（—NH_3^++OH^-），所以氨基酸的酸碱性大小通常根据氨基酸分子中羧基和氨基的数目来确定。分子中羧基数目大于氨基数目的氨基酸为酸性氨基酸，例如，天冬氨酸分子上有2个羧基，1个氨基，所以天冬氨酸为酸性氨基酸；相反，氨基数目大于羧基数目的氨基酸为碱性氨基酸，例如，赖氨酸上有2个氨基，1个羧基，所以赖氨酸是碱性氨基酸。

3．氨基酸的物理性质

氨基酸为无色晶体，熔点较高，一般在200～300℃。因此在烹调温度下一般不会被破坏。如果温度超过氨基酸的熔点，氨基酸就会发生分解，如有鲜味的味精（谷氨酸钠）在高温下会分解成无味的焦谷氨酸钠。氨基酸可以呈甜、苦、鲜、酸四种风味。不同的氨基酸呈不同的风味。

4．氨基酸的等电点

氨基酸最重要的化学性质是两性性质。大多数化学反应是在水中完成的。如图3-16所示，氨基酸分子中的氨基（—NH_2）遇水电离成—NH_3^+和OH^-，显示出碱性（因为有OH^-存在）；羧基（—COOH）在水中会变成—COO^-和H^+，显示出酸性（因为有H^+存在）。假设某氨基酸溶液中只有一个氨基酸分子，某pH时，氨基酸分子中正负电荷相等，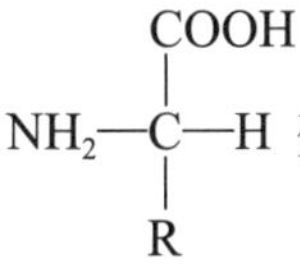变成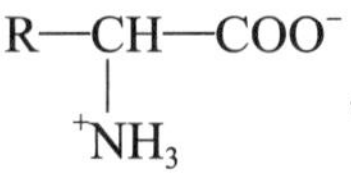，这时溶液的pH称为这种氨基酸的等电点，用p*I*表示。如果向处于p*I*的氨基酸溶液中加入H^+，H^+与—COO^-结合，生成—COOH，氨基酸分子中只剩下—NH_3^+带电，氨基酸分子对外显正电；如果向处于p*I*的氨基酸溶液中加入OH^-，OH^-与—NH_3^+结合成—NH_2和H_2O，氨基酸分子只剩下—COO^-带电，氨基酸分子对外显负电。

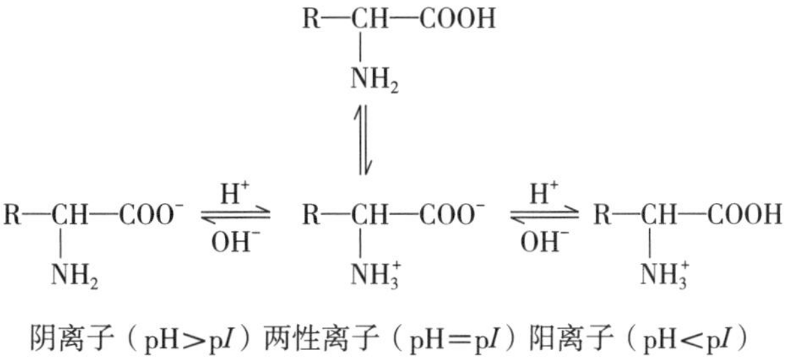

图3-16　氨基酸的两性电离

假设另一氨基酸溶液中有许多氨基酸分子，且处于p*I*状态，即所有氨基酸分子上的—NH_3^+总量和—COO^-总量相等。此时，如果向溶液中加入H^+，H^+会与—COO^-结合生成—COOH，氨基酸分子中—NH_3^+将多于—COO^-，氨基酸分子对外显正电；如果向溶液中加入OH^-，OH^-会与—NH_3^+结合生成—NH_2和H_2O，氨基酸分子是—COO^-将多于—NH_3^+，氨基酸分子对外显负电。

氨基酸等电点是氨基酸的一个特征常数，与氨基酸的组成与结构有关，与氨基酸所处的外部环境没有关系。人体20种氨基酸的组成和结构均不同，因而它们的等电点也各不相同。从以上分析，可以得出，如果氨基酸溶液pH大于其p*I*（p*I*时继续加OH^-），氨基酸分子带负电；如果氨基酸溶液pH小于其p*I*（p*I*时继续加H^+），氨基酸分子带正电。

一般情况下，氨基酸的羧基和氨基的电离程度不相等，因此纯净的氨基酸水溶液不一定呈中性。在中性溶液中，羧基的电离程度稍大于氨基的电离程度。所以氨基酸溶液pH略小于7。利用酸或碱调节氨基酸溶液的pH，可以使氨基酸的羧基和氨基的电离程度相等，氨基酸分子上所带的正负电荷数相等。

二、蛋白质的结构和性质

1. 蛋白质的结构

（1）肽键的生成　蛋白质是由氨基酸组成的，肽键的生成过程如图3-17所示：氨基酸分子中，—COOH上的C和OH之间的共用电子对分离，—NH_2上N和1个H之间的共用电子对分离，然后C和N之间重新组成新的共用电子对，生成肽键（O═C—NH），而OH和H重新组成共用电子对，生成H_2O。

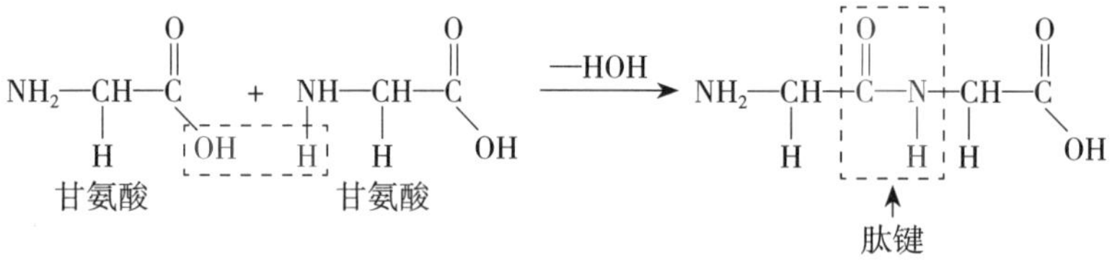

图3-17　肽键的生成

因为参与生成蛋白质的氨基酸已经发生了化学变化，所以蛋白质链中的每个氨基酸单元不能再称为氨基酸，而要称为氨基酸残基。所生成的肽键O═C—NH，也称为酰胺键，其中“酰”指C═O，“胺”指N—H。

（2）肽链　肽链分主链和侧链，主链是 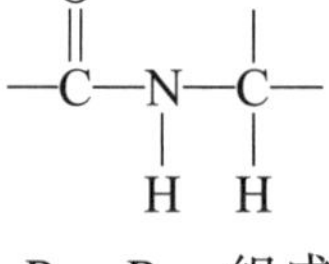 的不断重复，侧链由氨基酸中的R基构成，如图3-18所示，侧链由R_1、R_2、R_3…组成。由两个氨基酸残基组成的肽链称为二肽，由三个氨基酸残基组成的肽链称为三肽……依此类推，由三个或三个以上氨基酸分子组成的肽称为多肽。所有肽链的主链除了长度不一样，基本结构都一样，如图3-18所示的黑色部分。肽链之间的区别主要在侧链，氨基酸组成和顺序不同，R基结构和顺序就不同。

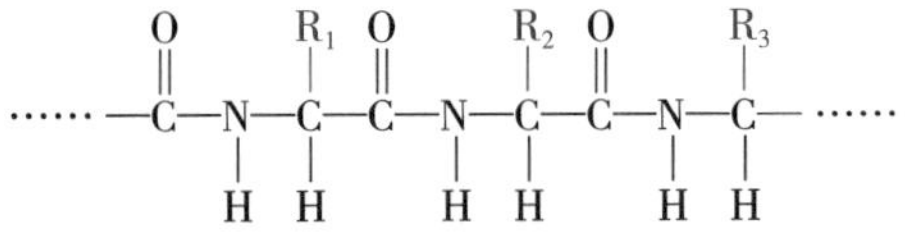

图3–18　肽链的主链

（3）蛋白质的结构　蛋白质的结构通过四个层次表达。最低层次，也就是第一层次，表达的是构成蛋白质的氨基酸种类、个数和氨基酸的连接顺序。这一层次的结构被称为蛋白质的一级结构，是蛋白质最基本的结构。每种蛋白质的一级结构由与其对应的基因上的遗传密码排列顺序决定，所以不同种蛋白质的一级结构不同。即便是同种蛋白质，如果生物来源不同，它们的一级结构也可能稍有不同。尽管生物体中的氨基酸种类只有20种，但是这20种氨基酸能够组合成蛋白质的无数种一级结构，并进一步由一级结构折叠盘绕成无数种高级结构，构成大千世界各类生物体的成千上万种蛋白质。

拥有长链的蛋白质在自然界总是以立体形态存在。蛋白质的二级结构（第二层次）表达的是蛋白质立体形态中具有特定规律的部分，最常见的有*α*–螺旋、*β*–折叠、*β*–转角（图3–19 ~ 图3–21）。

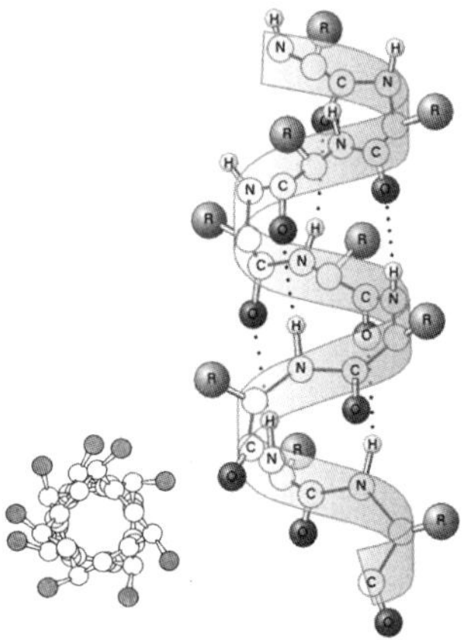

图3–19　*α*–螺旋示意图

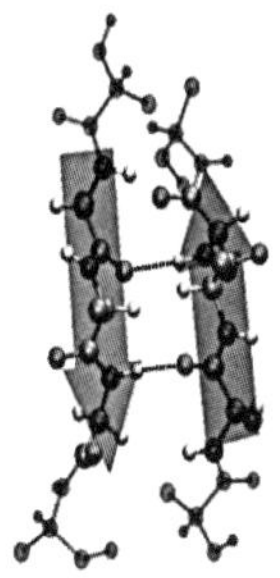

图3–20　*β*–折叠示意图

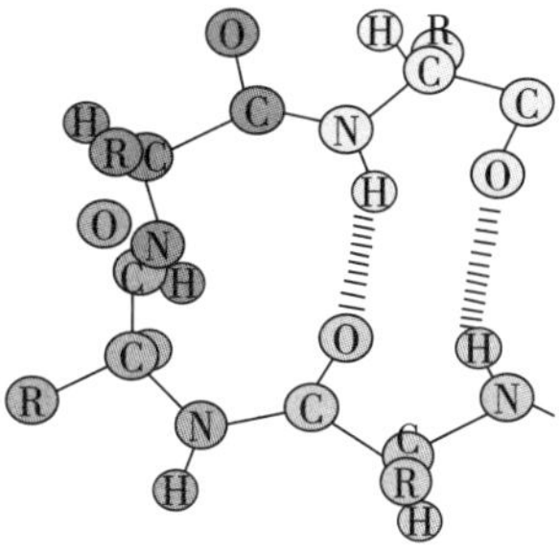

图3–21　*β*–转角示意图

蛋白质分子链中具有特定规律部分和没有任何规律部分（随机卷曲段）相互折叠盘绕形成的三维空间结构是蛋白质的三级结构（第三层次）。图3–22所示为金枪鱼蛋白质的三级结构，其中既有*α*–螺旋段和*β*–折叠段，也有随机卷曲段。

绝大多数的蛋白质只有一条多肽链，所以其最高结构层次是三级结构，但是也有些蛋白质由多条肽链组成。多条肽链相互盘绕在一起所形成的空间结构称为蛋白质的四级结构（第四层次），其中的每条肽链是蛋白质的一个亚基。图3–23的血红蛋白由4条多肽链组成，分别用四种颜色表示，每条多肽链是蛋白质的一个亚基，所以血红蛋白共有4个亚基。

（4）肽链和蛋白质之间的关系　肽链是由多个氨基酸相互连接而成的链状结构。蛋白质是指由一条或数条肽链组成的具有某种生理活性的物质。蛋白质是一种物质，肽链是一种化学结构。有时，也将构成蛋白质的肽链称为蛋白质链。

（5）维持蛋白质空间构象的作用力　构象指原子或基团空间排列方式，此处可简单地理解为肽链的空间盘绕方式。蛋白质的二级、三级、四级结构统称为蛋白质的空间构象。一级结构是蛋白质空间构象的基础，也是蛋白质功能的基础。一级结构相同的蛋白质，空间构象及功能相近。在不同环境，一级结构相同的蛋白质，空间构象可能不同。蛋白质的二级结构、三级结构或四级结构称为高级结构。蛋白质的高级结构是构成蛋白质的肽链分子内、分子间，以及肽链与溶剂之间各种作用力综合作用的结果，包括离子键、氢键、疏水相互作用、分子间作用力、二硫键等（图3-24）。

图3-22　金枪鱼蛋白质的三级结构

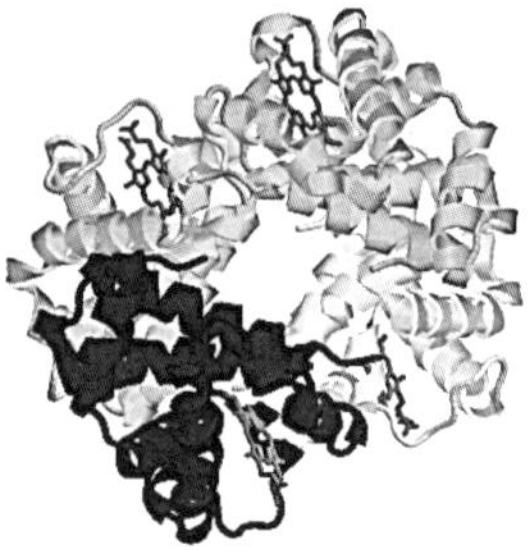

图3-23　血红蛋白的四级结构

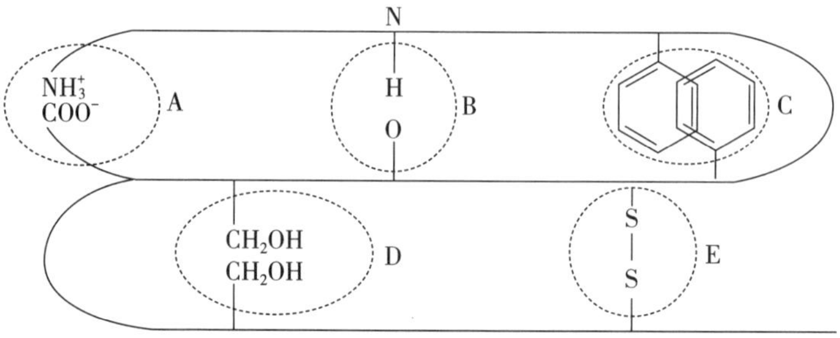

图3-24　维持蛋白质空间结构的作用力

A—离子键　B—氢键　C—疏水相互作用　D—范德华力　E—二硫键

①氢键。

肽链主链上的C═O和单糖分子上的C═O一样，也容易形成氢键。N最外层有5个电子，稳定结构时，有1对孤对电子，3个共用电子对。孤对电子具有很强的电负性，是形成氢键的前提条件，所以肽链主链上的N—H也容易形成氢键。总之，肽链的主链上有许多易于形成氢键的结构。氨基酸R基中，除了非极性氨基酸以外，不带电的极性氨基酸、酸性氨基酸、碱性氨基酸的R基上都有大量—NH_2、—C═O、—OH，所以由这些氨基酸缩聚成的肽链，侧链上也有许多易于形成氢键的结构。此外，水也是容易形成氢键的，所以肽链与水之间也容易形成氢键。大多数蛋白质在肽链的主链肽基之间会尽可能形成最大数目的分子内氢键，形成α–螺旋（图3–19）、β–折叠等二级结构（图3–20）。

对蛋白质高级结构影响最大的是在主链上C═O和N—H之间通过氢键连接的α–螺旋、β–折叠、β–转角（图3–19 ~ 图3–21），它们是维持蛋白质二级结构的主要作用力。除主链氢键以外，侧链与侧链、侧链与溶剂水、主链与侧链、主链与溶剂之间都存在氢键。

②二硫键。

二硫键又称为二硫桥或硫硫桥，是在两个硫原子之间形成的共价键（图3–25）。把同一条肽链的不同部分连接起来的二硫键称为分子内二硫键（图3–26），把不同肽链连接起来的二硫键称为分子间二硫键（图3–27）。

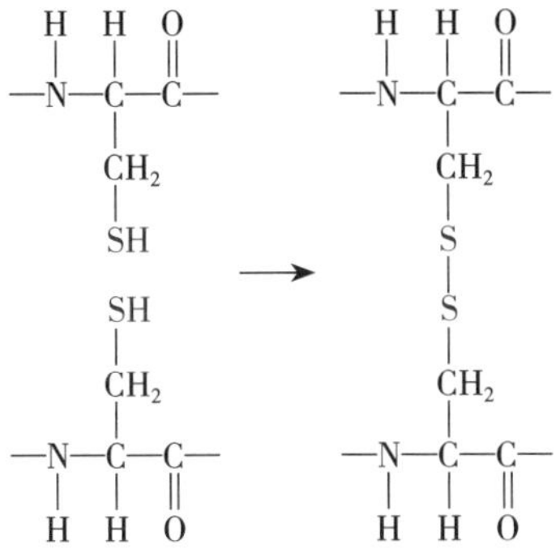

图3–25 二硫键的生成

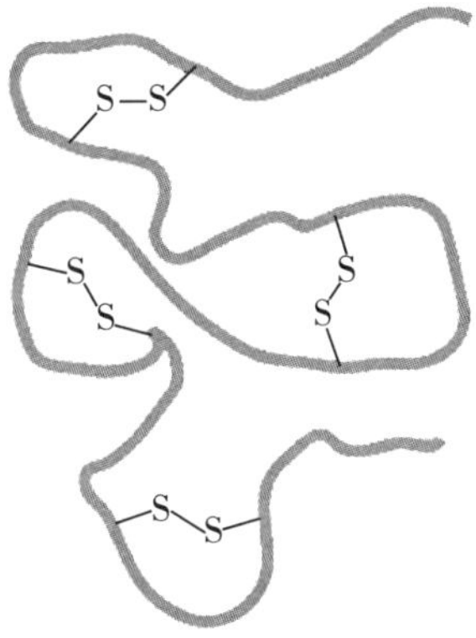

图3–26 分子内二硫键

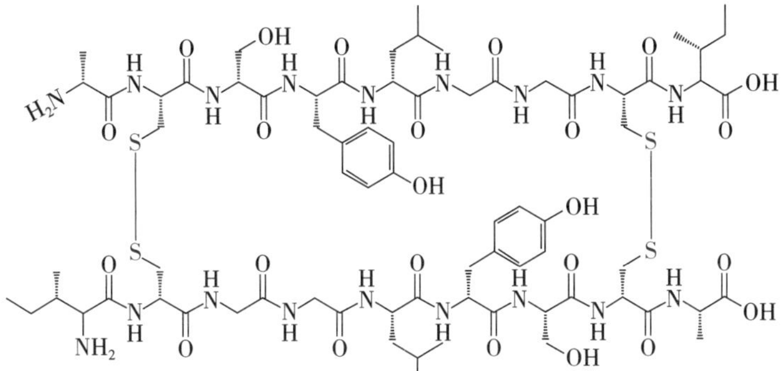

图3–27 分子间二硫键

二硫键由含硫氨基酸形成，含硫氨基酸有甲硫氨酸、半胱氨酸和胱氨酸三种，其中半胱氨酸被氧化成胱氨酸时即可形成二硫键。绝大多数情况下，二硫键出现在β–转角附近。

二硫键比较稳定，在蛋白质分子中起着稳定多肽链空间结构的作用，所以二硫键数目越多，蛋白质分子越稳定，越能对抗外界影响。有些二硫键对保持蛋白质的生物活性起关键作用，有些则无关紧要。如果所有二硫键都被破坏，蛋白质的天然构象将发生改变，生物活性也会丧失。

③离子键。

蛋白质分子中，有许多带电基团。带正电荷的基团有主链N末端的—NH_3^+、赖氨酸残基上的—NH_3^+等，带负电荷的基团有主链C末端的—COO^-、天门冬氨酸残基上的—COO^-、谷氨酸残基上的—COO^-等。这些带正电荷或负电荷的基团中，有一部分因彼此相临而产生强烈的相互作用，形成离子键，使肽链在α-螺旋或β-折叠等二级结构基础上进一步盘绕；另一部分因为距离、空间位置等原因而无法形成离子键。高浓度的盐、过高或过低的pH都可以破坏这些离子键，因此强酸、强碱、高浓度盐能使蛋白质变性。

蛋白质如果分散在极性溶剂中，蛋白质分子中的非极性基团自动迁移到蛋白质立体结构的内部，极性基团自动迁移到蛋白质立体结构的表面（此时蛋白质立体结构发生改变），与周围的极性溶剂形成极性作用，使蛋白质溶胶体系相对稳定；蛋白质如果分散在非极性溶剂中，蛋白质分子中的极性基团自动迁移到蛋白质立体结构的内部，非极性基团自动迁移到蛋白质立体结构的表面，与周围的非极性溶剂因相似而相溶，也形成相对稳定的蛋白质溶胶体系。例如，在水溶剂中，球状蛋白质的极性基团总是倾向于暴露在表面，而为了避开水的作用，非极性基团总是倾向于包裹在蛋白质立体结构的内部，这种疏水基团彼此靠近聚集以避开水的现象就是疏水相互作用或疏水效应。疏水相互作用的产生不是因为疏水基团之间存在吸引力，而是因为蛋白质多肽链上的极性基团与水之间存在极性作用，使疏水基团（即非极性基团）被排挤而聚集在一起。当然，当疏水基团之间的距离在分子间作用力的范围时，它们相互间存在微弱的分子间作用力。疏水相互作用对维持蛋白质的高级结构具有重要的作用，也是蛋白质折叠的主要驱动力。在室温范围内，疏水相互作用随温度升高而增大，但当温度超过其最高承受温度（40～60℃，因侧链不同而异）后，又逐渐减小。

④分子间作用力。

分子间作用力是分子间普遍存在的一种作用力，其本质仍然是电性作用力。分子间作用力的大小与分子间的距离有关。距离太远，分子间作用力几乎可以忽略不计；在一定距离范围内时，距离越远，分子间引力越大；距离越近，分子间斥力越大；在某一距离时，引力与斥力相等，分子间作用力达到平衡。蛋白质多肽链上的基团与基团之间、基团与溶剂分子之间都存在分子间作用力，它们共同维持着蛋白质构象的稳定。

2. 蛋白质的等电点

蛋白质的等电点是指蛋白质链上正电荷数与负电荷数相等时的pH，以p*I*表示。各蛋白质因氨基酸组成不同，侧链中—NH_2、—COOH数量也就不同。蛋白质侧链上和末端的—NH_2和—COOH在水溶液中分别电离成—NH_3^+和—COO^-，且羧基（—COOH）的电离程度稍大于氨基（—NH_2）的电离程度，但是可以利用酸（H^+）或碱（OH^-）中和蛋白质肽链上的—NH_3^+和—COO^-，使蛋白质链上的正负电荷相等。

通常，蛋白质分子上既有正电基团，又有负电基团，既有显正电的极性基团，又有显负电的极性基团。当蛋白质溶液的pH等于p*I*时，蛋白质分子上的正电荷和负电荷相等。正负电荷相吸引使蛋白质分子折叠成球状，分子对外不带电，蛋白质容易沉淀；当蛋白质溶液的pH大于p*I*时，蛋白质分子中的部分正电荷会被溶液中OH^-中和，使蛋白质分子中正电荷少于负电荷，正负电相互吸引抵消后，蛋白质分子中剩余负电荷。负电荷与负电荷之间相互排斥，使蛋白质链松散。溶液的碱性越大，蛋白质分子中剩余的负电荷越多，蛋白质链越松散。同理，当溶液pH小于p*I*时，蛋白质分子中的部分负电荷被H^+中和，使蛋白质分子中负电荷少于正电荷，正负电荷相互吸引抵销后，蛋白质分子中剩余正电荷。正电荷与正电荷之间相互排斥，使蛋白质链松散。溶液的酸性越大，蛋白质分子中剩余的正电荷越多，蛋白质链越松散。蛋白质链变得松散后，带电基团和极性基团被暴露出来，与水相互作用。因此，蛋白质溶液的pH偏离蛋白质等电点越多，蛋白质的水合作用越强，即持水性越好。蛋白质的等电点也是蛋白质的特征常数，与蛋白质的一级结构有关，而与蛋白质所处的外部环境没有关系。处于等电点的蛋白质有许多特殊性质。因为分子净电荷为零（即正负电荷相等），颗粒在溶液中没有相同电荷的相互排斥，分子间相互作用力减弱，极易碰撞而聚集沉淀，所以蛋白质在等电点时溶解度最小，最易形成沉淀物。

人体液pH约为7.4，而人体大部分蛋白质p*I*小于6，所以人体大部分蛋白质带负电荷。不仅人体，动物体内的大部分蛋白质的p*I*也小于6。表3-4所示为部分动物来源的蛋白质的p*I*。

表 3-4　人和部分动物来源的蛋白质的 p*I*

蛋白质名称	来源	p*I*
血清蛋白	人血	4.64
肌球蛋白	肌肉	7.0
胃蛋白酶	猪胃	2.8～3.0
胰蛋白酶	胰液	5.0
卵清蛋白	鸡蛋	4.8～4.9
白明胶	动物皮	4.8

巩固提高

一、选择题

1. 关于氨基酸最典型的特征，不正确的是（　　）。

A. 既有氨基，又有羧基

B. 既有碱根，又有酸根

C．既能跟酸结合，又能跟碱结合

D．既是极性物质，又是非极性物质

2．以下不是蛋白质一级结构内容的是（　　）。

A．氨基酸种类　　B．氨基酸连接顺序

C．氨基酸个数　　D．肽链的折叠方式

3．亮氨酸$\left[\begin{array}{l}(CH_3)_2CHCH_2-CHCOO^- \\ \qquad\qquad\qquad\quad | \\ \qquad\qquad\qquad\ ^+NH_3\end{array}\right]$的R基是（　　）。

A．$-CHCOO^-$　　B．$\begin{array}{c}| \\ ^+NH_3\end{array}$

C．$(CH_3)_2CHCH_2-$　　D．CH_3-

4．氨基酸的等电点是指（　　）。

A．同一体系中，每个氨基酸分子所带的电荷相等

B．同一体系中，同一个氨基酸分子的正负电荷相等

C．同一体系中，每个氨基酸分子的正电荷量相等

D．同一体系中，每个氨基酸分子的负电荷量相等

5．下列维持蛋白质空间结构的作用力中，最强的是（　　）。

A．二硫键　　B．氢键

C．分子间作用力　　D．疏水作用

6．以下不是维持蛋白质空间结构的作用力的是（　　）。

A．离子键　　B．金属键

C．二硫键　　D．分子间作用力

7．蛋白质在等电点时，说法不正确的是（　　）。

A．蛋白质易聚积沉淀

B．蛋白质分子上没有电荷

C．蛋白质分子相互排斥

D．蛋白质分子上正负电荷相等

8．人的体液pH为7.4，人体大多数蛋白质等电点p*I*小于6，所以人体大多数蛋白质（　　）。

A．带正电　　B．带负电

C．不带电　　D．正负电荷相等

9．氨基酸通过（　　）首尾相连形成大分子蛋白质。

A．肽键　　B．疏水键

C．二硫键　　D．氢键

10．人体蛋白质分子中大概含有（　　）种氨基酸。

A．2　　B．10　　C．15　　D．20

二、判断题

(　　) 1. 所有蛋白质的主链都是相同的。

(　　) 2. 所有蛋白质的侧链都是相同的。

(　　) 3. 氨基酸溶液中加入H^+，氨基酸分子上的正电荷减少。

(　　) 4. 蛋白质的功能取决于蛋白质的高级结构，与一级结构无关。

(　　) 5. 只要破坏蛋白质的三级结构，蛋白质即失去功能性。

三、思考题

1. 分别指出20种氨基酸的酸性基团和碱性基团。
2. 描述蛋白质等电点的形成机理。

知识拓展

多萝西·霍奇金与青霉素

从小就迷恋化学的多萝西在大学期间对X射线结构分析有着浓厚的兴趣。一次偶然的机会让她遇上了X射线晶体学的开拓者贝尔纳，成为他实验室的助手，为她日后在该领域大放光彩奠定了基础。然而，20世纪30年代英国社会对女性的歧视使她的X射线晶体学研究事业举步维艰。

博士毕业后的开始2年，她在剑桥大学工作。即便她的能力高于许多男同事，但由于她是妇女而得不到应有的报酬，剑桥大学全年只付给她75英镑的生活津贴。她靠着姑妈资助的200英镑才熬过在剑桥的研究生涯。不得已，她回到本科的母校牛津大学从事教学。当她提出教学之余继续科研工作时，牛津大学不相信她搞得出名堂，不理会她。得不到相应的支持，愤懑不平的多萝西就拿大学博物馆里的一个房间当实验室。它介于地下室和一层之间的位置，窄小到只能放下实验设备，让人备感压抑和恐怖。如此简陋的条件使她顾不上做实验的危险，并很快就患上了慢性类风湿性关节炎。后来日益加重的病情使她的手开始水肿甚至变形，她依旧坚持做实验。正是在这间狭小、阴暗、潮湿的小实验室里，多萝西利用X射线衍射研究了多种具有生物活性的分子，如维生素B_{12}、胰岛素等。而她最重要的突破就是青霉素的分子结构测定。

人类偶然间发现青霉素可以治病，但是当时对青霉素的结构一无所知，青霉素的大规模生产依赖青霉菌，效率低下。多萝西从1942年开始，就没日没夜地在实验室里制备高纯度青霉素样品，使其形成晶体，经过X射线衍射分析、复杂的数学推算加上合理的想象，推断青霉素晶体中原子的具体位置，最终确定了青霉素的结构（图3-28），解决了青霉素的大规模生产问题，造福了全人类。

图3-28　多萝西·霍奇金和她的青霉素的分子模型

多萝西的研究成果震惊了世界，也成为结晶学新时代的开端之举。她本人也获得诸多认可。盛誉之下，她并没有止步于此，而是继续对其他复杂的分子进行研究，先后攻克维生素B_{12}和胰岛素等复杂分子的分子结构，其中维生素B_{12}当时被称为有机合成界的珠穆朗玛峰。

多萝西·霍奇金是中国人民的老朋友，曾先后8次来到中国，和中国科学家进行学术交流，并提供帮助。

第四节　脂类的结构和性质

知识目标

1. 熟悉油脂的结构；
2. 熟悉油脂分子中的极性基团和非极性基团；
3. 理解油脂分子长短、饱和度、熔点与消化率之间的关系；
4. 理解油脂的溶解性、溶剂性、油性和黏度与分子结构之间的关系。

能力目标

1. 能指出油脂的极性基团和非极性基团；
2. 能根据油脂的熔点推测油脂的消化率范围。

重点内容

油脂的结构。

难点内容

油脂油性的应用。

脂类，又称脂质，包括油脂、类脂。一般常温下为液态的称为油，常温下为固态的称为脂，也称脂肪；类脂包括磷脂、固醇等。油脂由C、H、O组成。

一、脂肪的结构

脂肪是由甘油与脂肪酸通过脱水缩合而成。

1. 甘油

甘油，又称丙三醇，是一种结构简单的有机化合物，其结构式如下：

$$\begin{array}{l} CH_2OH \\ | \\ CHOH \\ | \\ CH_2OH \end{array}$$

与糖类相似，甘油分子中也有许多羟基（—OH），也容易形成氢键，所以甘油具有很强的吸水性与保水性。很多化妆品中含有甘油。

2. 脂肪酸

（1）烃　烃是许多其他有机化合物的基本结构。烷烃C之间全部以单键连接；烯烃含有C═C键（碳-碳双键或烯键），属于不饱和烃。如果烷烃链中C数量在10个以内，则用天干命名，如含有1个C的烷烃称为甲烷；含有2个C的烷烃称为乙烷……含有10个C的烷烃称为癸烷。如果烷烃链中C原子多于10个，则用数字命名，如有11个C的烷烃称为十一烷。下面的物质分别是己烷和十四烷。

己烷：$CH_3—CH_2—CH_2—CH_2—CH_2—CH_3$，简写成：$CH_3(CH_2)_4CH_3$

十四烷：$CH_3—CH_2—CH_2—CH_2—CH_2—CH_2—CH_2—CH_2—CH_2—CH_2—CH_2—CH_2—CH_2—CH_3$

烯烃的命名和烷烃相似，只是需要将碳-碳双键的位置标记出来。双键的位置以“小”为原则。以下面物质为例：

$$CH_3—CH_2—CH_2—CH═CH—CH_3$$

这个物质中含有1个碳-碳双键，如果从左边数，双键的位置在第4个C与第5个C之间，如果从右边数，双键的位置在第2个C与第3个C之间。因为2比4小，所以上面的烯烃键从右边开始编写数字，记为2-己烯。如果将上面的物质改为：

$CH_3—CH_2—CH═CH—CH═CH_2$，则命名为1，3-己二烯。

（2）脂肪酸　脂肪酸由烃链与羧基连接而成。已经发现天然油脂中有七八十种脂肪酸，它们几乎都是以含有偶数碳原子的直链脂肪酸形式存在。

从结构上可分为饱和脂肪酸和不饱和脂肪酸，由烷烃与羧基—COOH连接而成的称为饱和脂肪酸，由烯烃与羧基—COOH连接而成的称为不饱和脂肪酸。仅有一个双键的称为单不饱和脂肪酸，含有两个以上双键的称多不饱和脂肪酸。从碳原子数量，可分为低级脂肪酸和高级脂肪酸。分子中碳原子数目在12以上的称为高级饱和脂肪酸，在12以下的称为低级饱和脂肪酸。

脂肪酸的命名有两套体系：Δ体系和ω体系。Δ体系从羧基C开始顺序编号，ω体系从烃基端C开始顺序编号。Δ体系命名方式如下：C原子数：双键数（$\Delta^{双键位置}$）；ω体系命名方式如下：C原子数：双键数（$\omega^{双键位置}$），如图3-29所示。有时不需要标示双键位置仅用C原子数：双键数表示。在不特别指明命名体系时默认为Δ体系。

$CH_3CH_2CH_2CH_2CH_2CH{=}CHCH_2CH{=}CHCH_2CH_2CH_2CH_2CH_2CH_2CH_2COOH$

Δ体系：	1	2	3	4	5	6	7	8	9	10	11	12	13	14	15	16	17	18
ω（n）体系：	18	17	16	15	14	13	12	11	10	9	8	7	6	5	4	3	2	1

Δ体系命名：18∶2（$\Delta^{9,12}$）

ω（n）体系命名：18∶2（$\omega^{6,9}$）

图3-29　脂肪酸的命名

油脂中的低级饱和脂肪酸主要有乙酸（CH_3COOH）、丁酸［$CH_3(CH_2)_2COOH$］、己酸［$CH_3(CH_2)_4COOH$］、辛酸［$CH_3(CH_2)_6COOH$］、癸酸［$CH_3(CH_2)_8COOH$］、月桂酸［$CH_3(CH_2)_{10}COOH$］等。除月桂酸外，其他的低级饱和脂肪酸在常温下为液体，水溶性较好。低级饱和脂肪酸沸点较低、易挥发，具有不愉快的气味，在牛奶、羊奶、羊脂中含量较多，所以牛奶，特别是羊奶、羊脂具有膻腥味。油脂中的高级饱和脂肪酸主要有豆蔻酸［$CH_3(CH_2)_{12}COOH$］、软脂酸［$CH_3(CH_2)_{14}COOH$］、硬脂酸［$CH_3(CH_2)_{16}COOH$］、花生酸［$CH_3(CH_2)_{18}COOH$］。它们在常温下是蜡状的固体、无气味，主要存在于动植物油脂中。

单不饱和脂肪酸主要豆蔻油酸（$C_{14:1}$）、棕榈油酸（$C_{16:1}$）、油酸（$C_{18:1}$）。这些脂肪酸常温下为液体、无气味，主要存在于植物油、鱼类及海产生物中。油脂中比较重要的多不饱和脂肪酸主要有亚油酸（$C_{18:2}$）、亚麻酸（$C_{18:3}$）、花生四烯酸（$C_{20:4}$）、EPA（$C_{20:5}$）、DHA（$C_{22:6}$）等，常温状态下是液态。亚油酸、亚麻酸、花生四烯酸主要分布在植物油中，EPA、DHA主要存在于深海鱼和海洋动物脂肪中。陆生动物脂肪中含饱和脂肪酸较多，熔点较高，常温下呈固态；鱼油、海生动物脂肪，大多数植物油脂中不饱和脂肪酸较多，熔点较低，常温状态呈液态。

3. 酯键

酯键由羟基—OH与羧基—COOH脱水缩合而成，如图3-30所示。

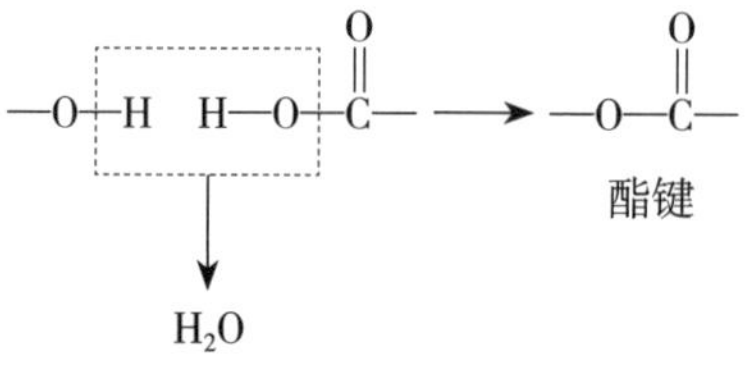

图3-30　酯键的形成

—COO—称为酯键。含有酯键的物质称为酯。“酯”和“脂”不同，“酯”是根据功能基团分类的，与醇、酸、酚等对应；“脂”是从化学性质分类的，与糖、蛋白质、维生素等对应。

4. 油脂的结构

油脂是由脂肪酸与甘油形成的酯。甘油分子上有3个羟基，最多可以和3个脂肪酸分子生成3个酯键。如果甘油和1个脂肪酸分子生成1个酯键，称为甘油单酯（图3–31）；如果甘油和2个脂肪酸分子生成2个酯键，称为甘油二酯（图3–32）；甘油和3个脂肪酸分子生成3个酯键，称为甘油三酯（图3–33）。若R_1、R_2、R_3相同，则甘油三酯中的脂肪酸相同，这样的甘油三酯称单纯甘油酯（或甘油三单酯）；若R_1、R_2、R_3不同，则甘油三酯中的脂肪酸不同，则生成的甘油三酯称为混合甘油酯（或甘油三杂酯）。不同的油脂，结构上的区别仅在于R基不同，所以脂肪酸的种类、结构、性质直接决定着各种脂肪的性质和营养价值。日常食用油是甘油单酯、甘油二酯、甘油三酯的混合物。

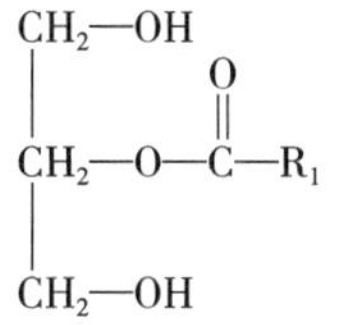

图3–31　甘油单酯

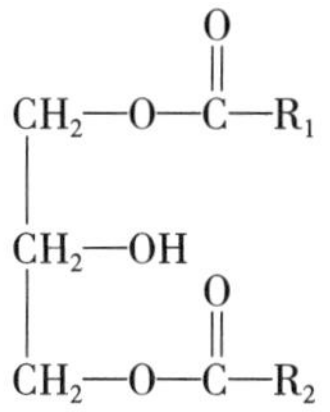

图3–32　甘油二酯

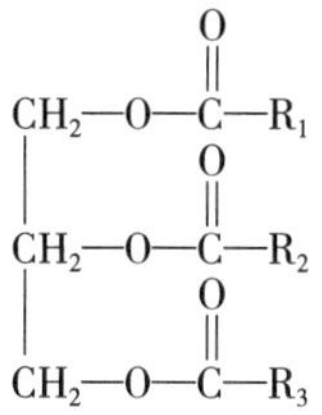

图3–33　甘油三酯

二、油脂的理化特性

1. 色泽和气味

纯净的油脂是无色、无味的。但天然油脂，特别是植物油中含有脂溶性的色素如胡萝卜素、叶黄素、叶绿素等杂质，使油脂具有深浅不一的色泽。植物油脂中天然色素含量高，油脂的色泽深，如豆油为琥珀色，芝麻油为深黄色，菜籽油为红棕色；动物油脂中含有天然色素较少，色泽较浅，如猪油为乳白色，鸡油为浅黄色。油脂中的杂质对色泽也有一定的影响，杂质越多，色泽越深，油脂的透明度越差，质量也越低。

烹饪中所用的各种油脂都有特殊的气味，其来自于油脂中的低级饱和脂肪酸、酮、酚、多烯等。如羊脂中含有较多的低级饱和脂肪酸，使之具有不愉快的膻腥味；豆油中含有高级不饱和的醛和甲基酮、多酚类物质而具有豆腥味。另外，油脂中的一些特殊气味与油脂中的非脂成分有关。如芝麻油中含有的芝麻酚和芝麻素使芝麻油带有浓厚的香味；菜籽油中因含有含硫化合物——芥子苷而带有不愉快的辛辣味和苦涩味。油脂酸败时，油脂中的脂肪酸产生的低级醛、酮、酸等使油脂具有酸败气味。

2. 熔点和沸点

油脂是由脂肪和类脂组成的混合物，所以油脂没有固定的熔点和沸点，只有熔点范围（油脂的熔点温度范围）和沸点范围（油脂的沸点温度范围）。油脂的熔点取决于油脂中脂肪酸碳链的长短、饱和度。一般脂肪酸碳链越长、饱和度越高，油脂的熔点越高。相同碳原子的脂肪酸中含双键越多，熔点越低，如硬脂酸的熔点为69.9℃，油酸的熔点仅为16.3℃。一般情况下，含饱和脂肪酸多的畜类油脂熔点高，常温下是固态；含不饱和脂肪酸多的植物油脂熔点低，常温下是液态。

油脂的熔点影响着人体内脂肪的消化吸收率。油脂熔点低于人正常体温37℃时，油脂消化率一般可高达97%～98%；熔点在40～50℃时，消化率只有90%；而当油脂的熔点高于50℃时，则很难被人体消化吸收。

烹饪中使用熔点较低的植物油烹调菜肴或炸制食品，不会出现油脂凝固而影响菜肴的外观，给炸制食品上色，酥脆而不油腻；使用熔点较高的动物油尤其是牛油、羊油来烹调菜肴时，应将温度控制在熔点范围以上，防止油脂凝固，使菜肴光洁、均匀。几种常见油脂的熔点及消化率见表3-5。

表 3-5　几种常见油脂的熔点及消化率

油脂	熔点 /℃	消化率 /%	油脂	熔点 /℃	消化率 /%
花生油	0～3	98.3	猪油	36～50	94
大豆油	-8～18	97.5	牛油	42～50	89
奶油	28～36	98	羊油	44～55	81

油脂的沸点一般在180～200℃，油脂沸点的高低与油脂中脂肪酸的组成有关。一般脂肪酸碳链越长、饱和度越高，油脂的沸点越高。脂肪酸中碳原子数目相同，但饱和程度不同，油脂的沸点变化不大。另外，油脂越纯，沸点越高。

由于油脂的沸点高于相同条件下纯水的沸点，烹饪中常用油脂作传热剂。油脂能形成水所达不到的高温环境，在这样的高温环境下使原料中各种有机化合物之间的相互反应速度大大加快，不仅使原料成熟，而且还起到了使原料增色、增香、增味、脱水发脆、增加食品风味特色和花色、花式品种等作用。

3. 溶解性和溶剂性

油脂中的酯键和羟基是极性基团（图3-34虚线框中），可以与水或其他极性基团形成极性作用（包括形成氢键）。油脂中的烃基是非极性基团。由于大多数油脂的烃基很长，占分子的绝大部分，所以油脂分子综合表现为具有明显的非极性作用，对水有排斥作用，与有机溶剂，如苯、汽油、煤油、苯、四氯化碳等亲和力较好。

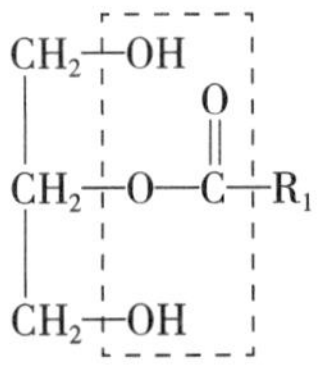

图3-34　甘油三酯中的极性基团

同样，油脂也是良好的溶剂，可以溶解其他脂溶性物质。许多天然色素、脂溶性维生素、香气物质能溶解在油脂中，如类胡萝卜素和维生素E都能溶于油脂中，成为食用油的成分。烹饪中利用此性质将辣椒制成辣椒红油；将葱、姜、蒜、花椒等放入热油中，将其中的香气和呈味物质溶于油脂中，增加菜肴的风味；又如将胡萝卜用油炒比凉拌的营养价值高，因胡萝卜中的胡萝卜素是脂溶性的，胡萝卜油炒后，胡萝卜素溶于油脂中，在人体内消化吸收率高。

4. 油性和黏度

油脂的油性是评价油脂形成薄膜能力的指标。因油脂能在原料表面形成一层油膜而且又不溶于水，在烹饪中可起到利于加工、起酥、保鲜、保温等作用。如做肉丸时，由于肉中含脂肪高而沾手，手上沾点植物油脂就光滑得多，便于加工制作。制作酥性面点制品时，面粉中加入油脂后，面团反复搓揉使油脂伸展成薄膜，将面粉颗粒包在里面，使淀粉和蛋白质不能充分吸水，形成筋性较低的面团。同时在反复揉搓的过程中有较多的空气充入了油膜及面粉颗粒之间，为起酥提供了有利的条件。烹饪中制作烤鸭、烧鸡、蛋糕等制品时，常在其表面刷一层植物油，使制品表面形成一层油膜，阻止制品吸收空气中的水分而返软，同时制品中的水分也不易散失，避免制品风干而失鲜嫩之感，既保持了制品质量，又延长了保存期。油脂不溶于水，又能在水面形成一层薄膜，所以能在汤面上形成隔热层，防止汤中的热量散发。如云南名肴“过桥米线”的制作就是利用了这个原理，将煮沸的鸡汤舀到汤碗中，端到顾客面前，速将米线、木耳、蔬菜等易熟的原料烫熟后食用。生活中有的菜汤表面有一层油，看上去没热气，吃起来能烫掉口腔中的皮肤，这也是油膜的隔热作用所造成的。

油脂的黏度是评价甘油三酯分子之间摩擦力的指标。甘油三酯分子之间摩擦力越大，油脂的黏度越大。油脂的黏度与甘油三酯中脂肪酸分子的碳链的长短、饱和程度有关。脂肪酸碳链越长、饱和度越高，油脂的黏度越大，所以动物油脂的黏度远远大于植物油脂的黏度。另外，油脂的黏度还与温度有关，温度越高黏度越低，高温下油脂的流动性增强。

油脂具有了适当的油性和黏度，为菜肴提供了滑腻的口感。在加工清淡的菜肴时，应选用黏度较低的色拉油或精炼油；当烹制厚重口感的菜肴时，可以使用黏度较大的油脂。

巩固提高

一、选择题

1. 以下是油脂功能基团的是（　）。

A. —COO—　　　　B. $—CH_2CH_3CH_3CH_3$

C. —C—　　　　D. —H

2．以下关于烃基描述不正确的是（　）。

A．烃基由C和H组成　　B．烃基是非极性基团

C．烃基都含双键　　D．脂肪酸由烃基和羧基组成

3．关于油脂中的脂肪酸，说法正确的是（　）。

A．动物脂中没有不饱和脂肪酸

B．脂肪酸的结构中没有极性基团

C．脂肪酸的碳链越长，沸点越高

D．不饱和脂肪酸的熔点较高

4．奶油的熔点为28～36℃，猪油的熔点为36～50℃，那么奶油和猪油的消化率关系是（　）。

A．奶油＞猪油　　B．奶油＝猪油

C．奶油＜猪油　　D．不能确定

5．辣椒红素是脂溶性物质，制取辣椒红素应用（　）。

A．油　　B．水

C．油水混合物　　D．不能确定

6．油脂的下列作用中，哪个不是油脂的成膜性所起的作用？（　）

A．起酥　　B．保鲜

C．保温　　D．疏水

7．以下油脂质量最高的是（　）。

A．一级油　　B．二级油

C．三级油　　D．四级油

8．以下食用油中，品质最高的是（　）。

A．成品压榨油　　B．成品浸提油

C．毛油　　D．调和油

二、判断题

（　）1．甘油三酯完全水解，只产生一种脂肪酸。

（　）2．不同甘油三酯分子的区别仅在于R基不同。

（　）3．超市里的大豆食用油中有脂溶性维生素E。

（　）4．纯净的植物油是黄色的。

（　）5．任何一种油脂都有固定的沸点。

（　）6．油脂起酥作用与油脂的疏水性有关。

三、思考题

从油脂的结构解释油脂的油性和黏度形成机理。

第五节　维生素的性质

知识目标

1. 熟悉各种维生素的编号名称、结构名称和功能名称；
2. 熟悉各种维生素对热、氧、光、酸的敏感性；
3. 熟悉各种维生素稳定的条件。

能力目标

根据各维生素特性，制定合理的烹饪方案。

重点内容

各种维生素在酸、碱、热、氧条件下的化学变化。

难点内容

制定保护维生素的烹饪方案。

维生素不是人体组织的构成材料，也不能为人体提供能量，它是一类调节物质，在物质代谢中起重要作用。大部分维生素不能在人体内合成或在人体内合成量不足而不能满足人体的需要，必须从食物中摄取。人体对维生素的日需求量很少，仅有几微克到几毫克，但是它们的重要程度丝毫不低于蛋白质、脂肪、糖类、无机盐等营养素。

人类早期曾经因为对维生素认识不足而遭受很多病痛伤害，后来在对病痛治疗的不断探索中逐渐发现、认识并应用了维生素。1747年，苏格兰医生林德发现柠檬能治疗坏血病，由此发现维生素C；1911年，波兰化学家丰克为维生素命名；1915年，科学家认为糙皮病是由于缺乏烟酸（维生素B_3）而造成的；1917年，英国医生发现鱼肝油可治愈佝偻病，断定佝偻病是缺乏维生素D引起的；1920年，科学家发现人体可将胡萝卜素转化为维生素A；1922年，维生素E被发现并首次用于治疗不孕症；1948年，大剂量维生素C被用于治疗炎症。1949年，烟酸被用于治疗精神分裂症……

维生素一般是根据发现的先后按照字母顺序编号命名的，但不全然如此，比如维生素B和维生素C就比维生素A发现得早。各种维生素都不是纯净物，而是性质相似的一类化合物，如维生素A不仅包括视黄醇，也包括视黄醛及其衍生物，甚至包括胡萝卜素和类胡萝卜素。

早期的维生素包括维生素A、维生素B_1、维生素B_2、维生素B_3、维生素B_4、维生素B_5、维生素B_6、维生素B_7、维生素B_8、维生素B_9、维生素B_{10}、维生素B_{11}、维生素B_{12}、维生素C、维生素D、维生素E、维生素F、维生素K等，后来发现其中有些不具有维生素的“调节”特性，便将它们移出了维生素队伍。如腺嘌呤原是维生素B_4，后来发现腺嘌呤是遗传物质的构成部分，是身体组织的构成材料，不是调节物质，便将腺嘌呤移出了维生素队伍。现在仍保留在维生素队伍里的有维生素A、维生素B_1、维生素B_2、维生素B_3、维生素B_5、维生素B_6、维生素B_{11}、维生素B_{12}、维生素C、维生素D、维生素E、维生素K。

根据溶解性，维生素可分成水溶性维生素和脂溶性维生素。水溶性维生素有B族维生素和维生素C；脂溶性维生素有维生素A、维生素D、维生素E、维生素K四种。脂溶性维生素易溶于油，难溶于水，所以难随汗液或尿液排出体外，摄入过多会有毒性。水溶性维生素可随汗液或尿液排出体外，除非短时间内大量摄入，一般不会产生毒性。即便轻度中毒，只要停止继续摄入，几天症状便会消失，不需要特别治疗。

一、脂溶性维生素

1. 维生素 A

维生素A分为两类，一类是只存在于动物性食物中的维生素A醇，另一类是在体内可转变为维生素A的类胡萝卜素。类胡萝卜素在植物和真菌中含量较多。一个类胡萝卜素分子可在体内分解成两个等效的维生素A醇分子。维生素A醇中维生素A_1（被称为视黄醇）的生理活性最强，所以维生素A的活性以维生素A_1为标准，其他维生素A折算成维生素A_1的活性（以“当量”表示），如维生素A_2为3–脱氢视黄醇，其活性是维生素A_1的40%，其当量则为0.4。

维生素A不溶于水，易溶于脂肪及大多数有机溶剂，高温条件下稳定，酸性条件下不稳定，光照条件下易被氧化成醛和酸，烹调用油对维生素A有保护作用。因此烹调含类胡萝卜素较高的食物时不应加醋，最好在油含量较高的环境中烹调。

2. 维生素 D

维生素D又称抗佝偻病维生素。具有维生素D活性的化合物有十种，天然维生素D主要有维生素D_2（麦角钙化醇）和维生素D_3（胆钙化醇）。植物中的麦角固醇在日光或紫外线照射后可转变成维生素D_3，人体皮下存在的7–脱氢胆固醇在日光或紫外线照射下可以转变为维生素D_3，因此麦角固醇和7–脱氢胆固醇也被称为维生素D原。多晒太阳是防止维生素D缺乏的方法之一。

维生素D在所有维生素中稳定性最好。耐高温且不易氧化，在130℃加热60min仍有生物活性，虽然对光敏感，易被紫外线照射破坏，但是通常的贮藏、加工或烹调条件对其活性没有明显影响。维生素D与钙同时食用可增加小肠对钙的吸收率，可促进混溶钙池中的钙沉积在骨骼和牙齿中，增加骨骼和牙齿的密度，防止软骨症、佝偻症、骨质疏松、龋齿等发生。

3. 维生素 E

维生素E又称生育酚，是所有具有生育酚生物活性物质的总称。天然存在的维生素E有生育酚及生育三烯酚两类。维生素E是脂溶性抗氧化剂，在无氧条件下热稳定性高，即使在200℃，活性也不会被破坏，但在有氧条件下极易被氧化。金属离子如铁、镁可促进维生素E的氧化。此外维生素E对碱和紫外光也较敏感。

食品加工时碾磨、脱皮等机械作用可使维生素E损失。凡是能引起原料含有类脂的部分脱除的任何加工、精制或者脂肪氧化都能引起维生素E的损失。维生素E的氧化损失通常伴有脂肪氧化。脱水食品更容易发生脂肪氧化。

4. 维生素 K

维生素K又称凝血维生素，是所有叶绿醌生物活性衍生物的统称。天然维生素K主要有两种：维生素K_1和维生素K_2。维生素K_1存在于绿叶植物及动物肝脏中，称为叶绿醌；维生素K_2存在于发酵食品中，是人体肠道内细菌代谢产物。此外，人工合成的某些化合物也具有维生素K的作用。维生素K不溶于水，稍溶于醇，易溶于脂肪，对空气稳定，但日光、碱、还原剂均可使其破坏。由于它不溶于水，因此在食品加工中损失很少。

二、水溶性维生素

1. 维生素 B_1

维生素B_1又称抗脚气病维生素，溶解度较大，在碱性溶液中加热极易被分解，在酸性溶液中比较稳定，但易被氧化剂氧化或被还原剂还原。

维生素B_1主要存在于种子的外皮和胚芽中。食物中维生素B_1的损失主要发生在以下加工过程中：谷类的碾磨、脱皮工艺；水果、蔬菜的清洗、整理、烫漂和沥滤工艺；食物的蒸煮、焙烤工艺。此外，鲜鱼和甲壳类体内有一种能破坏维生素B_1的酶，但此酶可被加热失活。

2. 维生素 B_2

维生素B_2又称为抗口角炎维生素，在酸性或中性环境中热稳定性高，碱性环境中受热易被破坏，酸性或碱性环境中受光照易被破坏，特别是受到紫外光照。碱性环境中，辐照可引起维生素B_2光化学裂解，产生一种比维生素B_2更强的氧化剂——光黄素。光黄素可破坏许多其他维生素，特别是维生素C。牛奶放在透明玻璃瓶内易受到光辐射，产生的光黄素，使牛奶的营养价值降低，并产生“日光味”。大多数食品加工条件下，维生素B_2都很稳定。

3. 维生素 B_6

维生素B_6在光照或碱性条件下易被破坏，酸性条件下比较稳定。

4. 维生素 B_{12}

维生素B_{12}易溶于水，在pH4.5 ~ 5.0条件下最稳定，强酸（$pH<2$）或碱性条件下易分解，遇强光或紫外线易被破坏，虽然遇热不稳定，但短时间的加热损失并不大。

普通烹调过程损失量约30%。

5. 维生素C

维生素C又称抗坏血酸，是水溶性维生素，也是最不稳定的维生素。影响维生素C稳定的因素包括温度、pH、氧、酶、金属离子、紫外线、糖、盐等。温度越高，维生素C被破坏得越多，即便在冷冻或冷藏时，维生素C也有损失。维生素C在酸性条件下稳定，在碱性条件下不稳定，因此烹饪时加醋有助于保护维生素C。因为维生素C易溶于水，易从食物的切面流失，易被热和金属离子破坏，所以洗蔬菜时应先洗后切，能手摘不用刀切，初加工后立即烹调，不在空气中放置过久，少用炖、煮等长时间加热的烹调方法，应急火快炒。

巩固提高

一、选择题

1．属于水溶性维生素的是（　）。

A．维生素A　B．维生素K　C．维生素C　D．维生素D

2．以下不是维生素C的性质的是（　）。

A．受热易分解　B．碱性条件下稳定

C．易溶于水　D．酸性条件下稳定

3．属于脂溶性维生素的是（　）。

A．维生素C　B．维生素B_1　C．维生素B_{12}　D．维生素K

4．与口角炎有关的维生素是（　）。

A．维生素C　B．维生素B_2　C．维生素B_{12}　D．维生素K

5．参与凝血作用的维生素是（　）。

A．维生素E　B．维生素D　C．维生素A　D．维生素K

6．与钙有协同作用的维生素是（　）。

A．维生素E　B．维生素D　C．维生素A　D．维生素K

7．油脂与以下哪种维生素伴生？（　）

A．维生素C　B．维生素A　C．维生素B_1　D．维生素B_2

8．以下哪种维生素烹饪时最耐高温？（　）

A．维生素C　B．维生素A　C．维生素B_{12}　D．维生素E

9．可以作为抗氧化剂的是哪种维生素？（　）

A．维生素E　B．维生素D　C．维生素A　D．维生素B_2

二、判断题

（　）1．维生素可以为人体提供能量。

(　　) 2．维生素可以用于治病。

(　　) 3．烹调中加小苏打有助于保护维生素C。

(　　) 4．谷皮脱除得越干净，维生素B_1损失得越多。

(　　) 5．食物中产生光黄素有利于提高食物的营养价值。

三、思考题

1．水溶性维生素的毒性大还是脂溶性维生素的毒性大？为什么？

2．根据维生素的溶解性，制定蔬菜清洗方案。

3．归纳并熟记各种维生素在热、氧、光、酸、碱等条件下的稳定性。

导学树

本章重点介绍生命体和烹饪中的几种重要有机物——蛋白质、脂肪、糖类和维生素。这几种有机物是生命体中的重要营养物质，也是烹饪中的主要关注对象。“结构决定性质，性质决定用途”是自然科学的重要思想。这一思想在本章有充分体现。希望学习者能够认真体会。下图是本章主要内容的导学树。参照导学树学习，有助于从整体上理解本章内容。

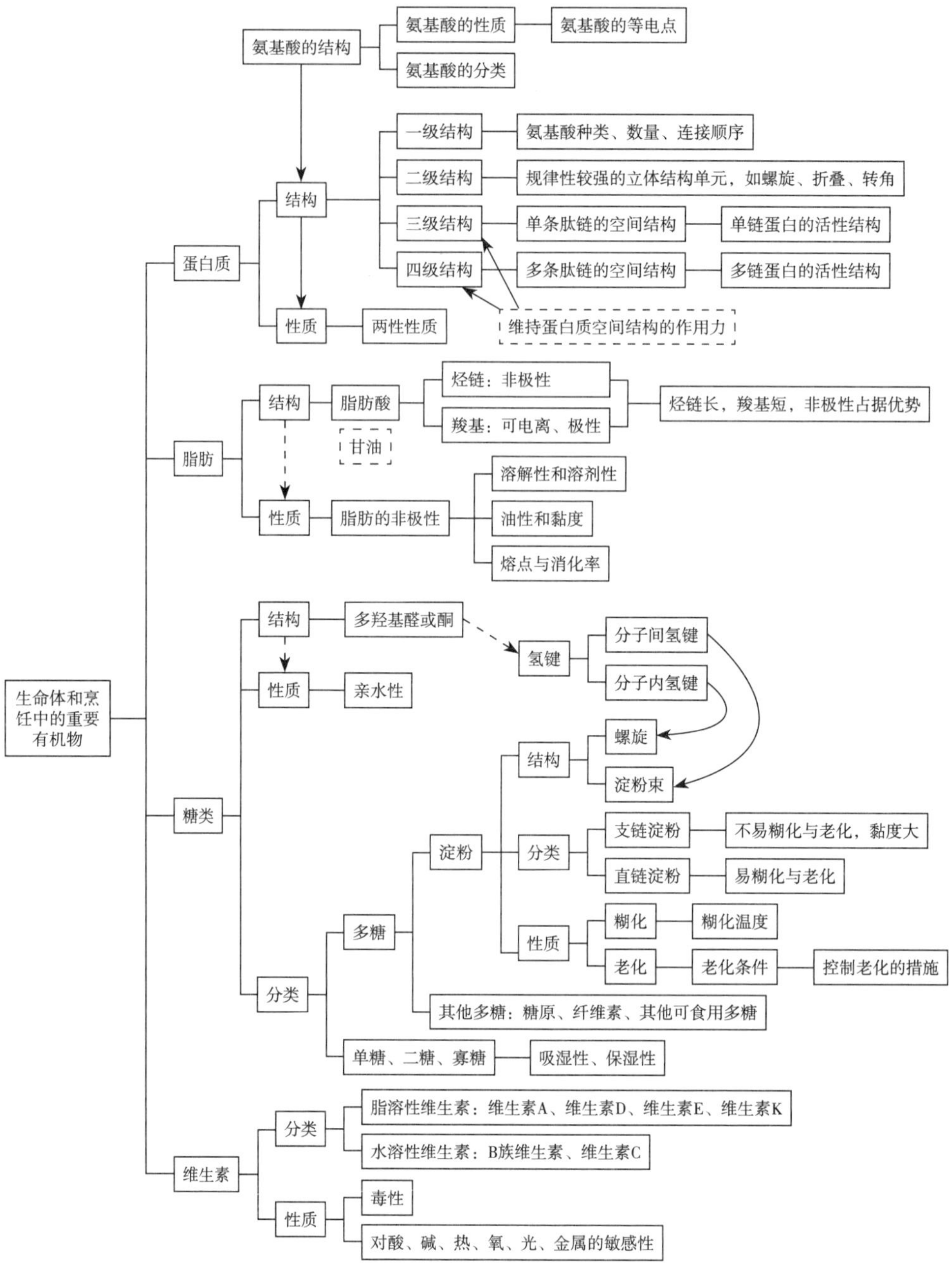
生命体和烹饪中的重要有机物
蛋白质
氨基酸的结构
氨基酸的性质
氨基酸的等电点
氨基酸的分类
结构
一级结构
氨基酸种类、数量、连接顺序
二级结构
规律性较强的立体结构单元，如螺旋、折叠、转角
三级结构
单条肽链的空间结构
单链蛋白的活性结构
四级结构
多条肽链的空间结构
多链蛋白的活性结构
维持蛋白质空间结构的作用力
性质
两性性质
脂肪
结构
脂肪酸
烃链：非极性
羧基：可电离、极性
烃链长，羧基短，非极性占据优势
甘油
性质
脂肪的非极性
溶解性和溶剂性
油性和黏度
熔点与消化率
糖类
结构
多羟基醛或酮
氢键
分子间氢键
分子内氢键
性质
亲水性
分类
多糖
淀粉
结构
螺旋
淀粉束
分类
支链淀粉
不易糊化与老化，黏度大
直链淀粉
易糊化与老化
性质
糊化
糊化温度
老化
老化条件
控制老化的措施
其他多糖：糖原、纤维素、其他可食用多糖
单糖、二糖、寡糖
吸湿性、保湿性
维生素
分类
脂溶性维生素：维生素A、维生素D、维生素E、维生素K
水溶性维生素：B族维生素、维生素C
性质
毒性
对酸、碱、热、氧、光、金属的敏感性

第四章 生命体和烹饪中重要的化学变化

学习重点

1. 酶的特性及影响酶促反应速率的因素；
2. 美拉德反应的条件和影响因素；
3. 焦糖化反应的条件和影响因素；
4. 大分子物质的水解条件及产物；
5. 油脂高温加热时的变化；
6. 蛋白质变性的条件和方法。

学习难点

1. 美拉德反应的条件；
2. 大分子物质的水解产物；
3. 蛋白质变性的条件和方法。

学习指导

烹饪过程中，原料中的物质会发生各种各样的化学变化。化学反应进行的同时，原料也由生变熟，变得易消化、更安全。有些化学反应对烹饪制品的品质、营养价值、色香味形没有明显影响，另一些则对烹饪制品的这些指标影响较大。烹饪化学只关注那些对烹饪制品的品质、营养价值、色香味形等有明显影响的化学变化。

第一节是蛋白质的变性、盐溶和盐析。绝大多数美味佳肴产生于蛋白质类原料，尤其是肉类，而且蛋白质也是人体最重要的营养素之一，但是不科学的烹饪也可能产生有害物质，危害人体健康，因此分析蛋白质在烹饪中的变化，有利于科学合理地烹饪蛋白质类原料，为人们提供美味佳肴和重要营养素，防止危害物质产生。蛋白质最重要的性质有两个：水解和变性，水解部分将在第三节介绍，本节介绍变性，以及与变性相关的盐溶和盐析性质。蛋白质的水解、变性、盐溶、盐析是蛋白质不产生有害物质的四种变化，蛋白质的有害变化一般由裂解和聚合产生。但是裂解和聚合化学反应过程太过复杂，超出本教材所定的难度，重要的是裂解和聚合化学反应过程对烹饪专业学生来说，不是必须要掌握的内容，而其反应条件、现象、危害在“烹饪安全”有关教材中有介绍，因此在本教材中便不再赘述。

生物体蛋白质分为不同类别，有些蛋白质构成机体组织，如动物的瘦肉组织、骨骼的骨架、内脏组织等，有些蛋白质是活性物质，在生物体内起催化或调节作用。生物体内起催化作用的物质绝大多数是蛋白质，因此第二节便介绍酶。烹饪中主动使用酶的地方不多，因为大多数烹饪工艺是热加工，酶在高温下便失活，但是烹饪原料在贮存或初加工过程中经常发生酶促反应，如蔬菜水果的后熟、马铃薯片和藕片的变化等，所以了解酶对于防止原料劣变有重要作用。而且，几乎所有人体代谢活动都有酶的参与，所以了解酶，对于掌握人体营养机制，从而正确保健也有至关重要的作用。

食物大分子（也称高分子）在人体消化道内由消化酶催化水解，这是其发挥营养价值、维持生命的前提，了解生物大分子的水解条件和产物（第三节）有助于了解食物营养人体的方式。当然食物或烹饪原料体食用前，在体外也存在水解现象。与食物在消化道水解有利于人体对食物的吸收不同，食物或烹饪原料在体外水解，会影响食物品质。这些影响有正面的，也有负面的，如脂肪贮存期发生水解会使油脂出现难闻的哈喇味，而淀粉水解则会使水果、南瓜、红薯等淀粉类杂粮更加香甜。

第四节油脂的劣变，重点掌握各种劣变发生的条件、影响因素和控制措施，反应过程不需要了解，因为油脂劣变反应一般是链式化学反应（大量反复循环的连串反应所组成），过于复杂，超出本教材设定的难度，因此本教材没有对油脂劣变过程进行介绍。学习本节时，可根据劣变发生的条件和影响因素，自己总结出控制措施，不要死记硬背教材中的措施，这样有助于培养解决问题的能力。

褐变反应是烹饪中最为重要的一类颜色变化反应。包括两类，一类是酶促（促即催化）褐变反应，一类是非酶褐变反应。酶促褐变反应在第二节酶中有介绍。非酶褐变反应单独成节（第五节）。非酶促褐变中最著名的是美拉德反应。“美拉德反应”是以发现这种化学反应机理的科学家命名的名称，它的化学名称为“羰氨反应”。同样地，非酶褐变反应，重点也是各种非酶褐变反应发生的条件和影响因素。事实上，所有化学反应，反应条件和影响因素都是学习重点。

第一节　蛋白质变性、盐溶与盐析

知识目标

1. 理解蛋白质活性与其空间结构的关系；
2. 理解蛋白质盐溶和盐析的原理。

能力目标

1. 能根据蛋白质变性原理创造条件控制蛋白质变性；
2. 能根据蛋白质盐溶和盐析原理，创造条件控制蛋白质盐溶或盐析。

重点内容

蛋白质变性、盐溶、盐析的原理。

难点内容

蛋白质变性和盐析的区别与联系。

在烹饪加工过程中，蛋白质的变性有着重要的意义和作用。天然蛋白质因各种因素的影响，原有空间构象和部分理化性质发生改变、生物功能丧失的现象称为蛋白质变性。变性后的蛋白质称为变性蛋白质。蛋白质变性时，其一级结构中的共价键（包括肽键）并不断裂，仅仅是维持蛋白质空间构象的作用力解除，如α-螺旋或β-折叠展开、二硫键或氢键断裂等，蛋白质由原来天然的紧密结构变成松散结构，从而失去生物活性、部分理化性质和部分生化性质，其中生物活性是否失去是判断蛋白质是否变性的指标，而部分理化性质和部分生化性质失去是蛋白质空间构象发生变化所导致的必然结果。所以“变性”中的“性”指的是“生物活性”，它包括蛋白质所具有的酶、激素、毒素、抗原与抗体、血红蛋白的载氧能力等生物学功能。有时蛋白质的空间结构只要轻微变化即可引起其生物活性丧失。

一、蛋白质变性

1. 蛋白质变性的分类

按照变性程度，蛋白质变性可分为可逆变性和不可逆变性。可逆变性是指蛋白质在外力作用下，天然的空间构象发生轻微的改变，外力撤销后仍然能恢复成原有空间构象的变性。只涉及三级结构或四级结构变化的蛋白质变性一般为可逆变性，如蛋白质在高浓度盐中聚集沉淀，加水稀释后又能溶解并恢复活性。不可逆变性是指蛋白质在外力作用下，天然的空间构象发生明显改变，外力撤销后原有的空间构象不能恢复的变性。涉及二级结构变化的蛋白质变性一般为不可逆变性。蛋白质变性是否可逆取决于维持蛋白质空间构象的作用力被破坏的程度，以及外力撤销后这些被破坏的作用力能否重新建立起来。

2. 引起蛋白质变性的物理因素

影响蛋白质变性的因素有许多，其中物理因素有热量、运动、压力等。

（1）热变性　影响蛋白质变性的因素有许多，其中物理因素有热量、运动、压力等。由热量引起的变性称为热变性，这里的“热”不仅指高温加热，也指紫外线照射产热、微波加热、辐射产热等一切产热方式所产生的“热”。热变性是烹饪中蛋白质变性最常见的方式。蛋白质的热变性一般为不可逆变性，如鸡蛋煮熟后再冷却至室温，蛋白无法恢复成蛋清。当然，但这也不是绝对的。如果温度不足以破坏维持蛋白质空间构象的大多数作用力或关键作用力，那么降低温度后，变性仍然可能被恢复。比如，人高烧或中暑引起昏厥的众多原因之一是部分人体蛋白质发生可逆的弱变性，短暂失去生理活性，如果昏厥时间不长，采取迅速降温的方法，可恢复人的意识；再如，胃蛋白酶加热至80～90℃时会失去溶解性和消化蛋白质的能力，如果温度重新降低到37℃，其溶解性和消化蛋白质的能力又可以恢复。

所有维持蛋白质空间构象的作用力中，氢键、二硫键、静电相互作用（离子键）以及范德华力在高温下不稳定而在低温下稳定；疏水相互作用在高温下稳定而在低温下不稳定。但稳定性不随温度增高而无限制地提高，当温度超过一定范围时，疏水相互作用便不能阻止因氢键、二硫键、静电相互作用以及范德华力被破坏而引起的蛋白质肽链的散开。

烹饪过程中，加热是最常用的手段。每种蛋白质的热变性温度不同，肉的制熟程度既可以根据肌红蛋白的颜色变化进行判断，也可以通过胶原蛋白的变性热缩程度来判断。一般食品蛋白质超过40℃就有变性的趋势，60℃左右就开始变性。温度每升高10℃，蛋白质变性的速度就增高近600倍。温度越高，蛋白质变性所需要的时间越短。不同的烹调方法，蛋白质变性所需要的温度和时间不同，即蛋白质变性与中国传统烹饪理论中的火候有关。如在较低温度（90～100℃）下烧煮肉类，需要几十分钟甚至几小时的时间，而在高温（150～250℃）下的爆、炒、煎、炸、烤、炙等，仅数分钟就可以了。

蛋白质变性程度合适，才能烹制出最佳口感的菜肴。高温下热处理肉类时间过长，不仅使蛋白质分子发生变性，还会诱发蛋白质多肽主链上共价键的断裂，即使没有达到主链分解的程度，也会使肉类所含水分过分丢失，导致成品鲜嫩度下降并难以咀嚼。总之，烹饪中加热肉类是希望肉蛋白质分子的天然空间构象上展开，而不是共价键的断裂，因此控制火候是关键。

蛋白质变性还需与其他烹饪工艺目的相配合。焯水是烹饪中常用的一道工序，可排除动物性原料中的血污，解除部分腥腻、膻味。肉类原料焯水去异味时，应采用冷水下锅，这样蛋白质热变性凝固缓慢，原料中的血污、异味溶出得多，焯水就会收到较好的效果，如果采用沸水下锅，原料骤然受到高温，表面蛋白质立即变性、凝固收缩，使细胞孔隙闭合，原料内部的血污、异味不易除尽，达不到理想的焯水目的。同理，制作高汤时，原料也应冷水下锅，以控制蛋白质热变性和凝固的速度。通过缓慢的加热，使细胞的内容物在蛋白质凝固和原料收缩的缓慢过程中充分浸出，这样制作出的高汤味道鲜美、浓郁，增加菜肴的风味。经过初加工的鱼、肉在烹制前用沸水烫一下或在较高温度的油锅中速炸一下，原料表面受到骤然的高温，蛋白质迅速热变性凝固，细胞孔隙闭合，可保持原料的营养成分，减少水分损失，最终烹制出鲜嫩的菜肴。

食物的加热熟制是烹饪工艺的主要内容。加热过程中蛋白质的变性一方面可保持其营养价值和风味效果，另一方面可以利用蛋白质的热变性反应，破坏多种致病因素对人体健康的危害。各种病原微生物中所含蛋白质因为变性可导致它们的生物活性丧失，一些妨碍消化的酶也因变性失去催化活性，使食物变得更加安全。

除高温引起蛋白质变性外，低温也会引起蛋白质的变性。动物性食物如鲜鱼、鲜肉和鸡、鸭等禽类在冷冻贮藏中引起的蛋白质变性对其制品的质量有较大的影响，会使肉质保水性降低而引发肉质发硬、溶解性降低，会使肉的风味和营养价值降低。又如蛋黄冷冻并贮于-6℃，解冻后呈胶体状态黏度也明显增大。蛋白质冷冻变性程度与冻结速度有关。一般来说，冻结速度越快，冰结晶越小，挤压作用也越小，变性程度就越小。另外Ca^{2+}、Mg^{2+}和脂肪对蛋白质的低温变性有促进作用，而磷酸盐、糖和甘油能减少蛋白质的低温变性。

（2）运动变性　运动变性是烹饪中仅次于热变性的另一种常见的蛋白质变性方式。因为维持蛋白质空间构象的作用力都非常小，比如在众多维持蛋白质空间构象的作用力中作用力较大的氢键，其键能一般也不到42kJ/mol，大约是共价键键能的1/10，更接近于分子间作用力，所以很容易被振动、捏合、打擦等运动方式破坏，引起蛋白质变性。这种由运动作用力引起的变性称为运动变性。

高温和运动结合能引起蛋白质不可逆变性。加工面包或其他面食品时，揉捏或滚动所产生的运动切力和压力可使蛋白质变性，使网络结构形成。

（3）高压变性　蛋白质天然构象的内部有许多空穴，这些空穴使蛋白质多肽链柔韧，如果对蛋白质施以高压，其多肽链就容易发生位置移动，引起空间构象改变，发生变性。这种由高压引起的变性称为高压变性。虽然高压导致的蛋白质变性是可逆的，但是高压导致的细胞膜破坏或微生物细胞器离解却是不可逆的，因此食品行业中常常利用高压进行杀菌、嫩化肉和制作蛋白质胶凝。

3. 引起蛋白质变性的化学因素

（1）有机溶剂　引起蛋白质变性的化学因素有重金属盐、强酸强碱、有机溶剂等。烹饪中常用的有机溶剂是乙醇、乙酸，也就是酒和醋，除此以外，几乎再没有其他有机溶剂常被用于烹饪。有机溶剂与蛋白质混合后，蛋白质空间构象发生改变，侧链上的非极性基团倾向于暴露在蛋白质表面，极性基团则倾向于埋藏在内部，这是有机溶剂导致的蛋白质变性，烹饪中的“醉腌”利用的就是这种蛋白质变性方式。所谓“醉腌”是将鲜活、卫生的水产品用酒浸醉而死，不加热即可食用，其原理是利用乙醇使蛋白质变性。

（2）重金属离子　蛋白质在碱性溶液中可与重金属离子作用，生成不溶性的蛋白盐沉淀。金、银、铜、汞、镉等重金属离子之所以毒性强，是因为它们能与人体内蛋白质上的游离羧基结合，形成不溶性的蛋白盐沉淀。这些人体内的蛋白质往往是人体酶、激素、抗体的主要成分，失去了活性，就不能参与人体新陈代谢。人体正常的新陈代谢出现问题，身体就会出现疾病、中毒等症状。由胃肠道引起的铅中毒、汞中毒等由重金属离子引起的中毒，可通过食用大量牛奶、豆浆等高蛋白食物，使之与毒性金属离子结合并沉淀，然后呕吐出来，从而起到解毒作用。

（3）强酸强碱　强酸、强碱可以使蛋白质变性，是因为强酸、强碱可以使蛋白质中的氢键断裂，也可以和蛋白质分子上游离的氨基或羧基形成盐。在氢键断裂和盐生成的过程中，蛋白质原有空间构象发生改变，因此，强酸强碱使蛋白质变性可以看作是化学变化。

从烹饪的角度来看，蛋白质变性具有重要意义。变性使蛋白质结构更加松散，消化酶更容易抵达蛋白质内部，所以蛋白质更容易被消化吸收；蛋白质原料经过高温加热变性，生物活性丧失，食用安全性提高，如花生、大豆、蚕豆、菜豆等种子以及鸡蛋中含有蛋白酶抑制剂，能抑制人体蛋白水解酶活性，烹煮或烘烤可使这些蛋白酶抑制剂失去活性，从而保护人体蛋白水解酶的活性；蛋白质变性使蛋白质原料在烹饪中更容易发生水解等反应，产生良好的风味物质，使食物吃起来更香，口感更好。

4. 水与蛋白质变性

水能促进蛋白质的热变性。在干燥状态，蛋白质具有静止的结构，多肽链段的移动受到了限制。水分含量增加，可提高多肽链的移动性和柔性，造成变性温度降低。所以，烹饪中应该增加水分，降低食品蛋白质的变性温度，使加工温度变低，这样有利于保留原料中的营养成分。表4–1所示几种食品蛋白质在不同水分含量时的变性温度。炒菜时有些原料含水量低，加盐后从细胞中渗出的水也很少，不但容易焦，而且也难炒熟，如果往锅里洒少量水，会使菜熟得更快，而且也不容易焦。

表 4–1　部分蛋白质在不同水分含水量时的变性温度

蛋白质	水分含量/%	变性温度/℃	蛋白质	水分含量/%	变性温度/℃	蛋白质	水分含量/%	变性温度/℃
肌红蛋白	2.3	122	血清蛋白	0	160～170	大豆蛋白	10	115
	9.5	89		6	145		20	109
	15.6	82		18	80～90		30	102
	20.6	79		25	74～80		40	97
	35.2	75		50	56		50	89

氨基酸是能被人体直接吸收的营养物质。胨和肽在人体消化酶的作用下，进一步水解成氨基酸，也可被人体吸收。因此，蒸、煮、炖、煨等以水为传热介质的烹饪工艺能更好地向人体提供人体所需要的营养物质。

二、蛋白质的盐溶与盐析

水、蛋白质、盐离子都是极性物质。水分子上的H原子显部分正电，O原子显部分负电；蛋白质分子中既存在带正负电的带电基团，又存在显部分正电或部分负电的不带电极性基团；盐离子则是带电粒子。所以三者相比较，盐离子的电性作用力最强，蛋白质次之，水分子最弱。但是蛋白质分子是大分子，即便在水溶液中也移动不便。这三种粒子同时存在，形成蛋白质–盐–水溶液时，相互间的电性作用力比较复杂。

在低盐浓度（低于0.2mol/L）时，盐离子与蛋白质分子上的带电基团发生微弱结合。因为盐离子的水合能力比蛋白质带电基团的水合能力强，所以当盐离子与蛋白质分子上的带电基团发生微弱结合后，蛋白质的水合作用增强，在水中的溶解度增大。这种现象称为蛋白质的盐溶。

因为盐离子与水的结合力超过蛋白质和水的结合力，所以高盐浓度时，蛋白质分子上的带电基团或极性基团结合的水被盐离子夺取，引起蛋白质分子脱水、聚集、沉淀。这种现象称为蛋白质的盐析。蛋白质盐析时，若溶液的pH在蛋白质等电点，则盐析效果更好。由于各种蛋白质分子的颗粒大小、亲水程度不同，盐析所需的盐浓度也不一样。蛋白质盐析常用于蛋白质原料的预处理，如鱼肉纤维短，烹调时易溶易碎，烹调前加浓盐腌制，可以防止鱼肉在烹调中碎掉。

蛋白质盐析和蛋白质变性不同。蛋白质盐析是蛋白质分子表面的水化层变薄导致蛋白质聚集沉淀的结果，盐析时维持蛋白质空间构象的作用力没有变化，所以是物理变化，是可逆的，析出的蛋白质加水可以重新溶解；蛋白质变性是维持空间构象的作用力发生了变化，所以是化学变化，多数情况下不可逆。

巩固提高

一、选择题

1. 对于单链蛋白质来说，只要蛋白质的（　）结构发生变化，蛋白质就会变性。

A．一级　　B．二级

C．三级　　D．四级

2. 醉虾是利用（　）使虾蛋白变性。

A．搅拌　　B．有机溶剂

C．热　　D．酸

3．“中暑”的机理是（　）。

A．蛋白质微弱的可逆变性　　B．蛋白质盐析

C．蛋白质盐溶　　D．蛋白质水解

4．以下哪种维持蛋白质空间结构的作用力最强？（　）

A．电性作用力　　B．氢键

C．疏水作用力　　D．二硫键

5．蛋白质经以下哪种变性后，还可能再恢复活性？（　）

A．三级或四级结构轻微展开

B．三级或四级结构完全展开

C．二级结构完全展开

D．一级结构断裂

6．关于变性与蛋白质空间结构的关系，说法不正确的是（　）。

A．蛋白质空间结构压缩，蛋白质变性

B．蛋白质空间结构展开，蛋白质变性

C．蛋白质空间结构不变，蛋白质变性

D．蛋白质空间结构改变，蛋白质变性

7．关于蛋白质盐析，说法不正确的是（　）。

A．相同摩尔浓度的盐离子，二价盐离子比一价盐离子更容易导致蛋白质盐析

B．处于蛋白质等电点时，蛋白质更容易盐析

C．不同的盐离子，蛋白质盐析所需要的盐离子浓度不同

D．蛋白质盐析的机理是蛋白质与盐离子的结合能力强于蛋白质与水分子的结合能力

8．关于蛋白质盐溶，说法不正确的是（　）。

A．蛋白质盐溶的机理是蛋白质与盐离子的结合能力强于蛋白质与水分子的结合能力

B．稀盐浓度下，蛋白质的溶解度增加

C．烹制鱼前先腌制，利用的是蛋白质盐溶原理

D．不同的盐离子，蛋白质盐溶需要的盐离子浓度不同

9．以下不能使蛋白质变性的措施是（　）。

A．高压冲击蛋白质　　B．辐射蛋白质

C．蛋白质中加水　　D．冷冻蛋白质

10．关于蛋白质变性，说法正确的是（　）。

A．使食物安全性提高　　B．使食物口感降低

C．蛋白质空间结构不变　　D．绝对不可逆

二、判断题

(　　) 1. 鸡蛋清变性是可逆变性。
(　　) 2. 冷冻不会使蛋白质变性。
(　　) 3. 蛋白质热变性都是不可逆变性。
(　　) 4. 人体蛋白质变性对人体健康有影响。
(　　) 5. 重金属中毒机理是重金属使人体蛋白质变性。

三、思考题

为什么夏天人容易中暑，而将中暑者移至凉爽通风的地方又能清醒过来？

第二节　酶与酶促褐变

知识目标

1. 熟悉酶的特性和酶活性的定义；
2. 熟悉影响酶促反应的因素；
3. 熟悉酶促褐变反应的条件及控制措施。

能力目标

能根据需要控制酶促褐变反应速率。

重点内容

酶的特性和酶促褐变反应的条件。

难点内容

酶促褐变反应的控制。

一、酶的简介

1. 酶的组成

酶是由活细胞产生的、对其底物具有高度特异性和高度催化效能的蛋白质或RNA。绝大多数酶是蛋白质，仅少量RNA具有催化作用。酶的催化作用有赖于酶分子的一级结构及空间结构的完整。

酶按其化学结构来划分，可以归纳为两类——单纯蛋白酶和结合蛋白酶。单纯蛋白酶又称单成分酶，由单纯蛋白质构成，水解的终产物除氨基酸以外再无其他物质。大多数水解酶都是单纯蛋白酶，如胃蛋白酶、木瓜蛋白酶等。结合蛋白酶又称双成分酶。这些酶除含蛋白质以外，还有其他非蛋白质成分。结合蛋白酶的蛋白质部分称为酶蛋白，非蛋白质部分称为活性基或辅因子。酶蛋白和辅助因子两者齐全的全酶才具有催化活性。任何单独部分都不具有催化活性。

全酶（结合酶）=酶蛋白+辅因子（辅酶或辅基）

辅因子是与酶蛋白结合在一起的小分子。根据与酶蛋白结合的松紧程度，可分为辅酶或辅基。与酶蛋白结合得比较松的部分称辅酶，与酶蛋白结合得比较紧的部分是辅基。辅因子直接对电子、原子或某些化学基团起传递作用，其成分有两类：一类是低分子有机化合物，如NAD、NADP、FAD、FMN等；另一类是无机金属离子，如Fe^{3+}、Cu^{2+}、Zn^{2+}等。

2. 酶的命名

酶一般采用底物加反应类型命名，如蛋白水解酶、乳酸脱氢酶、磷酸己糖异构酶等，有时在底物名称前加上酶的来源，如血清谷氨酸-丙酮酸转氨酶、唾液淀粉酶。因为水解酶是最为普遍的酶，所以水解酶名称中通常省略掉“水解”两个字，如蛋白水解酶通常称为蛋白酶，脂肪水解酶通常称为脂肪酶。

3. 酶的活力

酶的活力也称酶的活性，是指酶催化一定化学反应的能力，其大小可以用单位时间内单位体积中底物的减少量或产物的增加量来表示。因为酶活力大小与酶的结构有关，而蛋白质的空间结构易受pH、有机溶剂、压力、温度等影响，所以酶活力大小会变化，甚至完全失去。酶获得活性的过程称为酶的激活，失去活性的过程称为酶的失活。

4. 酶的特性

酶作为一种生物催化剂，既具有一般催化剂的共性，又具有独特的个性。酶与一般催化剂的共性表现在具有很高的催化效率、反应前后无变化、仅仅缩短反应达到平衡所需要的时间，即影响化学反应速率而不改变化学反应平衡常数。酶的个性表现在以下几方面。

（1）催化效率高　酶的催化效率极高，比一般催化剂高$10^{6}\sim10^{13}$倍，例如1分子过氧化氢酶，每分钟可催化5×10^{6}个过氧化氢分子分解为水和氧气，比铁粉催化过氧化氢分解的效率高10^{10}倍；1g结晶的细菌α-淀粉酶在56℃、15min内可使2t淀粉水解为糊精。

（2）专一性高　酶与一般催化剂最大的区别就是酶具有专一性。所谓酶的专一性指一种酶只能作用于一类化合物，或特定的化学键，或特定的立体结构。酶具有专一性的原因是酶对底物有严格的选择，例如一般催化剂——氢离子可以催化淀粉、脂肪和蛋白质等多种物质水解，而β-淀粉酶只能催化淀粉水解成麦芽糖，不能再催化麦芽糖进一步水解成葡萄糖。

（3）反应条件温和　无论是蛋白质酶，还是RNA酶，都是具有活性的生命物质，高温、高压、强酸、强碱、高速搅拌等极端条件都容易使它们变性，甚至发生水解，所以酶促反应的作用条件要温和。中性pH、常温和常压都是比较温和的环境。

（4）易失活、易调控　在生物体内，酶的活力受到严格调控，能精准地行使催化功能并与其他酶协作，使生命活动有条不紊地进行，但在生物体外，酶的活力可以被人为地通过加温、加压、调节pH等手段控制，降低或终止酶的催化作用，以达到控制化学反应进程的目的。

二、酶促反应简介

1. 酶促反应的定义

酶促反应又称为酶催化作用，指的是以酶作为催化剂催化的化学反应。酶促反应中，被催化的物质称为底物，反应生成物称为产物。

2. 影响酶促反应速率的因素

（1）温度对酶促反应的影响　温度是影响酶促反应的重要因素之一。在一定的温度范围内（0～40℃），温度升高，酶促反应速率增大。当升高到某一温度时，反应速率达到最大。若继续升高温度，由于酶蛋白的热变性使酶变性失去活性，酶促反应速率反而迅速下降，如图4-1所示。

酶促反应速率达到最大值时的温度称为酶促反应的最适温度。不同的酶，最适温度有所不同。一般动物酶的最适温度为35～40℃，植物酶为40～60℃，少数嗜热性细菌所含的酶最适温度可达90～100℃。人体大多数酶的最适温度在37℃左右。如果人体温超过42℃，人体内酶活力就逐渐降低；如果超过60℃，绝大多数酶因蛋白变性而失去活性。酶在20℃以下时几乎无催化反应。

（2）酶浓度对酶促反应的影响　在底物浓度远大于酶浓度时，酶促反应速率随酶浓度的增加而增加，即酶促反应速率与酶浓度成正比，如图4-2所示。

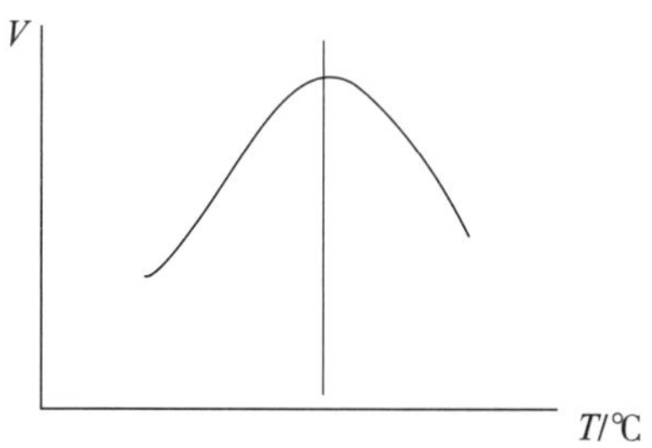

图4-1　温度对酶促反应速率的影响

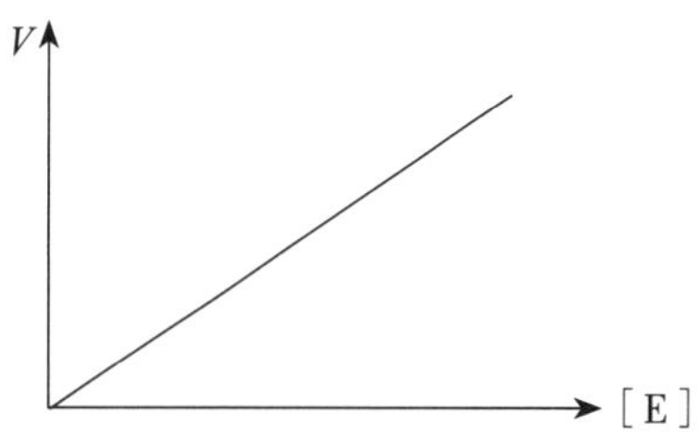

图4-2　酶浓度对酶促反应速率的影响

（3）底物浓度对酶促反应的影响　所有的酶促反应，如果其他条件恒定，则反应速率取决于酶浓度和底物浓度。如果酶浓度保持不变，当底物浓度增加时，反应的初速率增加，并以双曲线形式达到最大速率，如图4–3所示。图中曲线表明，当底物浓度较低时，反应速率随底物浓度的增加而急剧加快，两者成正比关系；当底物浓度较高时，反应速率虽然也随底物浓度的增加而增加，但增加程度却不如底物浓度较低时那样明显，反应速率与底物浓度不再成正比关系；当底物浓度达到一定程度时，反应速率将趋于恒定，即使底物浓度增加再多，反应速率也不会明显增加，只是无限接近最大速率（V_{max}）。

（4）pH对酶促反应的影响　pH对酶促反应速率的影响很复杂。它不但影响酶的稳定性，还影响酶的活性部位中重要基团的解离状态、酶–底物复合物的解离状态以及底物的解离状态，从而影响酶的反应速率。每种酶都有一个使酶促反应速率达到最大的pH，这个pH被称为这个酶的最适pH。一般来说，植物和微生物酶的最适pH多在4.5 ~ 6.5，动物酶多在6.5 ~ 8.0。最适pH并非酶的特征性常数，易受缓冲液的种类、离子强度及底物浓度等因素影响（图4–4）。

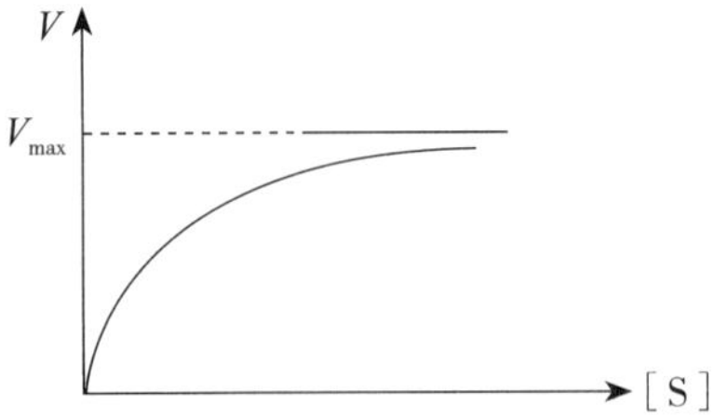

图4–3　底物浓度对酶促反应速率的影响

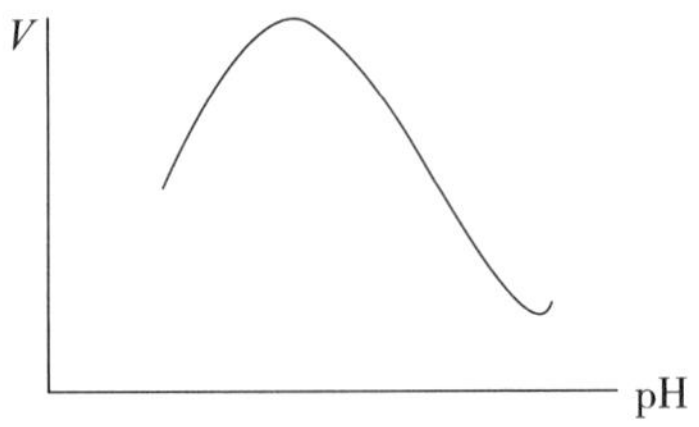

图4–4　pH对酶促反应速率的影响

（5）激活剂与抑制剂对酶促反应的影响　酶的激活剂是指那些能提高酶活性的物质，多为无机离子或简单有机化合物。无机离子激活剂有K^+、Na^+、Mg^{2+}、Zn^{2+}、Fe^{2+}、Ca^{2+}、Cl^-、I^-、Br^-、NO^-等，如Cl^-使唾液淀粉酶的活力增强，是唾液淀粉酶的激活剂。简单有机化合物激活剂有抗坏血酸、半胱氨酸、谷胱甘肽等。激活剂对酶具有一定的选择性。有时一种激活剂可能能够激活一种酶而不能激活另一种酶，有时一种激活剂能激活多种酶，如Mg^{2+}是多种激酶和合成酶的激活剂。

有些物质能与某些酶进行可逆或不可逆地结合，使酶的催化作用受到抑制。这些物质称为这种酶的抑制剂，如有些药物、抗生素、毒物、抗代谢物等。一些动物、植物组织和微生物能产生多种水解酶的抑制剂，如果加工处理不当，会影响其食用安全性和营养价值。

三、重要的食物消化酶

烹饪中涉及的酶主要有新鲜原料中的酶、烹饪加工时添加的酶、食物在人体代谢所涉及的酶。新鲜原料中的酶会影响原料的品质，但一般在烹调时因受热而失去活性。添加外源酶的目的是改善原料品质或加工特性，一般在原料前处理时添加，加工过程中因受热而失去活性。食物消化吸收过程中涉及的酶难以计数，不能一一赘述，在此仅介绍涉及淀粉、蛋白质、脂肪消化的淀粉酶、蛋白酶、脂肪酶。

（1）淀粉酶　淀粉酶广泛地存在于动物、植物和微生物体中，一般作用于可溶性淀粉、糖原，能将淀粉、糖原水解成葡萄糖。淀粉酶分为α–淀粉酶和β–淀粉酶。

α–淀粉酶别名为液化型淀粉酶、液化酶、α–1，4–糊精酶，能随机地切断淀粉或糖原的α–1，4–糖苷键，因此α–淀粉酶水解淀粉时，先将糊化淀粉随机切断成糊精，使糊化淀粉的黏度迅速降低（这也是液化型淀粉酶、液化酶、α–1，4–糊精酶别名的由来），再进一步将糊精水解成相对分子质量更低的低聚糖、麦芽糖、葡萄糖。α–淀粉酶作用于直链淀粉的产物以葡萄糖为主，有少量麦芽三糖及麦芽糖；作用于支链淀粉的产物除麦芽糖、葡萄糖、麦芽三糖以外，还有糊精。制作面包时，面粉中的α–淀粉酶将淀粉分解成葡萄糖，为酵母提供糖分，提高酵母的产气能力。酵母产气能力提高可以改善面团的结构并延缓面团陈化时间。制造啤酒时，α–淀粉酶可用于去除啤酒中残存淀粉引起的雾状混浊。α–淀粉酶还影响粮食的食用质量。陈米煮的饭不如新米好吃，主要原因之一是陈米中的α–淀粉酶丧失了活性。

β–淀粉酶的分布也很广泛。它从淀粉的非还原性末端开始，依次以麦芽糖为单位切断，所以它能完全分解直链淀粉，得到麦芽糖和少量葡萄糖。β–淀粉酶分解支链淀粉时，到分支处酶反应就停止，因此产物中除麦芽糖外，还有相对分子质量比较大的糊精。β–淀粉酶对食品质量也有很大的影响，如烤面包、发酵馒头等都需要面粉中含有一定量的β–淀粉酶。

（2）蛋白酶　蛋白酶是能水解蛋白质肽键的一类酶的总称。蛋白酶分为内肽酶和外肽酶。内肽酶从蛋白质分子内部随机地切断肽键，形成相对分子质量较小的“朊”和“胨”。外肽酶从蛋白质分子的游离氨基末端或羧基末端逐个切断肽键。

木瓜蛋白酶和菠萝蛋白酶是两种常用的植物蛋白酶，可用于嫩化肉。前者主要从番木瓜胶乳中得到，后者主要从菠萝汁和粉碎的茎中提取。动物组织蛋白酶存在于动物体的组织细胞，在肌肉中的含量比在其他组织中的含量低。这种酶在动物死亡后释放出来并被激活，因而肉的食用质量与这种酶有密切的关系。

人体消化道中的蛋白酶主要有胃蛋白酶和胰蛋白酶。它们都是内肽酶，都可将蛋白质水解成胨等相对分子质量较小的片段。胃蛋白酶是胃分泌的胃蛋白酶原在酸或已激活的胃蛋白酶的作用下，脱去一段小肽而成为有活性的胃蛋白酶。它可以在胃酸这种强酸环境中（pH1～4）起催化作用，而其他的酶在这样的条件下则会变性失活。胰蛋白酶是胰腺分泌的胰蛋白酶原在肠激酶或已有活性的胰蛋白酶的作用下，脱去一个六肽片段而成为有活性的胰蛋白酶，其最适pH为7～9。

细菌、酵母菌、霉菌等微生物中都含有多种蛋白酶。微生物蛋白酶通常用于薄脆饼干的制造，面包制作中添加微生物蛋白酶也可改善面包质量。另外，微生物蛋白酶还被广泛地运用于啤酒制造，以节约麦芽用量。在酱油的酿制中添加微生物蛋白酶既能提高产量，又可改善质量。

（3）脂肪酶　脂肪酶又称脂肪水解酶，广泛存在于动植物和微生物中。脂肪酶能把脂肪水解为脂肪酸和甘油，最适温度是30～40℃，最适pH一般在8左右，但只有在甘油脂和水所构成的乳状液中才有较高的活性。

植物中，含脂肪酶较多的是油料作物的种子，如蓖麻籽、油菜籽。动物体内含脂肪酶较多的是高等动物的胰脏和脂肪组织，在肠液中含有少量的脂肪酶。各类脂肪酶控制着消化、吸收、脂肪重建和脂蛋白代谢等过程。

四、酶促褐变反应

水果和蔬菜采摘后，组织中仍存在活跃的代谢活动。未破损的果蔬中酚酶和酚类物质处于细胞不同位置，两者不能接触，而且果蔬体内氧浓度低，所以不会发生褐变反应。但当果蔬发生机械性损伤（如削皮、切开、压伤、虫咬）或处于异常环境（如受冻、受热等）时，细胞破损，氧气进入果蔬体内，酚酶和酚类物质接触，褐变反应发生。

1. 酶促褐变原理

酶促褐变的发生需要三个条件：酚类物质、酚酶和氧。能够催化褐变反应的酶包括多酚氧化酶、过氧化物酶、过氧化氢酶、超氧化物歧化酶、苯丙氨酸解氨酶五种，而发生最广泛的是多酚氧化酶。多酚氧化酶是含铜离子的金属蛋白酶，能催化多酚类物质氧化生成黑褐色聚合物。有些植物在受到紫外线照射、机械损伤、病原体浸染时，体内会合成大量多酚类物质来对抗这些外部带来的损害。

2. 酶促褐变控制方法

如同非酶褐变反应对食物品质有利有弊一样，酶促褐变对食物品质的影响也是两方面的，所以实际生产中，有时需要控制酶促褐变反应速度，有时需要促进酶促褐变反应速度。绝大多数烹饪工艺是高温加热，可使酚酶失活，所以不存在酶促褐变问题。但是随着中央厨房和连锁餐饮的兴起，净菜集中配送越来越多，新鲜原料中的酶促褐变控制对原料品质有重要影响，控制酶促褐变就显得尤其重要。

控制酶促褐变无非从酶促褐变的发生条件着手。通过去除底物控制的可能性极小，实践中控制酶促褐变的方法主要是从控制酶和氧两方面入手，主要途径有：①钝化酶的活力（热烫等高温方法）；②改变酶作用的条件（pH、水分活度等）；③隔绝氧气；④使用抗氧化剂（抗坏血酸、SO_2等）。常用的控制酶促褐变的方法主要有以下几种。

（1）热处理法　加热新鲜果蔬使酚酶失活，是使用最广泛的控制酶促褐变方法。

加热处理的关键是在最短的时间内达到钝化酶的温度，过度加热会影响原料质量；相反，如果热处理不彻底，热处理虽破坏了细胞结构，但酶未钝化，反而会促进酶和底物的接触，导致褐变。白洋葱、韭葱如果热烫不足，变粉红色的程度比未热烫的还要厉害。

水煮和蒸汽处理仍是目前使用最广泛的热处理方法。微波能的应用为热力钝化酶活性提供了新的手段，它可使组织内外受热一致且迅速，对原料质地和风味的保持极为有利。

（2）酸处理法　利用酸控制酶促褐变是广泛使用的方法。常用的酸有柠檬酸、苹果酸、磷酸以及抗坏血酸等。因为酚酶的最适pH在6～7，低于pH3.0时已无活性，所以一般来说，食用酸的作用是降低pH以控制酚酶的活力。柠檬酸是使用最广泛的食用酸，可降低pH，螯合酚酶辅基，但单独使用时，抑制酶促褐变的效果不大，需要与其他酸联用，通常是抗坏血酸或亚硫酸。切开后的水果、蔬菜浸在这些酸的稀溶液中就可抑制褐变。苹果酸是苹果汁中的主要有机酸，在苹果汁中对酚酶的抑制作用要比柠檬酸强得多。抗坏血酸是更加有效的酚酶抑制剂，即使浓度极大也无异味，对金属无腐蚀作用，而且作为一种维生素，其营养价值也是人尽皆知的。

（3）驱除或隔绝氧气　驱除或隔绝氧气的具体措施是将去皮切开的水果蔬菜浸没在清水、糖水或盐水中或浸涂抗坏血酸溶液，在水果蔬菜表面生成一层氧化态抗坏血酸，或用真空渗入法把糖水或盐水渗入组织内部驱出空气。苹果、梨等这类果肉组织间隙中具有较多气体的水果最适宜用此法。一般在1.028×10^3Pa真空度下保持5～15min，突然破除真空，即可将液汁强行渗入组织内部，从而驱出细胞间隙中的气体。

（4）加酚酶底物类似物　用酚酶底物类似物如肉桂酸、对位香豆酸及阿魏酸等酚酸可以有效地控制苹果汁的酶促褐变。在这三种同系物中，以肉桂酸的效率最高，浓度大于0.5mmol/L时即可有效控制处于大气中的苹果汁的褐变达7h之久。这三种酸都是果蔬中天然存在的芳香族有机酸，安全性高。

巩固提高

一、选择题

1．酶加速化学反应的根本原因是（　）。

A．升高反应温度　　B．增加反应物碰撞频率

C．降低催化反应的活化能　　D．增加底物浓度

2．以下说法正确的是（　）。

A．蛋白水解酶中“蛋白”指酶的来源，“水解”指反应类型

B．脂肪酶指来源于脂肪的酶

C．血清谷氨酸–丙酮酸转氨酶中“血清”指酶的来源，谷氨酸–丙酮酸是酶的底物

D．蛋白酶指合成蛋白质的酶

3．以下哪种条件下酶活最大？（　）

A．最适pH　　B．有机溶剂中

C．等电点　　D．真空中

4．关于酶的催化特性，说法不正确的是（　）。

A．效率高　　B．普适性

C．易调控　　D．易失活

5．密闭体系的酶促反应生成物之一为气体，增加反应体系压强，反应向（　）移动。

A．正反应方向　　B．逆反应方向

C．不移动　　D．不能确定

6．绿茶存放时间长了变黑，是（　）反应。

A．酶促褐变　　B．酶水解　　C．聚合　　D．合成

7．以下不是酶促褐变反应条件的是（　）。

A．氧气　　B．酚酶　　C．酚　　D．光线

8．切马铃薯丝时，将切好的马铃薯丝泡水里，以下哪一项不是其目的？（　）

A．清洗淀粉　　B．加快褐变反应速度

C．减少与氧的接触　　D．防止褐变

9．以下哪种措施不能防止褐变？（　）

A．抽真空　　B．高温烹饪

C．封口包装　　D．加维生素C

10．陈米不如新米好吃的原因是（　）。

A．α–淀粉酶失去活性　　B．失水

C．β–淀粉酶失去活性　　D．糊化

二、选择题

（　）1．被激活的酶才有活性。

（　）2．酶的活性随pH增大而增大。

（　）3．胃蛋白酶原没有活性。

（　）4．酶的钝化指酶从没有活性到有活性的过程。

（　）5．脂肪酶是指水解脂肪的酶。

三、思考题

1．酶与普通催化剂相比有何区别？

2．酶促褐变的条件是什么？

第三节　高分子的水解

知识目标

1. 熟悉淀粉、蛋白质和脂肪的水解条件；
2. 熟悉淀粉、蛋白质和脂肪的水解产物。

能力目标

水解条件满足时，能识别水解反应。

重点内容

淀粉、蛋白质和脂肪在不同条件下的水解产物。

难点内容

淀粉、蛋白质和脂肪水解反应原理和过程。

经过漫长的历史演变，烹饪逐渐形成了烤炙、水熟和油制三种主要烹饪制法。然而，现代食品科学早已清楚烤炙和深度油制过程中会产生对人体有害的物质，只有水熟和浅度油制（如爆炒）是最有利于人体健康的烹饪方法。水熟过程中最重要的物质变化是水解。水解既是烹饪中最为常见的化学变化，也是人体消化食物最为常见的反应方式。蛋白质消化是蛋白质水解为氨基酸，脂肪消化是脂肪水解为脂肪酸和甘油，淀粉消化是淀粉水解为葡萄糖。水解是不破坏大分子组成单元的反应方式，反应产物是人体需要的营养物质，而烤炙和油制会破坏大分子的组成单元，生成人体不需要的物质，摄入后会成为人体垃圾，危害人体健康。

水解可以在酸、碱、酶的作用下进行，分别称为酸水解、碱水解和酶水解。高温也能使大分子物质水解，但水解程度有限。水解反应一般分为三步：首先，水电离成H^+和OH^-；其次，待水解物质按组成单元电离成正电残基和负电残基；最后，H^+连接到负电残基，生成待水解物质的组成单元，OH^-连接到正电残基，也生成待水解物质的组成单元。以CH_3COONa的水解为例：①H_2O电离成H^+和OH^-；②CH_3COONa电离成CH_3COO^-和Na^+；③H^+、OH^-和CH_3COO^-、Na^+重新组合成CH_3COOH和$NaOH$。

一、淀粉的水解

1. 麦芽糖的水解

糖类的水解对人体葡萄糖及其他单糖的摄入具有重要意义，其中最重要的是淀粉的水解。淀粉以葡萄糖为组成单元。两个葡萄糖残基组成一个麦芽糖分子，许多个葡萄糖残基组成淀粉分子。下面以麦芽糖的水解为例，说明淀粉的水解。

麦芽糖水解时需经历以下三个步骤：①麦芽糖离解成一个带正电的葡萄糖残基和一个带负电的葡萄糖残基；②H_2O电离成H^+和OH^-；③带负电的葡萄糖残基与H^+组合成葡萄糖，带正电的葡萄糖残基与OH^-组合成葡萄糖。至此，麦芽糖被水解为两个葡萄糖分子，如图4-5所示。

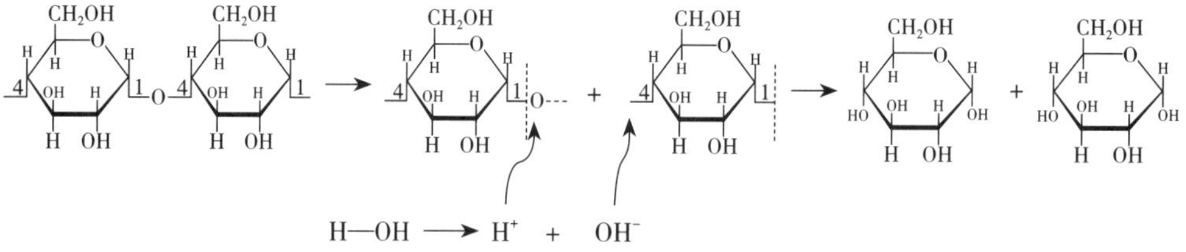

图4-5　麦芽糖的水解

2．淀粉的水解

由于酶的高效性，淀粉在酶的催化下水解速度非常快，在酸性条件下水解速度非常慢，在碱性条件下不能水解。淀粉的完全水解产物是葡萄糖，不完全水解产物是糊精。糊精是一组由数个至数十个葡萄糖单元连接而成的低聚糖的混合物，是淀粉完全水解的中间产物。人体内淀粉的水解主要是酶水解。人体内可水解淀粉的酶有口腔内的唾液淀粉酶（*α*–淀粉酶），十二指肠内的胰淀粉酶，小肠内的麦芽糖酶、*α*–糊精酶等。胃酸的主要成分是盐酸（HCl），酸度特别高（pH约为2），淀粉在胃里有极少量的水解。工业上经常水解淀粉生产淀粉糖浆。

直链淀粉的各葡萄糖残基通过*α*–1，4–糖苷键连接；支链淀粉的主链和侧链中各葡萄糖残基通过*α*–1，4–糖苷键连接，分支位置通过*α*–1，6–糖苷键连接。人体淀粉酶是*α*–淀粉酶，*α*–淀粉酶只能水解*α*–1，4–糖苷键，不能水解*α*–1，6–糖苷键。*α*–淀粉酶水解淀粉可分为两个阶段：第一阶段，淀粉链快速降解成低聚糖，淀粉糊黏度迅速下降；第二阶段比第一阶段慢得多，如果是直链淀粉，低聚糖缓慢水解成最终产物葡萄糖和麦芽糖，如果是支链淀粉，因为*α*–淀粉酶只能作用于*α*–1，4–糖苷键，不能水解*α*–1，6–糖苷键，分支位置*α*–1，6–糖苷键不能被水解，所以水解成葡萄糖、麦芽糖及带*α*–1，6–糖苷键的低聚糖。带*α*–1，6–糖苷键的低聚糖可以被*α*–糊精酶水解（图4–6）。

通常情况下，淀粉水解期间，水解产物中既有糊精，又有麦芽糖和葡萄糖。这种糊精、低聚糖、葡萄糖的混合物称为淀粉糖浆。淀粉糖浆是有甜味的黏稠浆体，在面点制作中经常使用，烹调中可用于上糖色和熏制品的制作。

淀粉不能被酵母直接发酵，只有水解成麦芽糖或葡萄糖时才能被酵母利用，因此制作发酵面点时，面粉中的淀粉要先被淀粉酶水解成麦芽糖或葡萄糖，然后才能用于发酵。

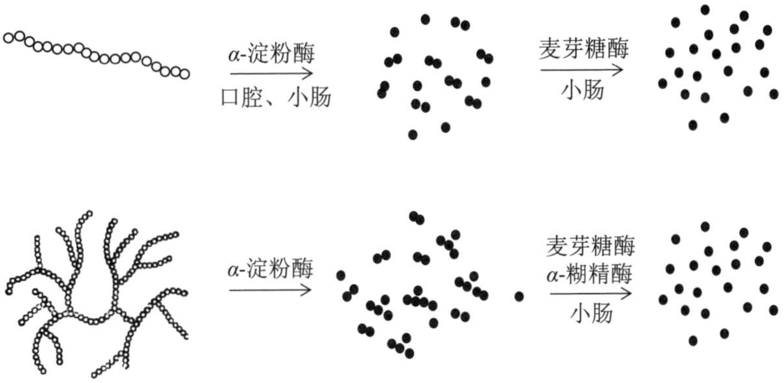

图4-6　直链淀粉和支链淀粉的水解

3. 淀粉水解产物的颜色指示

直链淀粉遇碘变成蓝色，支链淀粉遇碘变成紫红色，糊精遇碘变成蓝紫色、紫色、橙色等颜色。淀粉或糊精遇碘后的颜色主要与淀粉残链的长度和分支的密度有关。葡萄糖残基多于60个的淀粉糊精遇碘变成蓝色，这种糊精被称为蓝糊精。葡萄糖残基为20个左右的糊精遇碘变成紫红色或橙红色，这种糊精被称红糊精。葡萄糖残基小于6个的糊精遇碘不变色，这种糊精被称为无色糊精。麦芽糖或葡萄糖遇碘也不变色。根据淀粉遇碘后显示的颜色，可以确定淀粉的水解程度（图4-7），也可以利用淀粉的显色反应鉴别与淀粉外观相似的小苏打等物质。

淀粉（约200个残基以上）→ 蓝糊精（大于60个残基）→ 红糊精（20个左右残基）→ 无色糊精（小于6个残基）→ 麦芽糖（2个残基）→ 葡萄糖（1个残基）

图4-7　直链淀粉和支链淀粉的水解

4. 糖水解制得的非天然糖

（1）转化糖　蔗糖水解后生成等量的葡萄糖和果糖的混合物，这种混合物称为转化糖。蔗糖的这种水解反应称为“蔗糖的转化”。蔗糖在160℃熔化，熔化后转化速度加快。转化糖在高温下迅速焦糖化。食糖受潮后易在微生物作用下发生转化，转化糖发酵后有酒味，甚至变酸，特别是含有还原性糖和杂质较多的黄砂糖和红糖。因此黄砂糖和红糖贮存时应密封防潮。转化糖在蜂蜜中大量存在，故其甜度比葡萄糖几乎高一倍。

（2）饴糖　大麦芽中的淀粉酶可使淀粉水解为糊精和麦芽糖的混合物，其中麦芽糖占三分之二，其余为糊精，这种混合物称为饴糖。饴糖具有一定的黏度，流动性好，有亮度。

（3）淀粉糖浆　淀粉糖浆是葡萄糖、低聚糖和糊精的混合物。由于糊精具有较大的黏稠性，不能结晶，因此淀粉糖浆可作为糕点制品中的抗结晶剂。

二、蛋白质的水解

蛋白质被称为生命的基础物质，所以蛋白质类原料，如肉类、鱼类、蛋类、奶类、豆类等是烹饪的主要对象，而且它的烹饪效果对食物的色香味形和营养价值影响很大。烹饪过程中，蛋白质会发生很多种变化，有些变化有利于人体健康，而有些变化不利于人体健康，而蛋白质水解是最有利于人体健康的变化，因为它没有破坏其组成单元——氨基酸残基，只是将氨基酸残基分离，被摄入人体后，这些氨基酸残基可以再重新组合成人体蛋白质。

1. 蛋白质水解步骤

氨基酸连接成蛋白质是肽链的形成，反过来，蛋白质的水解就是肽键的断裂。水解时，肽键C—N之间的短线（代表一对共用电子对）断裂。因为N比C具有更强的得电子能力，所以C—N断裂时，N得到共用电子对，带一个单位负电荷，生成—N^-；C失去共用电子对，带一个单位正电荷，生成—C^+。同时，H_2O发生轻度电离，生成H^+和OH^-。—C^+和OH^-重新组合成共价键—C—OH，—N^-和H^+重新组合成—N—H（图4-8）。

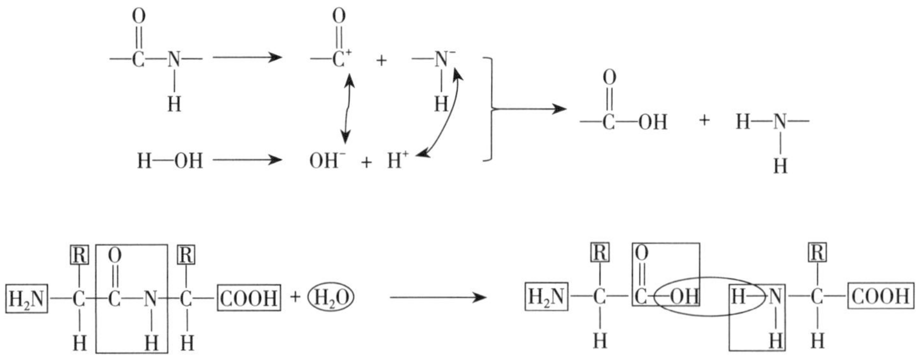

图4-8　肽链的水解

2. 蛋白质水解产物

蛋白质水解的最终产物是氨基酸，水解过程是逐步实现的，中间产物根据链的长短有朊、胨、多肽、小肽。朊、胨是蛋白质的初级水解产物，链仍然相当长，胶体性质明显，溶液黏度大，溶解度小，加热易凝固；多肽是蛋白质的中度水解产物，链中等长度，溶液黏度降低，溶解度增大；小肽是蛋白质的深度水解产物，链非常短，胶体性质不明显，溶液黏度和溶解度接近小分子物质。如果蛋白质水解的最终产物是氨基酸，则称为完全水解。如果最终产物是朊、胨、多肽或短肽，则称为不完全水解。

蛋白质可以被酶、酸、碱水解。人体内水解蛋白质的酶有胃腺分泌的胃蛋白酶，胰腺分泌的胰蛋白酶、胰糜蛋白酶，小肠腺分泌的氨基肽酶、羧基肽酶等。酶水解蛋白质的速度比酸和碱水解蛋白质的速度要快得多。强酸或强碱水解蛋白质时，蛋白质肽链因酸或碱的作用而带同种电荷，链中带电位置相互排斥使肽链展开，这有利于蛋白质水解。强酸或强碱可将蛋白质完全水解，但它们具有较强的腐蚀性，烹饪中不会用强酸和强碱处理原料。弱酸、弱碱能不完全水解蛋白质，但弱碱水解蛋白质的能力超过弱酸，这与绝大多数生物体蛋白质等电点偏酸性位置有关。烹饪中常用弱碱小苏打部分水解蛋白质来嫩化肉，但是弱酸醋酸却不能嫩化肉，也说明了弱碱水解蛋白质的能力大于弱酸。烹饪中蒸、煮、炖、煨蛋白质原料如肉、豆腐等时，蛋白质水解程度极低，发生的变化主要是变性。

三、油脂的水解

油脂能在酸、碱或酶的作用下发生水解反应。1mol甘油三酯水解生成1mol甘油和3mol脂肪酸。油脂水解时，酯键中的O—C共价键断裂。因为O比C容易得电子，所以O—C键断裂时，O得到共用电子对，带一个单位负电荷，生成—O^-；C失去共用电子对，带一个单位正电荷，生成—C^+。同时，H_2O发生轻度电离，生成H^+和OH^-。—C^+和OH^-重新组合成共价键—C—OH，—O^-和H^+重新组合成—O—H（图4–9）。

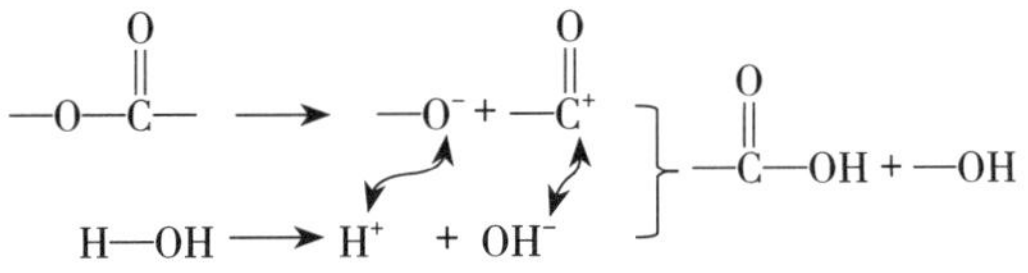

图4–9　酯键的水解

1. 油脂的体内水解

油脂在体内的水解有利于人体对油脂的消化、吸收和利用。人体内脂肪的消化主要在小肠中进行。由于脂肪不溶于水，而体内的酶促反应要在水溶液中进行，所以脂肪必须先乳化才能进行消化。来自胆囊的胆盐在脂肪消化中起重要作用。它减少脂肪在水中的表面张力，然后使脂肪乳化成非常细小的乳化微粒。胰液含有脂肪酶，脂肪在脂肪酶的作用下进行分解。分解的产物是甘油二酯（三种，图4–10）、甘油单酯（三种，图4–11）、甘油和脂肪酸（图4–12）。低于12个碳原子的短链脂肪酸直接被小肠黏膜内壁吸收；长链脂肪酸再被酯化成甘油三酯，与胆固醇、脂蛋白、磷脂结合，形成乳糜微粒进入淋巴系统，最后进入血液，运送到身体各个组织。

2. 油脂的体外水解

油脂在贮存过程中，由于空气中氧、水分或微生物的作用，会逐渐降低食用价值，表现为油脂颜色加深，味道变苦，产生特殊气味，这种现象称为油脂的酸败。油脂的酸败有两种类型：一是水解型酸败；二是氧化型酸败。

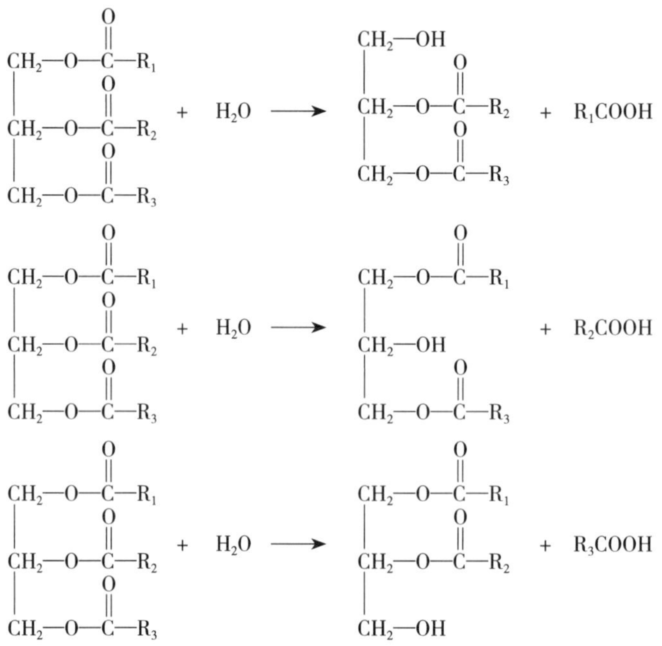

图4-10　三种甘油二酯

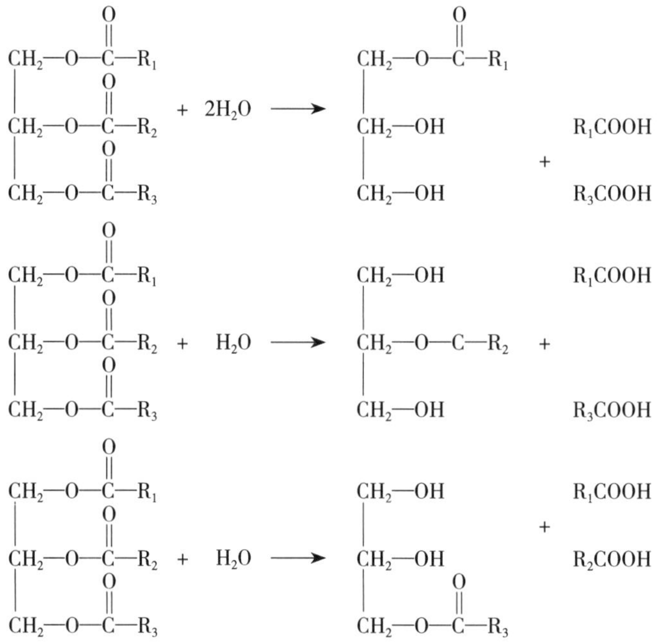

图4-11　三种甘油单酯

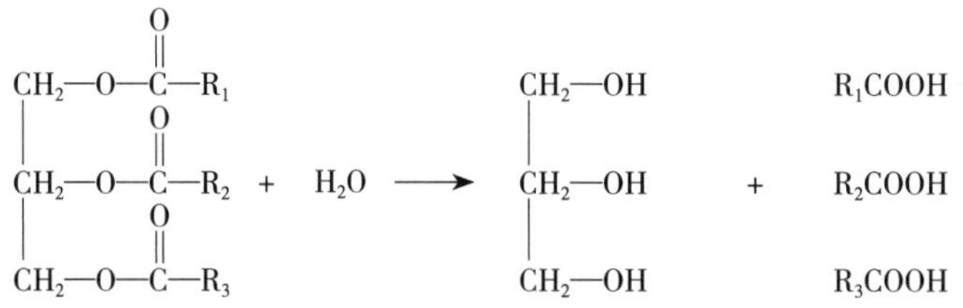

图4-12　甘油和脂肪酸

天然油脂一般是甘油单脂（分子中有1个脂肪酸残基）、甘油二脂（分子中有2个脂肪酸残基）、甘油三脂（分子中有3个脂肪酸残基）的混合物，各脂肪酸残基的链长和饱和度不相同。天然油脂中往往混杂着脂水解酶或污染微生物所产生的脂水解酶，在这些酶的作用下，油脂被水解为游离脂肪酸和甘油。因为低级脂肪酸具有特殊的汗臭气和苦涩味，所以油脂的水解程度越高，低级脂肪酸残基的比例越高，油脂的酸败味越明显。

巩固提高

一、选择题

1．转化糖是（　）。

A．葡萄糖和果糖的混合物　　B．葡萄糖和蔗糖的混合物

C．葡萄糖和半乳糖的混合物　　D．蔗糖和半乳糖的混合物

2．饴糖的主要成分是（　）。

A．麦芽糖和葡萄糖的混合物　　B．糊精和麦芽糖的混合物

C．蔗糖和麦芽糖的混合物　　D．糊精和葡萄糖的混合物

3．以下不是淀粉糖浆成分的是（　）。

A．葡萄糖　　B．低聚糖

C．果糖　　D．糊精

4．以下不是蛋白质水解产物的是（　）。

A．氨基酸　　B．小肽　　C．葡萄糖　　D．胨

5．蛋白质的水解过程正确的是（　）。

A．蛋白质→氨基酸→肽→胨　　B．蛋白质→肽→氨基酸→胨

C．蛋白质→胨→氨基酸→肽　　D．蛋白质→胨→肽→氨基酸

6．蛋白质轻度水解产物是（　）。

A．多肽　　B．小肽　　C．二肽　　D．氨基酸

7．脂肪在体内的水解产物是（　）。

A．甘油+脂肪酸　　B．甘油+类脂

C．类脂+脂肪酸　　D．水和脂肪酸

8．蛋白质水解实际上是（　）键的断裂。

A．氢键　　B．离子键　　C．肽键　　D．酯键

9．煨制汤液时，动物性原料中的蛋白质不会发生（　）变化。

A．蛋白质变性　　B．蛋白质水解

C．蛋白质溶出现象　　D．热聚合

10. 脂肪发生不完全水解时，产物中可能有（　）。

A. 甘油单酯　　B. 甘油二酯

C. 甘油三酯　　D. 以上都是

二、判断题

（　）1. 氨基酸是蛋白质的不完全水解产物。

（　）2. 油脂在体内的水解有利于油脂消化吸收。

（　）3. 油脂保藏期的水解有利于保持油脂的品质。

（　）4. α-淀粉酶作用于支链淀粉的分支处。

（　）5. 脂肪的官能团是酯键。

三、思考题

1. 大分子物质在哪些条件下能发生水解？

2. 油脂在体内和体外的水解意义有什么不同？

知识拓展

中国高分子科学家——钱保功

钱保功（1916—1992），高分子化学和高分子物理学家，江苏江阴人，在国内开创了合成橡胶、高分子辐射化学、高聚物黏弹性能和高分子固态反应等方面的研究；在合成橡胶的力学性能、黏弹性能、分子运动等方面进行了深入系统研究；领导组织稀土顺丁、镍顺丁橡胶的表征研究；还对天然橡胶的结晶过程、聚乙烯的紫外光敏交联、高聚物体系固态反应等方面进行了研究。

1940年，钱保功开始从事科学技术工作时，正值抗日战争的相持阶段，大后方缺乏石油资源，他从事以植物油为原料热裂解制备汽油、煤油、柴油等动力油料的试验，负责中国共产党地下组织经营的工厂土法炼油技术的改造，采用分馏法提高油品质量，在同行中居领先地位。1947年钱保功赴美留学，当时高分子学科正属初创时期，他作为高分子学科的奠基人之一——H.马克（Mark）教授创建的第一个高分子研究所的中国研究生，在弹性高分子的动力学研究上有独到见解，获得导师的好评。1949年正当国民党政府溃败前夕，他谢绝了导师的热情挽留，抱着报效祖国的赤子之心，登上了第一艘载有回国留学生的轮船，几经周折回到祖国的怀抱。从此，钱保功投身于创建我国高分子学科研究的洪流之中。

第四节　油脂的劣变

知识目标

1. 了解烟点对油脂营养价值评价的意义；
2. 熟悉油脂氧化劣变、热劣变发生的条件；
3. 熟悉油脂劣变的控制措施。

能力目标

烹饪中能够采用合适的措施降低油脂的劣变。

重点内容

油脂劣变的控制措施。

难点内容

油脂氧化劣变、热劣变的原理和过程。

油脂的劣变是指油脂品质和工艺性能下降。氧气是油脂劣变的主要原因之一，加热能促进油脂劣变，所以油脂的劣变主要有氧化酸败和热劣变两种类型。

一、油脂的氧化酸败

方便面、咸肉、火腿、鱼等含油多的食物存放时，颜色变黄，并且有哈喇味，这是油脂发生了氧化酸败反应。油脂的氧化酸败是在水解的基础上产生的，发生在脂肪酸链上，可分为两种：一种是酮酸酸败，另一种是氧化型酸败。

1. 酮酸酸败

酮酸酸败发生在饱和脂肪酸上。油脂水解产生的饱和脂肪酸在微生物或酶的作用下发生氧化，经过氧化、脱氢、脱羧，最终生成酮酸和甲基酮。

$$\mathrm{RCH_2CH_2COOH} \xrightarrow{\text{氧化}} \mathrm{RCHOHCH_2COOH} \xrightarrow{\text{脱氢}} \underset{\text{酮酸}}{\mathrm{RCOCH_2COOH}} \xrightarrow{\text{脱羧}} \underset{\text{甲基酮}}{\mathrm{RCOCH_3}}$$

酮酸酸败主要由微生物污染引起。一般情况下，含水和蛋白质较多的油脂、未经过精制的油脂以及含杂质较多的油脂，容易受到微生物污染。油脂精练过程中会杀灭微生物并钝化酶活、降低含水率，配合良好包装和贮存条件，可有效抑制酮酸酸败。

2. 氧化型酸败

氧化型酸败是油脂被氧气氧化后产生的结果，包括自动氧化、高温氧化、酶氧化等类型，其中自动氧化是油脂变质的主要原因。

油脂暴露在空气中会产生自由基。自由基与氧气结合进行氧化反应，然后分解成醛和酮，并产生恶劣的哈喇味。油脂的这种酸败现象由油脂自动氧化引起。自动氧化是油脂酸败中最常发生的反应，在油脂或油炸食品、高油脂食品中普遍存在自动氧化反应。

油脂高温氧化与自动氧化产物基本相同，但在高温下，氧化速度远大于常温下的自动氧化速度。烹饪中常用的油脂种类不同，在高温条件下发生氧化的难易也不同。一般饱和度较高的油脂，在高温下氧化稍难，如牛油、羊油等，而不饱和度高的油脂相对易于高温氧化，如豆油、菜籽油等。

二、油脂的热劣变

1. 油脂的热分解和烟点、闪点和燃点

油脂加热到一定程度会沸腾，但是油脂的分解温度低于沸腾温度，说明油脂未沸腾时已经开始分解。油脂的分解产物中小分子醛、酮、酸居多，会以“青烟”形式冒出。大多数油脂在150℃以下时，分解程度轻、产物少；在150～200℃时，油脂热分解还不十分明显；在230～300℃时，热分解作用加剧，反应明显加快，分解产物的种类增多。人们将某种油脂开始分解的温度称为这种油脂的烟点。

不同的油脂，烟点不同。一般来说，以含饱和脂肪酸为主的动物性油脂的烟点较低，而含不饱和脂肪酸为主的植物性油脂的烟点较高。油脂的烟点越低，工艺性能越差，因为烟点较低的油脂温度稍高就会分解冒烟，如果继续加热，油脂品质将会严重下降，为了保护油脂品质，只能将油温烧得很低，而低油温对油炸食品的风味和菜肴的质量影响很大。油脂的纯度下降，烟点也下降，所以精炼油脂比毛油烟点高。精炼程度低的油脂含有游离的脂肪酸，有时还有外来物质及杂质如淀粉、糖等，这些物质的存在都可以使油脂的烟点降低。油脂的分解会使油脂烟点下降，加剧油脂的分解，即同一种油脂随着加热次数的增加，其发烟点愈来愈低，特别是用量少时，其发烟点更容易下降。

当然，有些油脂中含有一些对人体有害的物质，可以通过加热直接以“冒烟”的形式去除，或将其分解成低分子物质，再以“冒烟”的形式去除，如大豆油中具有豆腥味的高级不饱和醛和甲基酮、多酚类物质，菜籽油中具有辛辣味的芥籽苷等。但有些油脂中含有对人体和烹饪有利的成分，应尽量少加热。如芝麻油中的香气成分芝麻素和芝麻酚，温度稍高就会挥发掉，所以烹饪中芝麻油宜用于凉拌菜，不宜用于炒菜。

闪点是指油脂加热时挥发性的物质可能被点燃但不能维持燃烧的最低温度。燃点指油脂加热时挥发性物质可以维持连续燃烧5s以上的温度。多数纯油脂的闪点

比其烟点高60～70℃；燃点又比其闪点高50～70℃。所以，一般纯油脂的闪点在250～300℃；燃点在310～360℃。一些油脂的烟点、闪点和燃点如表4–2所示。

表4–2 油脂的发烟点、闪点和燃点

油脂名称	烟点/℃	闪点/℃	燃点/℃
大豆油	195～230	282	323
橄榄油	167～175	225	310
菜籽油	186～227	263	315
芝麻油	172～184	—	—
玉米油	222～232	275	343
棉籽油	216～229	262	340
黄油	208	—	—
猪油	190	242	335
牛油	—	265	—

从表4–2可以看出，不同油脂的烟点、闪点、燃点是不同的。烹饪加工时，油脂的加热温度是有限的，一般最多加热到烟点，温度再升高，不仅加工不易操作，有时还会导致油脂的燃烧，产生一些危害人体健康的有害物。如油脂加热温度过高，油脂分解产生的丙烯醛就是一种挥发性和强刺激性的物质，使人的眼睛红肿、流泪、咽喉胀痛，严重时会有头痛、呼吸不畅、血压升高、周身感觉不适等症状。另外，油温过高，油脂还容易产生致癌物——多环芳烃。

2. 油脂的热聚合

油脂经长时间加热或高温反复加热会出现色泽变深、黏度变稠（热增稠现象）、泡沫增加、烟点下降等现象，这是油脂在热作用下发生了分解、聚合、缩合等一系列变化导致的，其中主要是聚合作用。油脂的热聚合不仅使油脂的味感变劣、营养价值降低，也使其风味品质下降，产生环化脂物质、二聚甘油酯、三聚甘油酯和烃等有毒有害成分，影响人体健康。

温度越高，聚合反应速度越快，特别是达到300℃以上后，聚合作用急速增加。油脂在热聚合反应中，生成环状、有毒的低聚物，使油脂的颜色变黑，黏稠度增大。除此之外，油脂在高温加热时还会发生热水解反应，其产物相互之间也会发生缩合反应，生成相对分子质量倍增的化合物，使油脂质量下降。油脂在高温下的热聚合和热缩合反应，使烹饪的食品具有不良的气味和滋味，也影响食品的色泽和消化率，而且耗油量增大，最重要的是油脂的营养价值降低，严重的能产生有害有毒物质，对人体健康产生较大危害。油烟机储油盒中的油状物、多次使用的油中的黑色物质就是油脂的聚合物和缩合物。它们不能被人体利用，也难以排出体外，人体摄入后，存在于人体的脂肪细胞间隙中，会使脂肪变得松弛，存在于血管中会造成高血压、冠心病、心绞痛等疾病。

三、油脂劣变的危害和控制

1. 油脂劣变的危害

油脂劣变对油脂本身及其他食物成分有极大的破坏作用，其主要影响有以下几方面：

（1）油脂中人体所需的必需脂肪酸和脂溶性维生素被严重破坏。

（2）劣变中产生的聚合物，特别是二聚体，能够被人体吸收，但不能被人体代谢和排泄，形成在体内的富集，对人体产生毒害作用。

（3）油脂裂解产生的低分子醛、酮、酸，有强烈刺激性的哈味和难以接受的辣、苦、涩口感，导致油脂品质严重降低，并且使食物的色泽发生变化，例如烹调中的油炸食物放置一段时间后，表面变成红褐色。

（4）严重劣变的油脂工艺性能降低，烟点降低、相对密度和黏度增大，油脂加热时油烟多、油泡多、透明度下降，甚至固化。

核桃仁、花生仁、西瓜籽等富含油脂的坚果一旦有哈喇味，就意味着这些食物中的油脂已经氧化酸败。含低级脂肪酸的油脂在空气中，特别是在潮湿、光照、加热、高温、催化剂（金属离子、酶）等条件下，水解速度加快，生成游离脂肪酸和甘油。游离脂肪酸如丁酸、己酸、辛酸、癸酸等会产生令人不愉快的刺激性气味，而造成油脂的变质，如奶油、椰子油容易发生水解而酸败。

2. 油脂劣变的控制

（1）湿度控制　水是油脂水解并氧化酸败的重要因素。油脂保存时应置于通风干燥处。

（2）温度控制　油脂的氧化速度随着温度升高而加快。低温有利于油脂的保存和保持富含油脂食品的新鲜度。风鸡、腌腊制品常在初冬制作符合此原理。

（3）光照控制　光线能促进油脂中不饱和脂肪酸碳碳双键氧化，尤其是紫外线能加速不饱和脂肪酸氧化分解，因此油脂应最好保存在阴凉的陶釉缸中，富含油脂的食品宜用有色包装，避免光线直接照射。

（4）隔绝空气　油脂的氧化反应只有在氧气存在的条件下才能发生，所以油脂尽量避免与空气接触。如贮存油脂的容器加盖，富含油脂的制品采用真空或充氮包装，或使用透气性低的包装材料防止含油食品的氧化变质。

（5）器具选择　金属铝、铜、铁、锰等都可促进油脂的氧化作用，因此油脂贮存最好选用不锈钢材料或高品质塑料制成的器具。

（6）抗氧化　能延缓或抑制物质发生氧化反应的物质称为抗氧化剂。抗氧化剂分为脂溶性抗氧化剂和水溶性抗氧化剂。脂溶性抗氧化剂易溶于有机溶剂（如油），水溶性抗氧化剂易溶于水。脂溶性抗氧化剂分人工合成脂溶性抗氧化剂与天然脂溶性抗氧化剂两大类。各国使用的抗氧化剂大多数是人工合成的，使用较广泛的有丁基羟基茴香醚（BHA）、二丁基羟基甲苯（BHT）、没食子酸丙酯（PG）、叔丁基对苯二酚（TBHQ）等。天然脂溶性抗氧化剂有愈创树脂、生育酚混合浓缩物等。

天然油脂中的胡萝卜素、维生素E、芝麻酚、没食子酸（棓酸）、卵磷脂等都是很好的抗氧化剂。人体内的脂溶性抗氧化剂主要有维生素E、类胡萝卜素及泛醌等，它们在对紫外辐射的防护中起着十分重要的作用。

油脂中加入抗氧化剂能延缓或抑制油脂的酸败，但由于含量较少，油脂贮存过程中，抗氧化剂被逐渐消耗而减少。因此，烹饪中在油脂或富含油脂的食品里可以加入一些天然的抗氧化剂如丁香、花椒、生姜、桂皮等，或者加入一些合成的抗氧化剂如没食子酸丙酯、丁基羟基茴香醚等来延长油脂和富含油脂食品的保存期。

巩固提高

一、选择题

1. 以下不是油脂氧化后的产物的是（　）。

A. 醛　B. 酮　C. 酸　D. 酯

2. 以下哪些因素不会导致油脂氧化酸败？（　）

A. 水　B. 高温　C. 金属离子　D. 抗氧化剂

3. 油脂的以下哪种变化所需的温度最高？（　）

A. 热分解　B. 热聚合　C. 氧化酸败　D. 水解

4. 油脂以下哪种变化的产物对人体最有利？（　）

A. 热分解　B. 热聚合　C. 氧化酸败　D. 水解

5. 以下不是脂溶性抗氧化剂的是（　）。

A. 维生素C　B. 维生素E

C. 丁基羟基茴香醚　D. 叔丁基对苯二酚

6. 油脂开始劣变的温度是（　）。

A. 烟点　B. 闪点　C. 燃点　D. 沸点

7. 用（　）容器贮存油脂有利于防止油脂劣变。

A. 铁制　B. 透明玻璃　C. 铝制　D. 不锈钢

8. 以下关于劣变油说法错误的是（　）。

A. 营养价值降低，工艺性能不变　B. 营养价值不变，工艺性能不变

C. 营养价值不变，工艺性能降低　D. 营养价值降低，工艺性能降低

9．油炸带鱼时用哪种油最好？（　）。

A．橄榄油　　B．大豆油　　C．菜籽油　　D．芝麻油

10．关于丙烯醛，说法正确的是（　）。

A．对人体有利　　B．能使人的眼睛红肿、流泪、咽喉胀痛

C．蛋白质高温加热产物　　D．淀粉高温加热产物

二、判断题

（　）1．油脂氢化的目的是将油脂饱和化。

（　）2．不饱和脂肪酸中双键的2个共价键强度相同。

（　）3．油脂的热聚合产物对人体有益。

（　）4．维生素C可用于油脂抗氧化。

（　）5．动物油比植物油更容易劣变。

三、思考题

1．哪些因素能导致油脂的氧化酸败？如何防止油脂氧化酸败？

2．抗氧化剂的抗氧化机理是什么？

第五节　非酶褐变

知识目标

1．熟悉焦糖化反应的条件和焦糖的烹饪制作方法；

2．熟悉美拉德反应的条件和控制措施；

3．熟悉美拉德反应的影响因素。

能力目标

能实现或控制美拉德反应和焦糖化反应。

重点内容

美拉德反应的条件和控制措施。

难点内容

控制美拉德反应。

褐变是指食品在加工和贮藏等过程中颜色变成棕褐色的现象。褐变按其发生机制可分为酶促褐变及非酶褐变两大类。非酶褐变常见的有焦糖化反应、美拉德反应、抗坏血酸氧化反应等。酶促褐变由植物体内的酚酶引起，所以只发生在水果、蔬菜等新鲜植物原料中。褐变对食物的影响有利有弊，如香蕉、苹果、梨、茄子、马铃薯等褐变后影响外观，应尽可能避免；而茶叶、可可豆等适当的褐变有利于形成良好的风味与色泽。

一、焦糖化反应

糖在无水条件下加热，可发生焦糖化反应。糖加热到熔点以上（一般140～170℃）时，会出现脱水缩合现象，生成焦糖色素。这种变化称为焦糖化反应。焦糖色素的结构极其复杂，直径在1～100nm，是一种胶体物质，等电点在pH3～6.9。焦糖的等电点与蛋白质、氨基酸等电点的定义相同，即在等电点时，分子中的正负电荷相等，整个分子对外不显电性，容易聚集沉淀。

糖直接加热，焦化速度非常快。为了控制糖的焦化速度，常在糖中加少量水或油，再加热。随着温度升高，糖依次发生熔化、焦化、碳化。熔化与焦化、焦化与碳化之间的变化速度非常快。糖的浓溶液加热至100℃左右时就开始焦化。好的焦糖色素颜色为棕褐色，是熔化后碳化前的产品。碳化了的糖呈黑色而且味苦，影响菜肴风味和色泽。焦糖化反应常用于菜肴上色，如红烧肉、烤鸭等。利用焦糖色素的等电点控制焦糖色素的溶解性，对食物加工尤其重要。要形成稳定均匀的焦糖色素溶液，溶液pH需偏离其等电点，否则就会絮凝、沉淀。迄今为止，利用焦糖色素最成功的案例当属可口可乐。

烹饪中常用熔化的糖表饰，如冰糖葫芦、琉璃马铃薯球、琉璃大枣制作时，在白糖中加入适量水，加热使糖熔化、熬稠（但不能过火而产生焦糖化反应），再将山楂、马铃薯、大枣倒入，立即和匀，迅速冷却，使糖液包在原料表面。熔化的糖也常用于制作拔丝菜肴，如拔丝香蕉、拔丝莲子、拔丝肉制作时，白糖加水后小火加热并不停地搅动，糖逐渐溶化，溶液由稀变稠，气泡由大变小，到溶液颜色呈金黄色时即到拔丝火候，投入原料，尽快颠翻或翻炒至原料全部裹匀糖液时，立即装盘。

二、美拉德反应

1. 美拉德反应

美拉德反应又称羰氨反应。这里的“羰”指的是羰基（$C=O$），这里的“氨”指的是氨基（$-NH_2$），顾名思义，这个反应是羰基和氨基之间的反应。食物中有羰基的物质主要是糖类和油脂的氧化酸败产物，有氨基的物质主要是氨基酸和蛋白质。几乎所有的食物均含有糖类、油脂和蛋白质，所以美拉德反应在烹饪中普遍存在，如烤面包上的金黄色，烤肉的棕红色，熏制品的棕褐色，松花蛋蛋清的茶褐色，啤酒的黄褐色，酱油和陈醋的黑褐色等都是美拉德反应的结果。美拉德反应的产物是极其复杂的高分子色素，一般为棕褐色，所以美拉德反应是一类褐变反应。这类褐变反应不是由酶引起，属于非酶褐变。

2. 影响美拉德反应的因素

糖的种类、氨基的种类、温度、pH、氧气、水分以及金属离子等都能影响美拉德反应的速度。控制这些因素可以促进或遏制美拉德反应。

（1）糖的种类对美拉德反应的影响　同等条件下，不同的糖类，褐变反应速度由高到低排列如下：五碳糖中，核糖＞阿拉伯糖＞木糖；六碳糖中，半乳糖＞甘露糖＞葡萄糖，并且五碳糖的褐变速度大约是六碳糖的10倍。双糖因为分子比较大，所以褐变反应比较缓慢。

（2）氨基种类对美拉德反应的影响　氨基酸、肽类、蛋白质、胺类均与褐变反应速度有关。一般来说，胺类比氨基酸的褐变速度快。就氨基酸来说，含S—S、S—H的氨基酸不易褐变；碱性氨基酸的褐变速度快。蛋白质的褐变速度十分缓慢。

（3）pH对美拉德反应的影响　美拉德反应在酸性和碱性环境中均可发生。pH低于3.0时，美拉德反应较慢，因为此时溶液中H^+非常多，而$—NH_2$中的N原子有1对孤对电子，对外显负电，所以$—NH_2$和H^+结合成质子化状态（$—NH_3^+$），妨碍了褐变反应的进行。pH在3～9范围内，随着pH增大，OH^-越来越多，质子化氨基$—NH_3^+$越来越少，美拉德反应逐渐加快。在pH大于7时，反应明显加快；在pH大于11时，褐变又明显减弱。所以降低pH是控制褐变的好方法，例如高酸食品，如泡菜，就不易褐变。

（4）水分含量对美拉德反应的影响　水分含量在10%～15%时最容易发生美拉德反应。一般情况下，褐变速度与反应物浓度成正比。水分含量低于10%时，原料中的水主要是结合水，自由水不足，无法带动反应物移动，反应物不能相互碰撞，所以几乎不发生褐变反应。水分含量较高的情况下，反应物浓度偏低，美拉德反应也难以发生。

（5）金属离子对美拉德反应的影响　金属离子对美拉德反应的影响，很大程度上依赖于金属离子的类型。金属离子存在的情况下，尤其是二价铁离子和二价铜离子存在的情况下，褐变趋势会加快。

（6）温度对美拉德反应的影响　美拉德反应受温度影响很大。温度相差10℃，褐变速度相差3～5倍。一般温度在30℃以上时，褐变反应较快；而在20℃以下时，反应较慢。例如，酿造酱油时，发酵温度提高，酱油颜色加深。发酵温度每提高5℃，着色度提高35.6%。这是由于氨基酸与糖发生的羰氨反应随温度升高而加快。如果需要促进褐变反应，应采用高温烹饪；如果为了控制褐变反应，应避免高温长时间烹饪，储存时也应尽量降低温度。

（7）氧气对美拉德反应的影响 美拉德反应本身与氧气没有关系，但是隔绝氧气可降低脂肪的氧化酸败和羰基化合物的生成，所以间接降低了美拉德反应的速度。

3. 美拉德反应对食物的影响

美拉德反应除了改变食品颜色以外，还能产生牛奶巧克力风味，对食品品质有利有弊。有些食品需要美拉德反应产生的褐色和风味，如烤面包，而有些食品，美拉德反应产生的褐色影响食品销售，如烧烤食品表面的黑色物质。

在天冬氨酸与还原糖之间发生美拉德反应会生成丙烯酰胺。丙烯酰胺具有中等毒性，对神经和生殖发育产生影响，也可以致突变。

4. 美拉德反应的控制

为了控制美拉德反应，一般可采取以下措施：降低温度、用亚硫酸盐处理、改变pH、降低成品浓度、用钙盐处理、用不易褐变的糖类和氨基酸。

巩固提高

一、选择题

1. 以下是褐变反应的是（　）。

A. 水解反应　　B. 焦糖化反应

C. 加成反应　　D. 氧化反应

2. 以下关于糖的熔化、焦化、碳化，说法正确的是（　）。

A. 糖的焦化温度比碳化温度高　　B. 糖的焦化温度比熔化温度高

C. 糖的碳化温度最低　　D. 糖的熔化温度最高

3. 关于焦糖色素，说法不正确的是（　）。

A. 是大分子物质　　B. 分子上带电

C. 是小分子物质　　D. 有等电点

4. 关于美拉德反应，说法不正确的是（　）。

A. 一类非酶褐变反应　　B. 又称羰氨反应

C. 各类原料的食物都可能发生　　D. 只在植物原料中发生

5. 蛋白质和氨基酸发生美拉德反应时，以下说法正确的是（　）。

A. 蛋白质参与时，褐变速度更快　　B. 两者褐变速度相等

C. 氨基酸的褐变速度更快　　D. 氨基酸的褐变速度更慢

6. 在（　）含水量时，美拉德反应速度最快。

A. 10%～15%　　B. 30%～60%　　C. 0～100%　　D. 15%～30%

7. 关于美拉德反应说法不正确的是（　）。

A. 它是一种非酶褐变反应　　B. 产物是黑色物质

C. 烤面包时不会发生美拉德反应　　D. 美拉德反应产物可能有毒

8．藕片最易褐变的条件是（　）。

A．焯水　　B．盐水中浸泡

C．空气中久置　　D．柠檬酸溶液中浸泡

9．以下不是褐变反应的是（　）。

A．面包表面的黑色　　B．锅巴表面的黑色

C．香蕉变黑　　D．煎炸用油变黑

10．以下能发生羰氨反应的是（　）。

A．煮粥时加小苏打　　B．做红烧肉时加糖

C．炒马铃薯丝时加醋　　D．煎炸用油变黑

二、判断题

（　）1．美拉德反应的产物是人体营养物质。

（　）2．pH在3～9范围内，美拉德反应速度最快。

（　）3．30%水分时，美拉德反应速度最快。

（　）4．焦糖化反应的前提条件是糖熔化。

（　）5．含S—S、S—H的氨基酸褐变速度更快。

三、思考题

1．常见的食品褐变有哪几种？分别是什么原理？

2．在什么条件下美拉德反应速度最快？

导学树

本章每一节均为独立内容，涉及烹饪和生命体中一些特别重要的化学变化。本章知识体系如下图。

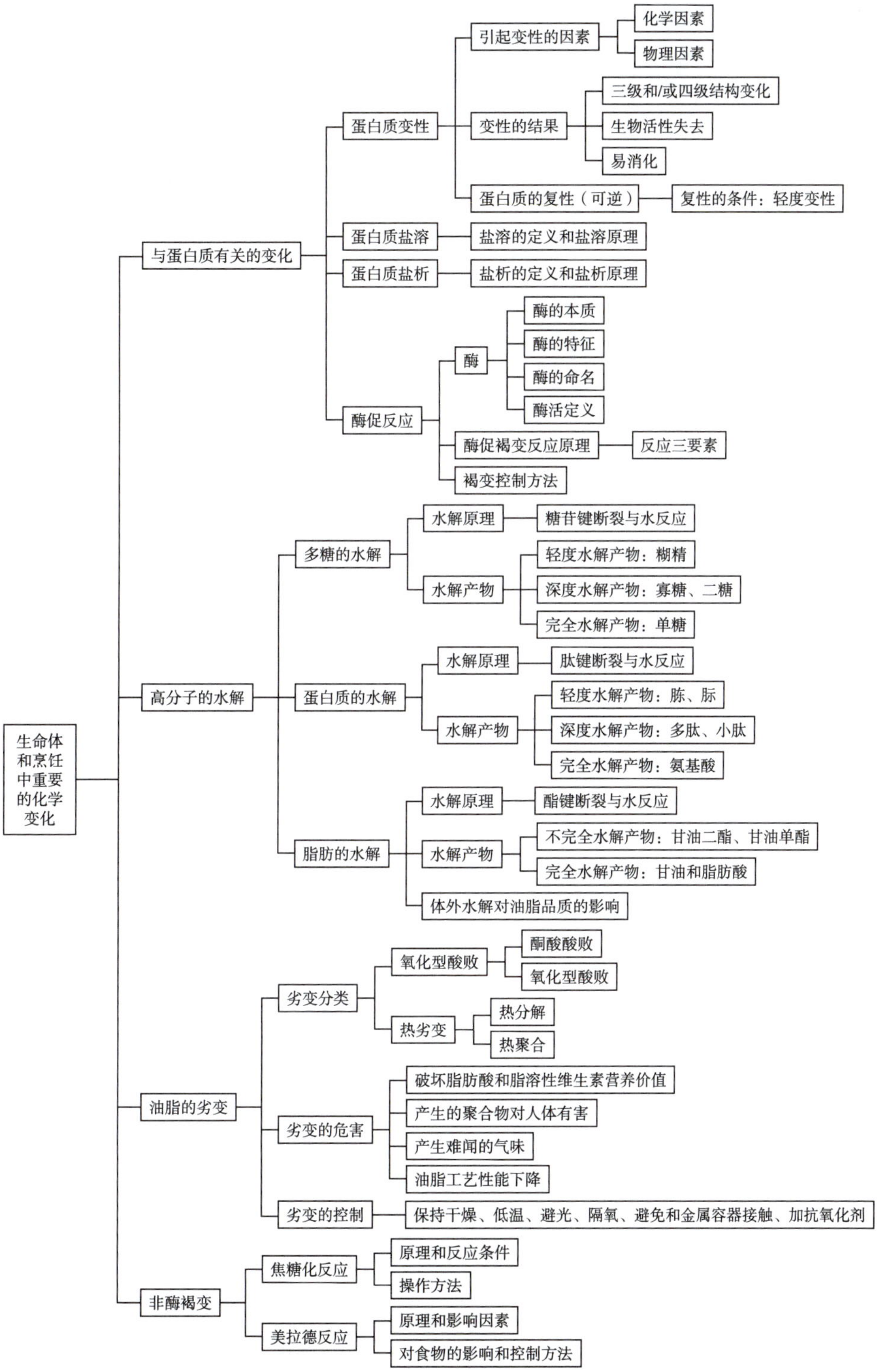

第五章 水的利用与控制

学习重点

1. 水的结构和极性；
2. 各种非水物质的水合作用和机理；
3. 非水物质水合作用与水分活度间的关系；
4. 水分活度对烹饪原料和烹饪制品品质的影响；
5. 原料水的控制措施。

学习难点

1. 各种非水物质的水合机理；
2. 水分活度的概念；
3. 通过控制原料中的水控制原料和烹饪制品品质。

学习指导

水对人体具有重要的作用，在烹饪中也起到了重要作用。从化学反应角度看，水既是化学反应的参与者，又是化学反应的重要场所；从烹饪工艺性角度看，水既是主要的传热介质，又具有溶剂性，能丰富食物的感官；从化学结构来看，水是最简单的极性物质，结构具有典型性和代表性。

本章具有承上启下的作用，上承第二、三章，下启第六章，对理解许多烹饪原理和烹饪现象具有至关重要的作用。“水的结构”以第二、三章内容为基础，是第二、三章知识的应用。非水物质中有许多物质也是极性的，和水之间存在各种各样的广义的电性作用力，从而影响人体或烹饪原料中这些非水物质的性质，进一步影响这些物质的营养价值、烹饪特性，甚至烹饪制品口感。因此，本章内容对于烹饪加工具有举足轻重的作用。

第一节水的结构，重点是理解水的极性及其形成机理。第二节非水物质在水中的分散，重点要理解各种非水物质分散于水中时会与水形成怎样的相互作用，是亲水水合作用，还是疏水水合作用，以及它们的形成机理。第三节原料中的水，重点要理解原料中的水有些与非水物质亲水水合，有些则未水合。自由水在原料中不一定能够自由流动，有些被束缚在毛细管。第四节原料水的合理利用、第五节原料水的控制，是对前三节理论的应用，重点在于通过合理利用或控制原料或烹饪制品中的水来控制烹饪制品的品质，主要是质感和口感。

本章非水物质与水的相互作用可以用于解释许多烹饪现象，学好本章内容是将烹饪化学理论应用于烹饪实践、提高烹饪技能、传承创新烹饪工艺的关键。

第一节　水的结构、性质及应用

知识目标

1. 理解水的极性及其形成机理；
2. 理解水分子间氢键与水的理化性质之间的关系。

能力目标

能利用水的极性和水分子间氢键解释与水有关的问题和现象，如溶剂性、沸点。

重点内容

水的极性及其形成机理。

难点内容

利用水分子间氢键解释与水有关的问题和现象。

水是生命体中最重要的物质，也是烹饪中最为重要的物质。动植物的许多生命活动是在水中完成的，许多新陈代谢反应是以水为溶剂的。水能改善食物的滋味和口感，是原料保鲜的重要指标，也是烹饪中重要的传热介质。水的一切性质都与其结构有关。

一、水的结构与极性

水分子由两个氢原子（H）和一个氧原子（O）组成的，H—O—H之间的夹角为104°31′（图5-1）。水分子的这种形状是由水分子的电子云分布决定的。

氧原子最外层有6个电子，其中的4个电子两两组对，共形成两对孤对电子。孤对电子的电子云带负电，并且每对孤对电子形成一个臂，伸向与氢原子相对的方向（见图5-1中的3和4）。另外2个电子，每个电子分别与1个H原子（核外只有1个电子）形成共用电子对，共形成两对共用电子对——H—O共用电子对（图5-1中的1和2）。H—O共用电子对偏向氧原子、偏离氢原子，所以H原子带部分正电（δ^+），O原子带部分负电（δ^-）。因为水分子的正电中心和负电中心不能重合，所以水分子是极性共价化合物。

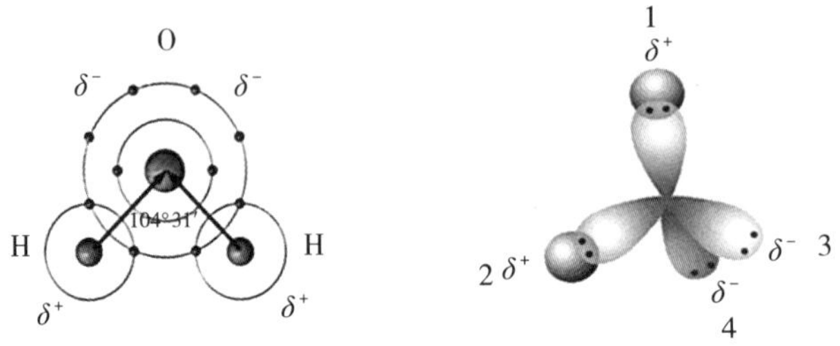

图5-1 水分子的极性

二、水分子间的氢键

因为水分子上的两个H原子都带部分正电荷，O原子的两对孤对电子均带负电，所以水分子上有两个正电区，两个负电区。根据同种电荷相斥、异种电荷相吸的原理*，水分子中H原子能沿O→H键方向与另外2个水分子上的O原子的孤对电子分别相吸引（图5-2中①和②），同时这个水分子上的O原子的两对孤对电子也分别能与其他2个水分子上的H原子沿O→H键方向相吸引（见图5-2中③和④）。所以每个水分子能与周围4个水分子相吸引，形成正四面体排列。该水分子位于正四面体的中心，周围其他4个水分子分别位于正四面体的四个顶点位置（见图5-2）。

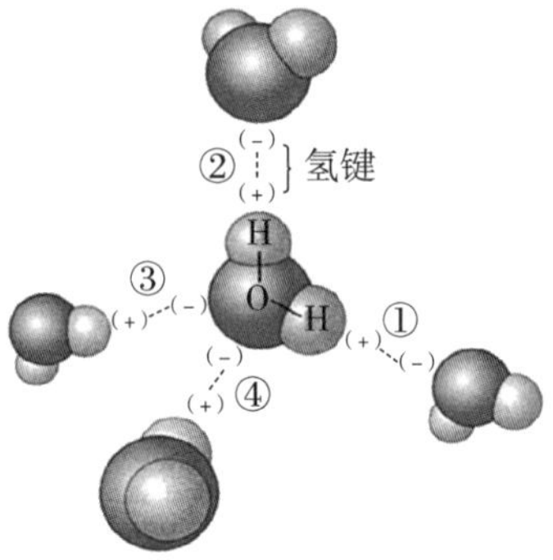

图5-2 水的正四面体结构及水分子间的氢键

水的正四面体结构中，某个水分子中的带部分正电的H原子和其他水分子中带部分负电的O原子之间的电性作用力称为氢键，以虚线“---”表示。氢键不是化学键，它的作用力大小介于分子间力和化学键之间，一般小于42kJ/mol，如H_2O---H_2O之间

* 库仑定律：是静止点电荷相互作用力的规律。1785年法国科学家库伦实验得出：真空中两个静止的点电荷之间的相互作用力同它们的电荷量的乘积成正比，与它们的距离的二次方成反比，作用力的方向在它们的连线上，同名电荷相斥，异名电荷相吸。

的氢键作用力大小为18.83kJ/mol，而H_2O中O—H共价键作用力大小为463kJ/mol。氢键的形成过程是放热过程，氢键的断裂过程是吸热过程。

三、水的缔合

1. 水分子团

液态水中的每个水分子并不总是与4个水分子缔合成正四面体结构，它们之间可以形成缔合度不同的“水分子团”（图5-3）。在水的三态中，气态的水蒸气分子是自由状态的水分子；液态水中除简单H_2O分子外，还有2个水分子缔合在一起的（H_2O）$_2$水分子团，3个水分子缔合在一起的（H_2O）$_3$水分子团……所谓缔合是指由简单分子结合成为复杂的分子集团而不引起物质化学性质改变的过程。参与缔合的分子个数称为缔合度。所以液态水是简单水分子和缔合水分子混合在一起的平衡状态；气态水几乎全是简单水分子。

水的缔合度与水的口感有关。饮用水较理想的缔合度为5～6，该缔合度的水分子团不仅口感好，而且还有一定的生物活性，有人称之为“活化水”。常温下自来水的缔合度一般为20～40。自来水要变为“活化水”，需要经电场、磁场、压力等方法处理。

2. 冰与水的转变

冰中每个水分子都与其相邻的四个水分子形成正四面体结构，成为笼状结构（图5-4）。在等于或低于-183℃时，冰中水分子间全部氢键保持完整，每个水分子周围都有4个氢键，平均每个水分子形成全部2个氢键（图5-4）。由于冰的结构是“刚性结构”，内部空隙大，所以冰的密度小。

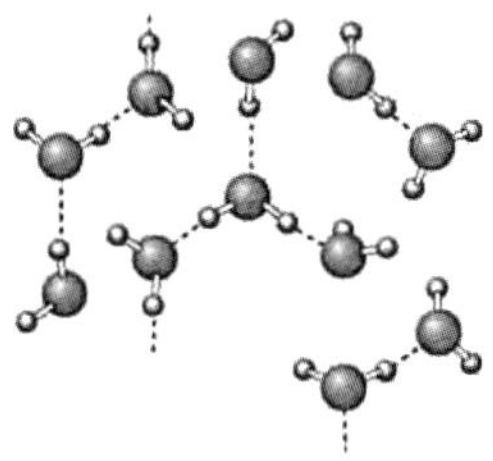

图5-3　水分子团（4个）

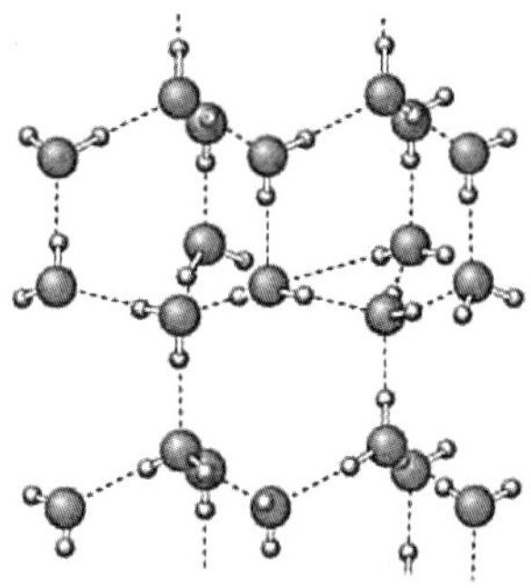

图5-4　冰的笼状结构图

冰融化成水的过程中，15%的氢键被破坏，体积缩小约9%，大部分水分子仍然优先选择四面体的空间排列方式。这种排列是动态的，即不断有新的氢键形成、旧的氢键断裂。如果温度不变，水与冰的体系保持较恒定的氢键网，只是水分子间的氢键不如冰中的氢键有序，变成了很多小的“水分子团”，水分子间的距离也不如冰中的固定，水分子可以由一个“水分子集团”进入另一个“水分子集团”中去，这样分子间的空隙减少，密度增大、体积减小，这也是水能流动而冰不能流动的原因。

采用X射线研究液态水的结构时发现，低温液态水中仍然有非常微小的冰晶。根据推算，0℃左右的水中约包含0.60%冰微晶体。温度逐渐升高，水中冰微晶体逐渐减少。因为这种冰微晶体有像冰一样的四面体晶体结构，体积比同质量的水的体积大，所以当温度升高，水中这种冰微晶体逐渐减少时，水的体积也逐渐减小，密度逐渐增大。所以0～4℃时，水中微晶体逐渐减少，体积也逐渐减小，密度逐渐增大，当水温高于4℃时，水分子的热运动使水分子间的距离逐渐增加，体积逐渐增大，密度逐渐减小，所以水在4℃时密度最大，体积最小，是最稳定的状态。水在4℃时的密度是$1.0\times10^3kg/m^3$，固态冰的密度是$0.9\times10^3kg/m^3$。冬天，浮在水面上的冰可以隔绝冷空气，减缓冰下液态水的固态化进程，保证水下生命的存活。将充满水分的动植物原料冷冻，细胞液结冰后体积增大，将细胞膜撑破，使细胞液外流。由于水结成冰时体积膨胀约9%，使烹饪原料在冷冻贮存时，果蔬或动物细胞组织结构受挤压破坏，这种破坏在解冻后不能复原，导致汁液流失、组织溃烂和滋味改变。

四、烹饪中水的用途

1. 传热介质

烹饪加热对于食物的杀菌消毒、熟化、增进风味、增强可咀嚼性以及提高食物的消化吸收率起着决定性作用，因此传热是烹饪加工的关键工艺。

水是烹饪中理想的传热介质。首先，水是液体，流动性大，传热速度比固体快得多；其次，水的沸点相对较低，容易汽化成水蒸气，而水蒸气可以充满整个容器，将热量带至烹饪容器的每一个角落，有利于蒸制菜肴的成熟；水分子直径小，渗透力强，能够快速到达原料中心；最关键的是水的比热容大，导热能力强，携带的热量大，菜肴熟得快。

水主要以对流形式进行热传递。加热时，下层水温高，因热胀冷缩，密度减小，上层水温低，密度大，所以下层水不停地上浮，上层水不停地下沉，便形成了对流。对流时，水分子撞击原料的同时，进行着热传递。

2. 溶剂

食物的风味物质只有溶解在汤汁里才能刺激感觉器官，然后由感觉器官传导到神经中枢。因此菜肴有汤汁有利于感觉器官对食物风味的感受。绝大多数风味物质是极性物质，水也是极性物质，所以水是良好的溶剂，能够溶解许多风味物质。

所有能够溶解在水中的物质统称为水溶性物质。烹饪中的水溶性物质既可能是营养物质、风味物质，也可能是异味物质或有害物质。食物中的异味物质或有害物质可能来源于原料，烹制时因原料细胞破裂而溶入水中；可能产生于烹饪加工过程。烹饪中常用浸泡、焯水等方法去除原料中的异味物质和有害物质。例如核桃仁中的单宁是造成苦涩味的主要成分，必须用热水浸泡去除；鲜黄花菜中含有对人体有害的水溶性的秋水仙碱，可将鲜黄花菜浸泡2h以上或用热水漂烫后，挤去水分的同时去除秋水仙碱。

3. 反应物

烹饪中水可以作为溶剂，将反应物质溶解，也可以直接作为反应物参与许多反应。例如水解反应、羰氨反应需要水的参与才能完成；发酵面团中的酵母菌需要适宜的水和温度才能使分泌的酶将面团中的糖类快速氧化，产生大量的二氧化碳，使面团变得膨松。不仅在烹饪中，在人体中，水也是营养物质之一，参与许多物质的水解。

巩固提高

一、选择题

1. H_2O中的O显负电的最主要原因是（　）。

A. O有两对孤对电子和H—O共用电子对偏向O

B. H—O—H不在一条直线上

C. H—O共用电子对偏向H

D. O没有孤对电子

2. 以下哪两个水分子有可能形成氢键?（　）

A. 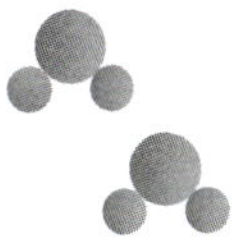

B. 

C. 

D. 

3. 下图有几个水分子团?最大的水分子团的缔合度是（　）?

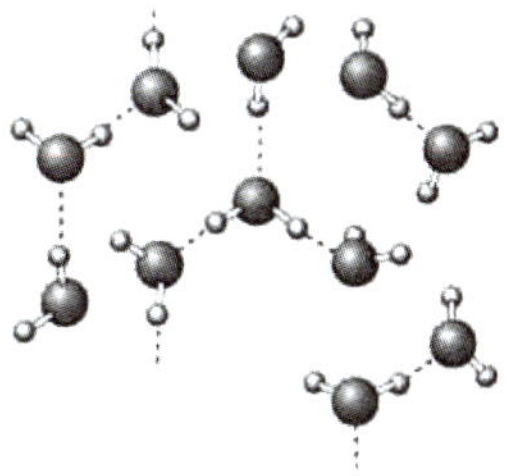

A. 1，11　　B. 4，4　　C. 1，4　　D. 4，1

4. 下面哪个原子有可能形成氢键?（　）

A. P　　B. Na　　C. O　　D. C

5. 水中平均每个水分子最多能与另外（　）个水分子形成氢键结合?

A. 1　　B. 2　　C. 3　　D. 4

6．1mol冰中大约有（　　）mol氢键。

A．1　　B．2　　C．3　　D．4

7．不能与水形成氢键的基团有（　　）。

A．羟基（—OH）　　B．甲基（$—CH_3$）

C．羰基（—CO—）　　D．羧基（—COOH）

8．冰晶中水分子以（　　）结构存在。

A．正四面体　　B．正方体

C．六角形　　D．长方体

9．以下各种“键”中，一般情况下，键能最大的是（　　）。

A．共价键　　B．离子键

C．氢键　　D．金属键

10．冰变成水（水温低于4℃）时体积（　　）。

A．不变　　B．增大

C．减小　　D．先增大后减小

二、判断题

（　　）1．冰融化成水后其氢键全部被破坏。

（　　）2．氧原子能参与形成氢键是因为氧原子存在孤对电子。

（　　）3．氢键的键能比分子间力小。

（　　）4．氢键形成的过程是放热过程（提示：根据冰与水的形成条件判断）。

（　　）5．水分子中的氧带负电荷。

三、思考题

根据水的氢键作用，解释为什么HF的沸点比HCl的沸点高。

知识拓展

中国化学教育家——黄子卿

黄子卿（1900—1982年），物理化学家和化学教育家。从事过电化学、生物化学、热力学和溶液理论等多方面的研究，曾精确测定了热力学温标的基准点——水的三相点，并在溶液理论方面颇有建树，是中国物理化学的奠基人之一。他毕生从事化学教育事业，不遗余力地培育人才，1956年出版的《物理化学》是我国物理化学领域第一部教科书，长期被选为物理化学课程的主要参考书。

1980年，北大为黄子卿教授80寿辰举办了隆重的庆祝会，散会后回到家，小儿子黄志洵陪父亲喝茶聊天，问起他当初为什么坚持回国，黄子卿教授说“我有两次机会可以留在美国而未留，当然自己也有损失，以美国的科研环境和实验条件，留下来做研究也许会做出更杰出的成果，但自己并不后悔，因为国家是需要我们这样的人为她出力。”

黄子卿生于外强入侵国家多灾多难的年代。考入清华留美预备班以后，他一直抱有科学救国的志向。他认为是中国的老百姓供养了他出国留学，他立志要为中国服务。1935年他在美国麻省理工学院取得博士学位，当时正值日本全面侵华战争的前夕，有人劝他不要回国。黄子卿的回答是：“我是中国人，要跟中国共命运。”毅然回到祖国。1948年他第三次出国，不久北平和平解放，美国有人再次挽留他，他抢在美国政府对中国留学人员采取扣留措施之前回到了祖国。

第二节　非水物质在水中的分散

知识目标

1. 理解物质的分散原理；
2. 熟悉电离、电解质、亲水水合、疏水水合的定义；
3. 理解水合离子、水合分子、疏水相互作用原理。

能力目标

能根据物质的极性，判断水合作用类型。

重点内容

水合离子、水合分子、疏水相互作用原理。

难点内容

疏水相互作用。

一、分散原理

一种物质分散于另一种物质形成的分散系中都存在两类作用力：

（1）不同物质之间的作用力，即分散质和分散剂之间的作用力。

（2）同种物质之间的作用力，包括分散质与分散质之间的作用力、分散剂与分散剂之间的作用力。

第（1）种作用力称为附着力，第（2）种作用力称为内聚力。如果内聚力远大于附着力，分散质和分散剂就会各自聚集，不能相溶，形成非均匀体系；如果附着力远大于内聚力，分散质就能溶于分散剂，形成均匀体系。因此一种物质能否在另一种物质中均匀地分散，取决于这两种“力”的强弱对比。

二、电解质在水中的溶解

1. 电离

有些物质在水中溶解后产生自由移动的离子，有些物质在水中溶解后仍都以分子形式存在。物质在水中溶解并产生自由移动的离子的过程称为电离，这种能在水中溶解并产生自由移动的离子的物质称为电解质。电离产生的溶液称为电解质溶液。常见的酸、碱、盐水溶液都是电解质溶液。能够全部电离成水合离子的电解质称为强电解质。

物质在水中能否电离，取决于物质内部的内聚力和物质与水的附着力。如Na^+Cl^-放入水中被水分子包围，Cl^-周围的多个H_2O的显正电的H与Cl^-产生电性作用力（附着力），同时Na^+与Cl^-之间仍然存在强烈的静电作用力（内聚力），如果各个H_2O对Cl^-的合力远大于各个Na^+对Cl^-的合力，Cl^-便挣脱Na^+的静电作用，成为被水分子包围的自由移动的离子，这便是电离。同样，Na^+周围的多个H_2O的显负电的O与Na^+产生电性作用力（附着力），同时Na^+与Cl^-之间仍然存在强烈的静电作用力（内聚力），如果各个H_2O对Na^+的合力远大于各个Cl^-对Na^+的合力，Na^+便挣脱Cl^-的静电作用，成为被H_2O包围的自由移动的离子（图5-5）。

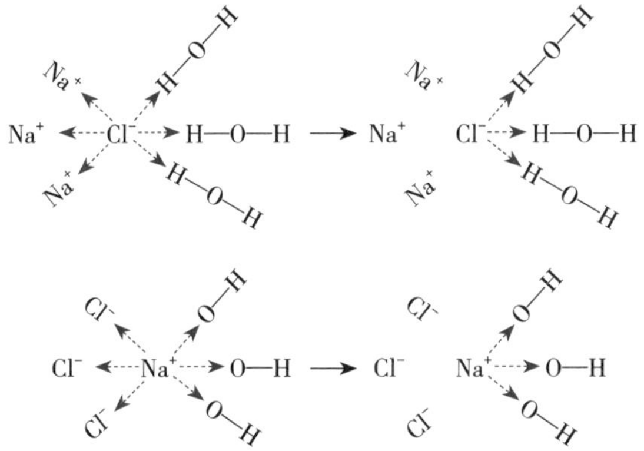

图5-5 Na^+Cl^-在水中的电离

2. 水合离子

溶质电离成离子后，水分子通过电性作用包围在离子周围，形成水合离子。如氯化钠电离成Na^+和Cl^-后，H_2O通过电性作用包围在Na^+和Cl^-周围，分别称为水合钠离子和水合氯离子。形成水合离子的过程称为水合作用（图5-6）。

由于参加水合的水分子数目不固定，所以，书写时仍以离子符号表示，如H^+、Na^+、OH^-等。电解质常以一定浓度的离子形式广泛存在于人的体液和组织液中，其含量往往关系到人体的生理功能。

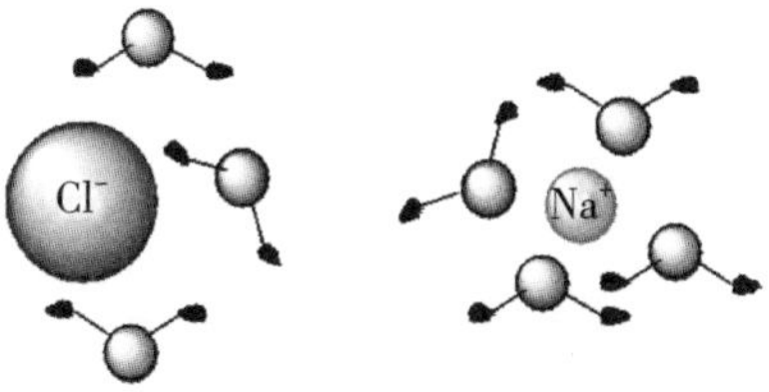

图5-6　水合钠离子和水合氯离子

水合作用能比氢键键能大得多。图5-6中，H_2O与Na^+之间的水合作用能约为83.68kJ/mol，是H_2O---H_2O氢键键能（约20.9kJ/mol）的4倍，但是远低于H—O共价键的键能463kJ/mol，所以将离子加入纯水中，离子会破坏H_2O---H_2O氢键。

三、非电解质在水中的分散

1. 水合分子

乙醇、蔗糖等虽然能在水中溶解，但溶解时不产生水合离子，而是以完整的分子形式溶解在水中。这种在水中溶解时不电离的物质称为非电解质。非电解质的水溶液称作非电解质溶液。非电解质中有些是极性分子，如糖分子、乙醇等，有些是非极性分子，如脂肪。极性分子在水中分散时，正电荷端与H_2O中的O形成电性作用，负电荷端与H_2O中的H形成电性作用，最终形成多个H_2O分子围绕在极性分子周围的状态。这种被水分子通过电性作用围绕的极性分子称为水合分子（图5-7）。例如，葡萄糖溶解于水时，水分子上有孤对电子的O与糖的—OH中带部分正电的H形成电性作用力，带部分正电的H与—OH或—CO—上有孤对电子的O形成电性作用力，最终形成水合葡萄糖分子。

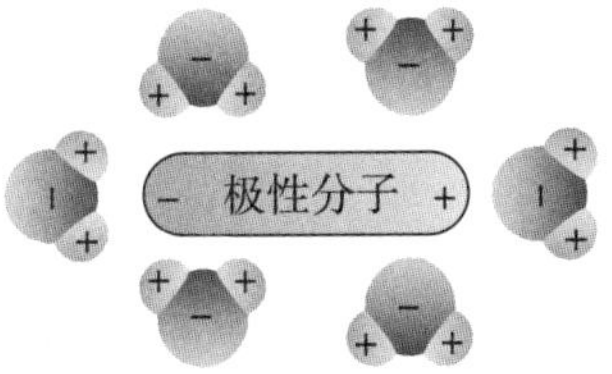

图5-7　水合分子

2. 疏水相互作用

非极性物质在水中分散时，非极性分子和H_2O之间没有附着力，H_2O和H_2O之间因氢键存在，内聚力非常大。H_2O---H_2O在内聚力作用下聚拢，并在非极性物质周围将非极性物质挤压成最小体积状态。这种因水分子内聚力作用而形成的非极性物质被水包围的现象称为疏水相互作用（图5-8），简称疏水作用。发生疏水作用时，非极性分子（图5-8中的X、Y）与周围的H_2O之间不存在电性作用力。

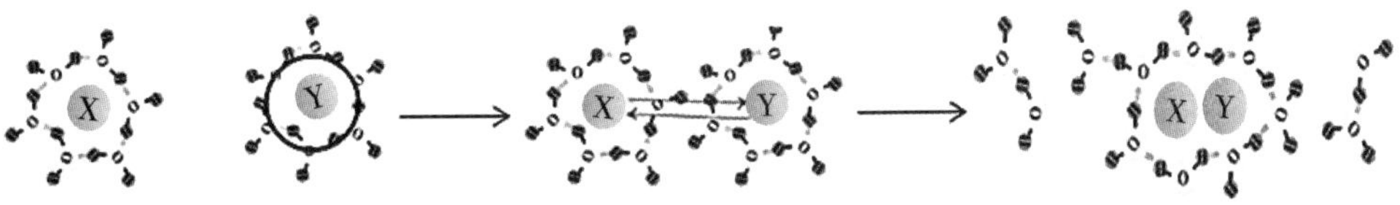

图5-8　疏水水合作用

巩固提高

一、选择题

1．水合作用、氢键、共价键、疏水相互作用，作用力由大到小排列顺序为（　　）。

A．水合作用＞氢键＞共价键＞疏水相互作用

B．氢键＞水合作用＞共价键＞疏水相互作用

C．共价键＞水合作用＞氢键＞疏水相互作用

D．疏水相互作用＞氢键＞水合作用＞共价键

2．CH_3COOH在水中电离成CH_3COO^-和H^+，是因为（　　）。

A．CH_3COO^-和H^+之间的作用力远大于H_2O与H^+、H_2O与CH_3COO^-之间的作用力

B．CH_3COO^-和H^+之间的作用力等于H_2O与H^+、H_2O与CH_3COO^-之间的作用力

C．CH_3COO^-和H^+之间的作用力远小于H_2O与H^+、H_2O与CH_3COO^-之间的作用力

D．以上都不对

3．当向水中加入哪种物质，不会出现疏水水合作用？（　　）

A．烃类　　B．脂肪酸

C．可溶性无机盐类　　D．非极性氨基酸类

4．蛋白质的水化就是蛋白质的水合作用。以下不是蛋白质水化原因的是（　　）。

A．蛋白质分子中存在极性基团

B．蛋白质分子具有吸水性

C．蛋白质分子带电

D．蛋白质有立体结构

5．以下不是电解质的是（　　）。

A．葡萄糖　　B．KCl　　C．醋酸　　D．小苏打

6．电离过程是（　　）变化。

A．物理　　B．化学　　C．生物　　D．理化

7．$BaSO_4$易沉淀是因为（　　）。

A．Ba^{2+}和SO_4^{2-}之间的作用力远大于Ba^{2+}和水以及SO_4^{2-}与水之间的作用力

B．Ba^{2+}和SO_4^{2-}之间的作用力远小于Ba^{2+}和水以及SO_4^{2-}与水之间的作用力

C．Ba^{2+}和SO_4^{2-}之间的作用力等于Ba^{2+}和水以及SO_4^{2-}与水之间的作用力

D．都不是

8．关于疏水相互作用，说法正确的是（　　）。

A．极性物质分散于极性物质时发生　　B．极性物质分散于非极性物质时发生

C．非极性物质分散于非极性物质时发生　　D．以上都不正确

9．蔗糖分散于水中时，形成（　　）。

A．阴离子　　B．阳离子　　C．水合分子　　D．水合离子

10. 关于亲水水合作用形成的动力，说法正确的是（　）。
    A. 是极性基团和非极性基团之间的电性作用力
    B. 是非极性基团和非极性基团之间的电性作用力
    C. 是极性基团和极性基团之间的静电吸引力
    D. 是极性基团和水之间的电性作用力

二、判断题

（　）1. 水与Na^+的结合能力小于水与水之间的氢键。
（　）2. 物质的溶解要经历水合和扩散两个过程。
（　）3. CH_3COOH在水中发生部分电离。
（　）4. 食盐是非电解质。
（　）5. 人体体液中存在水合离子。

三、论述题

1. 阐述疏水相互作用的形成机理。
2. 阐述亲水水合作用的机理。

第三节　原料中的水

知识目标

1. 熟悉原料中水的几种存在状态；
2. 理解水分活度的定义、水分活度与含水量的区别；
3. 理解水分活度对原料和食物品质的影响。

能力目标

能根据水分活度的定义控制原料或食物的水分活度。

重点内容

水分活度对原料和食物品质的影响。

难点内容

水分活度的控制和利用。

大多数生物体的含水量为60%～70%。水在生物体中的分布是不均匀的，动物体内，肌肉、脏器、血液中的含水量最高，为70%～80%；其次是皮肤，为60%～70%；骨骼的含水量最低，为12%～15%。原料中的水根据其与非水物质距离的远近和结合的紧密程度可分为结合水（也称为束缚水）与自由水（也称为体相水、游离水）。

一、原料中水的存在状态

1. 结合水

结合水以构成水、邻近水、多层水三种状态存在。构成水是指与原料中的亲水物质（或亲水基团）呈紧密结合的那部分水；邻近水是指在亲水物质的强亲水基团周围并与强亲水基团呈缔合状态的水。构成水与邻近水紧密围绕在亲水物质周围，形成单层水分子膜。构成水与邻近水因为与非水物质结合紧密而完全失去水通常具有的理化特性，它们不能蒸发，没有溶剂能力，不参与化学反应，不能被微生物利用，在-40℃也不结冰，因此也被称为强结合水。多层水是指围绕在单层水分子膜外，并与单层水分子以氢键缔合在一起的那部分水。在适当的温度下，多层水可以结冰，可以蒸发，具有部分溶剂能力，能部分参与化学反应和被微生物利用，不能流动，因此称为弱结合水。

下面分别从离子化合物和共价化合物角度分析结合水的形成过程。离子化合物在水中被离解成阴离子（也称负离子）和阳离子（也称正离子），阴离子与水分子中带部分正电荷的氢原子相吸引，阳离子与水分子中带部分负电荷的氧原子相吸，使阴、阳离子周围都紧密地吸附着一层水膜，该水膜外围的水分子与水膜上的水分子以氢键形式缔合在一起，在水膜外围形成多层水。如氯化钠溶解在水中时离解成Na^+和Cl^-，Na^+与水分子上的氧原子（O）相吸引，Cl^-与水分子上的氢原子（H）相吸引，这样水中原本许多“水分子团”中的水分子就被吸附到Na^+和Cl^-周围，在Na^+和Cl^-周围形成水膜，“水分子团”被破坏。加入的氯化钠越多，被吸附到Na^+和Cl^-周围的水分子就越多，“水分子团”被破坏得就越严重。水膜外围的水分子则以氢键形式缔合在水膜上，形成与非水物质弱结合的多层水。

极性共价化合物和离子化合物相似，其带正电的极性基团能与水分子上的氧原子形成极性作用，带负电的极性基团能与水分子上的氢原子形成极性作用，在极性共价化合物的极性基团周围形成紧密吸附的水分子层，即水膜，该水膜外围的水分子以氢键形式缔合在水膜的水分子上，形成多层水。极性共价化合物与水分子之间的极性作用同样可使纯水体系中的“水分子团”被破坏，而且破坏程度与极性共价化合物在水中的浓度相关。

大分子物质如淀粉、果胶、蛋白质、脂肪等分子中极性基团多，水分子与极性基团的作用使水分子分散在这些大分子链的极性基团周围，反过来看，即淀粉、果胶、蛋白质、脂肪等大分子分散在水中，形成乳浊液或胶体。大分子胶体的形成在烹调制汤中具有重要意义，用鱼肉等蛋白类原料熬制各种浓汤时，鱼肉中的蛋白质、脂肪等分子因与水分子产生极性作用而溶入水中，形成胶体或乳浊液，使汤汁味感浓厚而鲜醇。

因为非极性共价化合物缺少永久的正、负电荷中心，难与水稳定地吸引在一起，所以原料中的非极性分子在水中会因疏水相互作用而聚集在一起。

2. 自由水

自由水是指不被细胞内离子、胶体颗粒或大分子所吸引、能自由移动、并起溶剂作用的水。自由水以自由流动水、滞化水、毛细管水三种状态存在，其中滞化水、毛细管水也被称为截留水。原料中的水绝大部分都是截留水，它们因物理作用（如毛细管作用）而被截留在细胞或大分子凝胶骨架中。即使原料的机械损伤严重，截留水也不会流出，因此截留水量可反映原料的持水能力，对有些食品的质地与口感有着直接的影响，如可以影响灌肠、鱼丸、肉饼、果蔬等的质地与口感。自由流动水是指在原料中可以自由流动的那部分水，原料切碎时流出的液汁就是自由流动水。

二、水分活度

1. 水分活度的定义

一定的外界条件（压力和温度）下，液体中能量较高的分子具有脱离液面进入气相的倾向（逃逸倾向），同时气态分子也具有撞击液面回归液态的倾向，一定时间后，两者达成动态平衡。

根据拉乌尔定律（图5-9），一定温度下稀溶液的饱和蒸气压p等于纯溶剂的饱和蒸气压p_0与溶剂的摩尔分数x的乘积，即

$$p=p_0 \cdot x$$

对于拉乌尔定律可以这样理解：在纯溶剂中加入溶质后，减少了单位体积中溶剂分子的数目，因而减少了单位时间内离开液相表面进入气相的溶剂分子数目，使溶剂与其蒸气压在较低的溶剂蒸气压时就可达到平衡，亦即溶液中溶剂的蒸气压较纯溶剂的低。

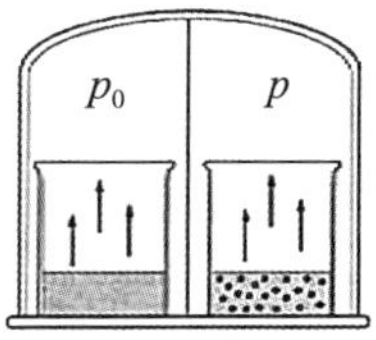

图5-9　拉乌尔定律示意图

水分活度（A_W）是指在一定条件下，在密闭容器中烹饪原料的饱和蒸汽分压（p）与同条件下纯水的饱和蒸汽压（p_0）之比。水分活度的表示方法有以下三种。

（1）根据定义表示

$$A_W=\frac{p}{p_0}$$

对于纯水来说，因$p=p_0$，故$A_w=1$。

（2）根据拉乌尔定律（$p=p_0x$）表示

$$A_W=\frac{p}{p_0}=x=\frac{n_1}{n_1+n_2}$$

式中　x——溶液中溶剂的摩尔分数；

n_1——溶液中溶剂的量；

n_2——溶液中溶质的量。

（3）根据相对湿度表示　当原料中的水分和周围环境平衡时，水分活度也可用环境相对湿度除以100%（RH/100%）表示。

这意味着流通环境的相对湿度对食品水分活度有较大影响。当食品水分活度（A_w）低于环境相对湿度，食品就会吸湿。如梅雨季节时干燥食品易吸湿、发霉就是这个道理。相反，水分活度高的食品在低湿度环境下放置一段时间，水分活度会下降，因此，为了维持适当的水分活度，必须选用合适的包装材料。

可以这样理解水分活度：它相当于原料中能够逸出的水（包括体相水、极少数邻近水和多层水）与全部水的比值。水分活度是原料固有性质，与原料中亲水基团多少有关。对于同一原料，含水量越高，水分活度越大；对于不同原料，在含水量相同的情况下，亲水基团越多，结合水越多，意味着能够蒸发的水越少，原料水分活度越小。

2. 水分活度的意义

（1）水分活度与含水量的区别　含水量是表征原料中水与非水物质的比例，水分活度是表征原料中自由水与结合水的比例。含水量高的食物，水分活度不一定大，含水量低的食物，水分活度不一定小。含水量为10%～15%的面团中主要是结合水，水分活度极小，淀粉不易老化；当面团含水量升至30%～60%时，面团中的自由水比例升高，水分活度增大，淀粉老化速度加快。葡萄干的含水量比干菜叶的含水量高，但是水分活度低。

（2）水分活度对食物口感的影响　水分活度对干燥食物的口感有较大的影响。当水分活度从0.2～0.3增加到0.65时，大多数半干或干燥食物的硬度及黏着性增加。水分活度为0.4～0.5时，肉干的硬度及耐嚼性最大，水分活度提高，肉干的硬度及耐嚼性都降低。对于一些酥松香脆的食品，如脆饼干、爆玉米花及油炸马铃薯片等，要保持相当低的水分活度，才能保证其理想的口感。对含水量较高的食物（蛋糕、面包等），为避免失水变硬，需要保持相当高的水分活度。

（3）水分活度对微生物的影响　食物腐败的原因是食物中的微生物大量繁殖使食物发生分解并可能产生对人体有害的物质。和人体维持生命活动需要自由水一样，微生物的生长繁殖也需要自由水。水分活度决定着微生物在食物中的萌发时间、生长速度及死亡率。只有食物的水分活度大于某一临界值，特定微生物才能在其中生长。不同微生物在食物中的生长繁殖对最低水分活度的要求如表5-1所示。一般说来，细菌对水分活度最敏感，最低水分活度要大于0.9；酵母菌次之，最低水分活度要大于0.87；霉菌敏感性最差，最低水分活度要大于0.8。一块水分活度为0.81的蛋糕，在21℃保质期是24天，如果其水分活度提高到0.85，在21℃其保质期降至12天。

表5-1　食品储藏中危害较大的微生物生长繁殖要求的最低水分活度

微生物	水分活度	微生物	水分活度
肉毒梭状芽孢杆菌，E型	0.97	刺囊毛霉	0.93
假单胞菌	0.97	Scottii假丝酵母	0.92
不动杆菌	0.96	普鲁兰丝孢酵母	0.91
大肠杆菌	0.96	涎沫假丝酵母	0.90
产气肠杆菌	0.95	金黄色葡萄球菌	0.86
枯草芽孢杆菌	0.95	柠檬链格孢	0.84
肉毒梭状芽孢杆菌，A型、B型	0.94	Patulum青霉	0.81
产蛋白假丝酵母	0.94	淡蓝色曲霉	0.70
副溶血弧菌	0.94	圆锥曲霉	0.70
灰葡萄孢	0.93	Echinulatus曲霉	0.64
葡枝根霉	0.93	鲁氏结合曲霉	0.62

（4）水分活度对酶的影响　天然原料中都有酶。水分活度对酶促化学反应的影响表现在两方面：①自由水影响底物的移动，也就影响反应物的碰撞概率；②自由水影响酶的空间结构，从而影响酶的活力。食物在干燥或低温储藏过程中，体内酶本身没有变化，但活力降低，一旦条件适宜，如自由水增加、温度升高，酶的活力又会恢复。大多数酶在水分活度大于0.85时，活力会大幅度提高，如淀粉酶和多酚氧化酶，但也有一些酶例外，如酯酶在水分活度为0.3，甚至0.1时，也能水解甘油三酯或甘油二酯。

（5）水分活度对生化反应的影响　水分活度在0.7～0.9时，原料内部的脂类氧化、美拉德反应、维生素分解等反应的反应速率达到最大值，这时原料品质受化学变化影响增大；当原料的水分活度大于0.9时，因反应物浓度变稀，原料中大多数的化学反应又开始下降。

烹饪原料中最常见的色素是脂溶性色素，如绿色蔬菜中的叶绿素，橙色果蔬、鱼虾中的类胡萝卜素等。类胡萝卜素在低水分活度下稳定，中水分活度下不稳定，高水分活度下又变得稳定；叶绿素表现为水分活度越低越稳定。当食物含水量低于2%时，蛋白质变性可被阻止；当食品含水量高于4%时，蛋白质变性越来越快。

巩固提高

一、选择题

1．关于结合水的特性，说法错误的是（　　）。

A．不能蒸发　　B．不能被微生物利用

C．不能结成冰　　D．可作为化学反应的介质

2. 以下A_w值，（　）最接近真实值。

A. $A_w=1$　　B. $A_w>1$　　C. $A_w<1$　　D. $A_w=0$

3. 环境相对湿度是80%，原料与环境水分平衡后，原料的水分活度是（　）。

A. 80%　　B. 0.8　　C. 20%　　D. 0.2

4. 以下不能通过控制水分活度进行控制的是（　）。

A. 蛋白质变性　　B. 淀粉的老化

C. 微生物繁殖　　D. 美拉德反应

5. 水分活度对酶促反应的影响表现在（　）。

A. 水分活度越低，可移动的水越少，反应物移动越难，酶促反应速度越慢

B. 水分活度越低，可移动的水越少，反应物移动越轻松，酶促反应速度越慢

C. 水分活度越低，可移动的水越多，反应物移动越难，酶促反应速度越快

D. 水分活度越低，可移动的水越多，反应物移动越轻松，酶促反应速度越快

6. 环境相对湿度为80%，水分活度为0.6的原料置于此环境中，以下说法正确的是（　）。

A. 原料吸湿　　B. 原料失水

C. 原料保持不变　　D. 以上都不对

7. 金黄色葡萄球菌是一种重要的人兽共患病原菌，是一种寄生于宿主体表的条件致病菌，是食品中重要微生物检测指标，能够造成食品污染、引起细菌性食物中毒，在冷冻食品、动物性食品和蔬菜制品、粮食制品等食品中常有检出，其生存最低水分活度为0.86。为了防止金黄色葡萄球菌感染，原料应当储藏在相对湿度为（　）的环境下。

A. 96%　　B. 90%　　C. 86%　　D. 80%

8. 肉制品的嚼劲与（　）有关。

A. 肉制品含水量　　B. 肉制品水分活度

C. 肉制品新鲜度　　D. 肉制品嫩度

9. 下列说法正确的是（　）。

A. 原料含水量越高，变质速度越快

B. 原料水分活度越高，变质速度越快

C. 原料含水量越低，变质速度越快

D. 原料水分活度越低，变质速度越快

10. 恒温条件下的一封闭容器中有两个杯子，A杯为纯水，B杯为蔗糖溶液，放置足够长时间后发现（　）。

A. A杯水减少　　B. A杯水不变

C. B杯水减少　　D. B杯水不变

二、判断题

（　）1．邻近水是没有被非水物质化学结合的结合水。
（　）2．同一原料，水分活度越低，保质期越长。
（　）3．食品的水分活度有可能大于1。
（　）4．油难溶于水，所以食物的水分活度对食物中油脂的氧化没有影响。
（　）5．同样含水量的不同原料，亲水物质越多，水分活度越大。

三、简答题

1．拉乌尔定律是如何表述的？
2．如何提高原料中结合水的含量？（提示：从水与非水物质的作用去思考）

知识拓展

信念执着的化学家——拉乌尔

图5-10　拉乌尔

拉乌尔（1830—1901）（图5-10）出生在法国北部诺尔县富尔内，曾短暂就读于巴黎大学，但没有经济能力继续读完，之后在中学全职教物理和数学长达14年。此期间，他在相当困难的情况下，继续研究伏打电池的能量关系，终于从巴黎大学获得物理学博士学位。他是最先说明伏打电池化学反应能量和电能量不相同的科学家之一，但他的研究早期并未受重视，后来随着热力学自由能和熵的概念被人理解并应用到电化电池后，他的研究才受到重视。

1867 年，拉乌尔来到法国东南格勒诺勃大学科学院当化学教授。当时有人反对，质疑他其实是物理学家，但任命最后还是通过了。而他在格勒诺勃大学继续他的研究长达31 年。那时该校实验室很简陋。美国历史学家恩叶在她的著作《科学在法国》中引用了拉乌尔的描述说：“每位教授有一张小桌子，这个房间白天是实验室，同时是管理员的起居室。物理教授在此安置他的仪器；动物系教授解剖兔子、喂鸽子；地质学教授陈设他的化石；化学系教授执行他所有的操作……”

1887年，拉乌尔在《法国科学院周刊》发表了一篇里程碑性的文章《溶剂蒸气压通则》，说明现在被视为拉乌尔定律的核心概念：稀溶液的饱和蒸气压p等于纯溶剂的饱和蒸气压p_0与溶剂的摩尔分数X的乘积。凡特何夫和阿瑞尼斯之后的理论研究证实了拉乌尔的结果。

拉乌尔的一生都在为了让世人了解他所喜爱的研究而努力奋斗。最终他先在别的国家，最后在法国，得到了应有的地位。

第四节 原料水的利用与控制

知识目标

1. 了解水的硬度的定义；
2. 熟悉烹饪时保护原料水分的手段和措施。

能力目标

根据烹饪需要，采取恰当措施保留原料中的水分。

重点内容

烹饪中保护原料水分的手段和措施。

难点内容

根据烹饪需要，采取恰当措施保留原料中的水分。

与其他物质相比，水有着许多特性。水的极性结构使它具有很强的溶剂能力，水的氢键形成能力使它具有较高的汽化热等。水既是烹饪传热介质，也是烹饪原料和溶剂。人体中的水分占体重的60%～70%，人体其他物质与人体水的相互作用情况影响人体健康。合理利用水的性质，可以改善食物的口感和营养价值、增进人体健康。

一、水的品质

1. 水的硬度

水的总硬度是指水中钙、镁离子的总浓度，一般以水中含有碳酸钙（$CaCO_3$）的量来表示，即1L水中含有相当于$CaCO_3$的质量（mg）。一般来说，水质总硬度≤140mg/L时为软水，水质总硬度≥160mg/L时为硬水，水质总硬度≥540mg/L时为特硬水。如果水的硬度由钙、镁碳酸氢盐引起则称为暂时性硬水。煮沸暂时性硬水，使钙、镁碳酸氢盐分解，生成不溶性钙、镁碳酸盐沉淀，可使暂时性硬水变成软水。如果水的硬度由钙镁硫酸盐、硝酸盐或氯化物引起，则称为永久性硬水。加热煮沸永久性硬水，钙镁金属离子不沉淀。自然界中的雨水、雪水属软水。因为水滴凝聚时会溶解空气中的二氧化碳，形成碳酸，碳酸可溶解石灰，生成碳酸氢钙，所以泉水、溪水、江河水等是暂时性硬水；部分地下水是永久性硬水。蒸馏水为人工软水。

硬水富含人体所需的矿物质成分，是人们补充钙、镁离子的重要途径，但超硬水可导致胃肠功能紊乱和结石，而稍硬水（2.8 ~ 5.6mg/L）更符合人体需求。硬水不适于洗涤和洗浴，因为硬水能和香皂、洗脸液等反应，生成不溶性的钙镁皂。不溶性的钙、镁皂具有胶质般的黏性，易黏附在皮肤、衣物上，使皮肤粗糙、头发凌乱、衣物变硬无光泽。用超硬水烹调鱼肉、蔬菜，鱼肉、蔬菜不易被煮熟。过硬的水易在加热容器上形成水垢，造成有害物质积存，降低了传热性能，增加了能耗，结垢太厚的锅炉甚至有爆炸的危险。软水适于洗涤和洗浴，但软水因不含或含有的钙镁离子过少而不适于饮用。软水和硬水可以通过口感区别，稍硬水口感清爽可口，软水口感淡而无味。

2. 优质水特征

天然存在的游离态淡水实际上都是极稀的溶液，即使是刚刚从天空中落下的雨雪，也不例外。江河湖泊和地下水长年与岩石和土壤接触，更是溶解有多种物质，尤其是矿物质。水中溶解物的含量和组成不同，水质也不同。Ca^{2+}、Mg^{2+}等二价离子能在蛋白质分子之间形成盐桥，增强蛋白质的筋力和韧性。水的硬度不同，口感也不同。优质饮用水的感官指标是清澈透明、无异味、喝起来爽口解渴。其他的化学、毒理学、细菌学等指标必须达到GB 5749—2006《生活饮用水卫生标准》的要求。一般来说，优质水要求不含对人体有毒有害有异味的物质、人体所需矿物质的含量及比例适中、水的硬度适中、pH呈弱碱性、水中溶解氧及二氧化碳的含量适中、水分子团的缔合度为5 ~ 6、营养生理功能（渗透力、溶解力、代谢力、氧化还原性）较强。

二、水对食物品质的影响

水对食物的硬度、脆度、黏度、韧度等有很大影响。同一种原料，如果含水量不同，烹饪制品的品质有很大差异。原料持水量越大，口感越嫩。例如老豆腐持水量约为85%，嫩豆腐的含水量约为90%。植物原料如果水分充足，细胞饱满、膨胀压力大，吃起来就脆嫩、爽口；如果水分不足，不但细胞膨胀压力降低，而且细胞内水解酶因浓度增大而活性增强，将细胞内果胶类物质分解，致使果蔬硬度下降，外观表现为萎蔫，口感变软、变韧。新鲜猪肉持水性好，外表微干或微湿润，不粘手，用手指按压后凹陷会立即恢复，制熟后滋味丰富，弹性适中；如果水分不足，肌蛋白变性收缩，肉质坚硬难嚼。奶油及人造奶油中的水使奶油具有滑润的口感，可用来制作奶昔、蛋糕、冰淇淋等。含油果仁脱水后会变得酥脆、浓香。

当然，食物的口感不仅与水有关，还与纤维的长短和密度有关。纤维越短，口感越嫩。例如鱼肉比畜肉更嫩是因为鱼肉纤维更短，这从鱼烹制时易碎可以得到证实。纤维密度越小，口感越嫩，例如，幼年禽类肉比老年禽类肉更嫩，因为老年禽类生长期长，肌纤维密度更大。因此烹饪中应根据原料的含水量、纤维特点及成品要求采用合适的加工方法。老年动物肉含水量低，肌肉结构紧密，肉质硬实，结缔组织较多，宜用小火长时加热，使部分肌肉蛋白溶解、水解口感酥烂。如果用旺火、热油高温烹饪，则会使蛋白质发生变性、水分散失，体积缩小，口感更老；幼年禽畜肉含水量高，结构较疏松，肌肉显得细嫩，如仔鸭、小牛肉等，宜采用急火短时加热方法，使原料内部的水分散失一部分，具有一定的咀嚼性。

并非所有的食物都是越嫩越好。有些食物需要适当的耐嚼性，比如豆腐皮、腐竹、猪（牛）肚、猪（牛）肠、牛筋、笋干；胶原蛋白含量丰富的食物要有一定的弹性，如凤爪、肉皮；有些食物需要一定的硬度，如锅巴；有些食物需要一定的酥脆度，如油酥饼……不同口感的食物对水分和原料的组织结构要求不同，应合理控制原料中的水，做到科学烹饪，保证食物特定口感。

三、烹饪中原料水的保护

1. 上浆、挂糊、着衣

上浆、挂糊、着衣可以保护原料中的水分。用蛋、粉、水等原料在原料表面裹上一层具有黏性的保护层（浆或糊），这层保护层经过加热以后，淀粉糊化、蛋白质变性，在原料外层形成一层保护壳，犹如为原料穿上一层外衣，使得原料内部的水分难以外溢，同时也能阻止热量短时间内传递到原料内部，防止原料水分汽化。如果运用旺火热油来炸制或煎制这种菜肴，这层保护层在热油作用下，外壳酥脆，里面的原料却保持鲜嫩，这就是烹饪中常说的“外脆里嫩”。

2. 勾芡

蛋白质变性、高渗透压和蒸发等许多因素会导致原料水分流出成汤汁。汤汁中除水分以外，还有许多水溶性营养物质和风味物质。如果将汤汁直接放在菜肴中，菜肴的水分太多，影响菜肴感官品质，如果弃之不用，又影响菜肴的风味和营养。烹饪中常采用勾芡来解决这个问题。所谓“勾芡”就是在菜肴成熟或接近成熟时将调好的粉芡汁投入菜肴，使菜肴汁液浓稠。粉芡汁是用淀粉加水勾兑而成。淀粉分子上有许多极性的羟基（—OH），能与水、大多数营养物质和风味物质结合，而且淀粉是大分子物质，具有一定的黏度。所以粉芡汁可使汤汁中的水和营养物质黏附在淀粉分子上，形成有一定黏度的浓汁。

因为舌头对菜肴的味感与菜肴颗粒大小、与味蕾接触时间等有关系，所以勾芡使外溢的水分和水溶性物质黏附在菜肴上，可以延长食物与味蕾的接触时间，增加食物的味感。淀粉的糊化增稠可以在短时间内为菜肴起到保温作用；如果勾芡时加点油，还可以增加菜肴的光泽度。勾芡在烹制中使用极为广泛，使用“爆”“炒”“熘”“烩”等烹饪方法烹制菜肴时，一般都要用到勾芡。

3. 低温烹饪

蛋白质类原料在高温条件下烹饪，蛋白质变性时原料中的自由水剧烈汽化，使原料的持水能力下降，肉质变老。烹饪这些原料时，在保证卫生的前提下，应考虑采用低温烹饪的方法。例如，“白斩鸡”制作采用“卤浸”的烹调方法，主要目的就是让原料在90℃左右的低温条件下逐渐成熟，同时保持鸡肉良好的持水性。如果温度过高，鸡肉蛋白随温度的上升而逐渐变性，鸡肉持水性能下降，导致菜肴的口感老韧而且粗糙。

4. 渗透吸水

常温下新鲜的蔬菜和水果用水浸泡或经常洒水可以防止原料过分失水萎蔫。由于原料细胞内溶液浓度比清水大，所以外部的清水会渗透进细胞，表现为原料细胞吸水现象。盐腌制的萝卜干食用前放在冷开水中浸泡后会变得保满而脆嫩，就是这个道理。

大多数蛋白质分子上有大量带电或极性氨基酸残基，所以具有很强的吸水性。烹饪中利用蛋白质吸水性，最典型的例子是“肉缔”制作。肉剁碎后，增加了其吸附水的表面积，通过搅拌可使蛋白质的亲水基团充分暴露，促进水的吸收。加入适量盐，可以增加蛋白质表面电荷和渗透压，使得吸水性进一步加强。一般来说，500g肉剁成细蓉以后，按照上述操作，可以吸收300g左右的水。“肉缔”吸收了大量水分，再加工成一定的形状，如圆子、丸子、肉饼等，然后放入水锅或油锅制熟，口感特别细嫩鲜美。

糖分子结构上的许多羟基不仅使糖具有很强的亲水性，也使糖具有很强的吸湿性和保湿性。吸湿性指糖在相对湿度较高的环境中吸收环境中水的性质。保湿性指糖在相对湿度较低的环境中保持已吸收水分不散失的性质。这两种性质都是由糖分子中大量羟基的亲水性引起。不同的糖，吸湿能力不一样。果糖的吸湿性最强，葡萄糖、麦芽糖次之，蔗糖吸湿能力最小。糖的吸湿性和保湿性可使食物的持水量保持恒定，从而保持食物的柔软度、弹性、加工性、贮藏性。例如，饴糖、玉米糖浆可保持面包、糕点中的水分，使面包、糕点保持柔软、耐储藏；蔗糖可使酥糖及酥性饼干保持酥脆。

糖和蛋白质（尤其是水溶性蛋白质）都具有较强的亲水性，但是单糖和双糖的亲水性大于蛋白质的亲水性，因此面粉中掺入单糖或双糖可降低面粉蛋白的持水能力，降低面粉蛋白质胶粒的膨润度，限制面团中面筋的形成，减弱面团的弹性。

5. 旺火速成

烹饪时原料的失水过程如下：首先是原料表面水蒸发，在表面和内部形成水分梯度，然后内部水向表面扩散，所以烹饪温度越高，原料水分梯度差越大，内部水分向表面扩散的速度越快；但是水分扩散需要一定的时间，所以烹饪时间越长，水分从内部向表面扩散的时间越充足，原料失水越明显。总之，烹饪温度越高，烹饪时间越长，原料失水越多。

旺火速成是使菜肴在短时间内成熟的烹饪方法，其时间短到原料内部水还未来得扩散到表面，菜已成熟。旺火速成的菜肴较小火长时间加热的菜肴，水分流失要少得多。因此，如要保持原料中足够的水分，炒制菜应尽可能旺火速成，保证菜肴鲜嫩可口的质感。新鲜的含水量丰富的蔬菜、海鲜，一般适合这类烹饪方法。

旺火速成除能够保留水分外，还可以最大程度地保留原料中的维生素不被破坏。热敏性维生素在热的作用下，结构会被破坏。旺火速成加热时间短，原料中的维生素还没有吸收到足够的热能，菜已经成熟。

四、原料水的去除及其对原料品质的影响

1. 干制

烹饪中常用干制或冷冻法去除原料水分来保藏原料，而用油炸法去除食物水分来保藏食物。原料去除水分过程中，原料中的非水物质也会随着水分的去除而发生变化。

在热以及水分脱除的情况下，维持蛋白质空间结构的氢键、二硫键、疏水相互作用等遭到破坏，使蛋白质因空间结构改变而变性。高温下，组成蛋白质的氨基酸易与原料中的还原糖发生作用，产生美拉德反应，使原料褐变。褐变的速度因温度和时间而异。高温长时间干燥，褐变明显加重。褐变速度还与原料水分活度有关，水分活度越大，褐变速度越快。蛋白质较多的干制品复水后，外观、含水量、硬度等均不能恢复到新鲜时的状态，这主要是原料中的蛋白质发生变性导致的。

原料高温脱水时，内部的脂肪氧化严重。预防高脂食物脂肪氧化是保证食物品质的关键。一般情况下，食物脂肪含量越高且不饱和度越高、储藏温度越高、氧气分压越高，脂质氧化速度越快。与紫外线接触以及存在铜、铁等金属离子和血红素等也能促进脂质氧化。

水果中含有丰富的碳水化合物，未成熟之前以淀粉形式存在，随着水果的熟化，淀粉水解为葡萄糖、果糖，产生甜味。葡萄糖、果糖很不稳定，高温长时间干燥容易分解。高温下，高碳水化合物食物容易焦化褐变。缓慢晒干过程中，初期的呼吸作用导致糖类分解。动物组织内碳水化合物含量低，除乳蛋制品外，碳水化合物的变化不至于成为原料或食物干制过程中的主要问题。原料干制时，部分热敏性维生素易氧化损失，损失程度取决于干制前原料的预处理条件及选用的脱水干燥方法，以及用于干制原料的储藏条件。胡萝卜素和抗坏血酸在日晒中损耗极大。

原料中天然的色泽主要由胡萝卜素、花青素、叶绿素、血红素等色素提供。这些色素一般对光、热不稳定，易受加工条件影响而变化，使原料色泽改变。干制时，原

料中的叶绿素变成叶黄素；血红素受热后容易失去鲜艳的红色而变成暗红色。另外，干燥过程中还经常发生酶促褐变、焦糖化反应、美拉德反应。失去挥发性风味成分是原料干制常见的现象。热会给原料带来一些异味，如煮熟味、硫味、焦香味等。迄今为止，完全阻止风味成分损失是不可能的，但是低温干燥可以减少风味成分的损失。

2. 冻藏

（1）冻藏原理 所谓冻藏就是将原料置于0℃以下的温度进行保藏的方法。冻藏时，表面上原料中的水没有被去除，实际上原料中自由水结冰，从原料体液中分离出来，相当于被去除。通常新鲜禽畜肉的冰点为-2.5～-0.5℃，结冰时肉的体液水形成冰晶，使肉体液浓度升高，冰点下降。当温度降低到-10～-5℃时，体液水80%～90%已经结成冰了。

一般冻藏有慢速冻结（慢冻）和快速冻结（速冻）两种方法。速冻是指在20min以内原料的中心温度从-1℃下降至-5℃；如果这个时间超过20min则为慢速冻结（简称慢冻）。慢冻的原料内部形成的冰晶数量少而且比较大，与同等质量的水相比，冰的体积更大，所以慢冻的原料中的大冰晶容易破坏原料的膜结构等组织结构。解冻时，由于组织结构被破坏，一部分液汁从组织内部流出，使原料营养和风味受损，质量也随之下降。速冻的原料内部全部或大部分水结成的是微小冰晶，而且在原料组织中分布比较均匀，对原料组织的破坏程度小，解冻后融化的水仍然可以慢慢地渗透到原料组织内部，所以速冻最大限度地减少了原料中微生物生命活动和营养成分变化所必需的液态水，最大限度地保留了原料原有的天然品质。速冻的原料，解冻时一定要采取缓慢解冻的方法，使冻结肉中的冰晶逐渐融化成水，并基本上全部渗透到原料组织中去，尽量不使液汁流失，以保持原料的营养和风味。如果高温快速融化，则会使液汁来不及向肌肉内部组织渗透而流失，使肉的品质下降。

（2）冻藏的危害 冻藏虽然可以增加原料的稳定性，延长原料的货架期，但也会给原料带来一定的冻害负面影响。结构比较疏松、细胞间隙比较大、外皮薄、自由水含量大的水果、蔬菜类很容易遭受冻害。当周围的环境温度降到这些原料的冰点以下时，蔬菜、水果细胞内的部分自由水开始在细胞间隙形成冰晶，细胞内的游离水开始向细胞外渗透，使冰晶不断长大，长大到一定程度，由于冰晶膨胀（水转变成冰时体积增9%）对细胞起机械破坏作用。解冻后细胞汁液外流，失去了原有品质。冻害很严重的原料，细胞破坏程度不大，但解冻速率太快（如加热或放在热水中融等），使融化的水来不及向细胞内渗透而流失，也会降低其品质。所以蔬菜、水果不适合冻藏。

原料自由水结冰后，原料体液的溶质被浓缩，淀粉、蛋白质等大分子上的长链段被“冻结”，只有较小的侧基、支链、短链能运动。浓缩后的体液的pH、离子强度、黏度等特性发生了变化。这些变化反过来又改变原料特性，如pH降低使蛋白质变性及持水能力下降，从而使解冻后的汁液流失；冻结使原料体液的水分活度降低，油脂氧化速度相对提高。

（3）冻藏温度稳定的重要性　在冻藏过程中，冰晶的大小、数量、形状的改变也会导致原料劣变，而且可能是冷冻原料品质劣变最重要的原因。如果贮藏过程中温度出现波动，温度升高时，已冻结的冰融化，温度再次降低，原先未冻结的水或先前从小冰晶融化的水会扩散并附着在较大的冰晶表面，造成较大冰晶的体积增大，这样对原料组织结构的破坏性很大。所以在低温冷冻贮藏原料时，温度的稳定控制就显得很重要。即使在稳定的温度下贮藏，也会出现冻晶成长的现象，但这种情况下，冰晶仅稍有成长，对原料品质影响不大。

3. 腌渍

腌渍又称为腌制，是通过食盐在原料细胞内外造成渗透压，使原料组织中的自由水渗透出来，以达到去除自由水的目的。它既是一种食物加工方法，又是一种食物保藏方法。腌制成熟的食物称为腌制品。常见的腌制方法有两种，一种是盐渍，另一种是糖渍。无论哪种腌渍，都是基于渗透原理去除自由水。

（1）渗透

①半透膜：半透膜是一类可以让离子和小分子物质自由通过，而大分子物质不能通过的薄膜的总称。日常生活中常见的半透膜有鸡蛋膜、鸡嗉囊、鱼鳔、蚕豆种皮、玻璃纸、青蛙皮、动物膀胱、肠衣、蛋白质胶膜、火棉胶膜以及其他从生物体剥离的薄膜类物质。活体细胞的细胞膜只允许水分子和它所选择的离子、小分子物质通过，其他离子、小分子和生物大分子不能通过，是严格的半透膜，细胞死亡丧失活性后，细胞膜的半透膜特性也丧失。

②渗透原理：渗透作用（渗透现象）是指两种不同浓度的溶液，中间隔以半透膜，水分子或其他溶剂分子从低浓度溶液通过半透膜进入高浓度溶液中的现象，或水分子从水多的一侧通过半透膜进入水少的一侧的现象。故渗透作用发生需具备两个条件：a. 有半透膜；b. 半透膜两侧有物质的量浓度差。为了阻止水从低浓度侧向高浓度侧渗透，可在高浓度侧施加一定压力。能够阻止小分子物质渗透的最小额外压强称为渗透压。渗透压与溶液中不能通过半透膜的微粒数目和环境温度有关。

植物细胞由细胞壁、细胞液、细胞膜、细胞质、液泡膜组成，如图5-11所示，其中细胞膜、细胞质、液泡膜共同组成原生质层。原生质层有半透膜特性，细胞壁是全透性结构。当外界溶液浓度大于细胞液浓度时，细胞液中的水将通过原生质层，稀释外界溶液，使细胞液和外界溶液浓度相等。当外界溶液浓度小于细胞液浓度时，外界溶液中的水将通过原生质层，稀释细胞液，使细胞液和外界溶液浓度相等。因为植物细胞有细

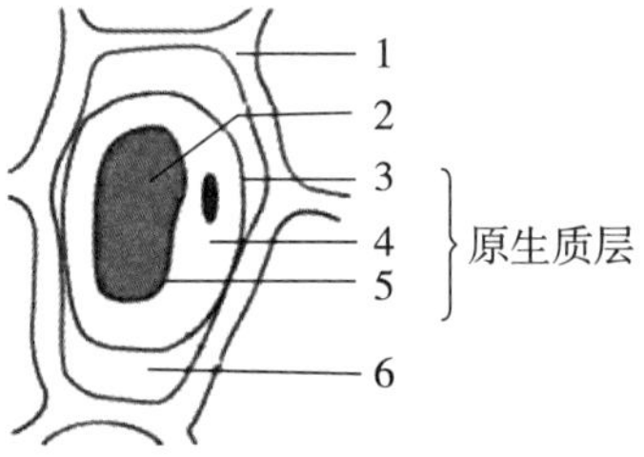

图5-11　植物细胞结构示意图

1—细胞壁　2—细胞液　3—细胞膜
4—细胞质　5—液泡膜　6—外界溶液

胞壁，对细胞膜有支撑作用，尽管细胞液吸水浓度变稀，细胞膜也不会破裂。动物细胞没有细胞壁，所以动物细胞液吸水过量会破裂。

渗透现象在生活中随处可见。淡水鱼和海水鱼不能互换生存环境。因为不同生存环境的鱼，体液浓度与其生存环境一致，淡水鱼和海水鱼体液中盐浓度不一样，若互换它们的生存环境，淡水鱼则失水而死，海水鱼则会被胀死。农作物施完肥应及时浇水，否则细胞外浓度高于细胞内浓度，细胞就因细胞内水分子向外渗透而死亡。

渗透作用在以动植物生命体为原料的食品和烹饪行业有广泛的应用。糖渍、盐渍、吸水、口渴等烹饪加工原理和生命现象的引起都是渗透作用。人体发烧需及时喝水或静脉注射等渗的0.9%NaCl和5%葡萄糖溶液，因为体温升高使细胞外液（包括血浆、组织液、淋巴液）中水分通过汗液形式蒸发，在细胞内外两侧形成浓度差，低浓度的细胞内液中的水将向细胞外渗透，导致细胞失水。细胞失水轻则破坏人体新陈代谢平衡，出现晕厥，重则致死。

稀溶液的依数性除了凝固点、沸点、蒸气压以外，还包括渗透压。稀溶液的粒子数目增加时，溶液的渗透压增大；稀溶液的粒子数目减少时，稀溶液的渗透压减小。

③渗透过程：原料腌渍过程，相当于将原料细胞浸入食盐或食糖溶液中。活细胞不仅能让水渗透过去，还能让电解质和非离子化的有机分子渗透过去。这些现象在死细胞内同样可以观察到，但是无规律性。所有细胞（活细胞和死细胞）都能渗水，这是在渗透压差的影响下发生的现象。同样，在渗透压差的影响下，电解质也能渗透，不过和水相比，它们通过细胞膜的速度较缓慢。活细胞由于具有较高的电阻，离子进出细胞也就相对比较困难；死细胞则电解质易出入，而且随着细胞死亡程度的加深，细胞膜的通透性也随之增加。至于电解质是以离子态还是以未解离的分子态进入细胞内，迄今仍不是很清楚。

食品腌渍过程实际上是扩散和渗透相结合的过程。食品外部溶液和食品组织细胞内溶液之间借助溶剂的渗透过程及溶质的扩散过程逐渐趋向平衡，当浓度差逐渐降低直至消失时，扩散和渗透过程就达到平衡。

（2）糖渍　食物中的糖可紧密吸附食物中的自由水，使其变成结合水，降低食物的水分活度，达到防腐目的。糖溶液的浓度只有达到70%以上，才能抑制霉菌和酵母的生长。新鲜原料浸渍在糖溶液中，在原料细胞内外形成浓度差，细胞内自由水向细胞外渗透，达到糖渍目的。常温时（20～25℃），果糖溶液、蔗糖溶液、葡萄糖溶液的最高浓度分别为79%、66%、50%，因此用果糖保存糖渍食品效果最好。单独使用蔗糖或葡萄糖，均达不到糖渍食品的防腐要求。果葡糖浆的最高浓度因果糖含量不同而不同。果糖含量为42%、55%和90%时，果葡糖浆的最高浓度分别为71%、77%和80%，因此果糖含量较高的果葡糖浆对糖渍食品的保存效果较好。

（3）盐渍　盐渍原理是通过向原料撒盐使细胞外盐浓度大于细胞内盐浓度，从而使细胞内自由水往细胞外渗透。盐渍法同样也会使微生物细胞内和细胞外产生渗透压，使微生物细胞内水分子往细胞外渗透，导致微生物缺水死亡。这就是盐杀菌原理。果脯类糖渍食品的保质期较长是因为糖分子上的大量亲水性羟基能与细胞外水分子形成氢键，使这些水分子不能自由移动而变得好像是溶质分子的一部分一样。自由水减少使溶液浓度增大，细胞内水分子往细胞外渗透，从而使微生物缺水而死。

五、原料涨发及其对食物品质的影响

水发是把干制原料放在水中涨发。干制原料置于水中，细胞液中物质的浓度接近无限大，而细胞外水中物质的浓度接近无限小，所以细胞内外存在高渗透压。为了降低渗透压，细胞外的小分子水进入细胞液稀释细胞液的浓度，细胞吸水膨胀。细胞内的许多亲水性生物大分子，如多糖、蛋白质，有利于水在细胞内的稳定存在。

水发是干货涨发最普遍、最基本的方法。大部分的干货原料，无论使用哪种涨发方法，都要经过“水发”这一过程。水发又可分为冷水发、热水发和碱水发三种。冷水发温度低，水分迁移速度慢，涨发时间长；热水发温度高，水分迁移速度快，涨发时间短，但高温易破坏原料成分。碱水发是将干制原料放在pH大于7的弱碱溶液中。原料蛋白质在pH大于7的环境中带负电，更容易与水结合，所以碱水发速度快。但是碱会破坏原料中的酸性物质，如维生素C。无论哪种涨发方法都会损失部分水溶性小分子，降低原料的营养价值，损失原料的风味。此外，碱涨发还要控制好碱的浓度，以防出现碱水解。

涨发与膨化不同。涨发是使水进入原料细胞，膨化是使原料中的水汽化，两者原理不同。有些烹饪技术书籍中介绍涨发方法时将油发、盐发、沙发等也归为涨发方法。实际上，这些方法不是涨发方法，而是膨化方法。膨化是现代食品和烹饪加工业中的一种常见技术，是通过高温使较干原料中的水迅速汽化，在原料中形成孔隙，使食物口感酥脆。油炸食品、爆米花等是膨化食品。

巩固提高

一、选择题

1．水的硬度指（　　）。

A．水中钙、镁离子的总浓度　　B．水中钾、钠离子的总浓度

C．水中硫、磷含量　　D．水中CO_2含量

2．以健康为标准，以下哪种水适合饮用？（　　）

A．纯净水　　B．软水　　C．硬水　　D．特硬水

3．水中钙、镁离子的总浓度是240mg/L，此水为（　　）。

A．纯净水　　B．特硬水　　C．硬水　　D．软水

4．以下不是“水是良好的传热介质”的直接原因的是（　）。

A．水具有流动性　B．比热容大　C．沸点低，易蒸发　D．有极性

5．水溶解能力强的原因是（　）。

A．水的沸点高　B．水的比热容大　C．水分活度大　D．水的极性大

6．以下不是水在烹饪中的作用的是（　）。

A．传热介质　B．去除有害物质

C．漂白　D．涨发剂

7．以下哪种物质可以用水去除？（　）

A．维生素C　B．草酸钙　C．维生素A　D．脂质

8．以下不能影响食物嫩度的因素是（　）。

A．食物的持水量　B．食物的气味

C．食物原料的纤维密度　D．食物原料的纤维长度

9．与慢煮烹饪法相比，以下哪个是旺火速成的效果？（　）

A．更入味　B．更耐嚼　C．充分保留维生素　D．失水多

10．以下哪个不是烹饪中的保水方法？（　）

A．油炸　B．着衣　C．渗透　D．旺火速成

11．以下不是半透膜的是（　）。

A．小肠黏膜　B．细胞膜　C．膀胱　D．植物细胞壁

12．人吃了太多盐，细胞会（　）。

A．失水萎缩　B．进水胀大　C．大小不变　D．以上都不对

13．海水鱼在淡水中养殖，鱼会（　）。

A．失水而死　B．胀死　C．没有影响　D．以上都不对

14．如果将0.9%NaCl的生理盐水错配成1.9%注射，细胞会（　）。

A．细胞缩小　B．细胞胀大

C．细胞大小不变　D．细胞先缩小再胀大

15．糖具有高渗性的根本原因是（　）。

A．糖具有吸水性　B．糖具有黏度　C．糖是大分子　D．糖是小分子

16．糖溶液要达到防腐效果，浓度最低要达到（　）。

A．50%　B．60%　C．70%　D．80%

17．油炸食品保藏时，最主要的问题是预防油脂氧化，以下不正确的做法是（　）。

A．添加维生素C　B．添加维生素E　C．真空包装　D．防止潮气进入

18．以下不是水涨发原料的方法的是（　）。

A．冷水涨发　B．热水涨发　C．弱酸涨发　D．弱碱涨发

19．碱涨发适合以下哪种原料？（　）

A．木耳　B．干鱿鱼　C．梅干菜　D．干笋

20. 关于速冻，以下说法不正确的是（　）。
   A. 速冻是指在20min以内原料的中心温度从-1℃下降至-5℃
   B. 速冻形成的冰晶比较小
   C. 与慢冻相比，速冻不容易破坏原料细胞
   D. 速冻食品的保质期更长

二、判断题

（　）1. 软水尝起来清凉可口。
（　）2. 洗衣服应用软水。
（　）3. 食物嫩度仅与原料的含水量、纤维密度有关。
（　）4. 原料纤维密度越大，嫩度越好；密度越小，咀嚼性越好。
（　）5. 干制原料复水后不能恢复到新鲜状态的原因是蛋白质发生了变性。
（　）6. 原料冻藏过程中先冻藏、再解冻、然后再冰冻，冰晶会变小。
（　）7. 冰晶过大会机械性破坏原料细胞。
（　）8. 涨发干原料用纯净水比用溶液更好。

三、思考题

1. 烹饪中常采用哪些措施防止原料中的水散失？
2. 阐述干制和冻藏对原料品质的影响。
3. 腌制有哪几种方法？各种方法的原理是什么？

导学树

水是最简单的极性分子，许多大分子的极性结构中极性产生的原因与水类似，因此理解水的极性对理解其他物质的极性具有重要意义。生命体和烹饪产品绝大多数是以水为主的液体，因此，体液或烹饪汤汁的状态取决于分散于水的物质与水的作用结果。这种作用结果有三类：水合离子、水合分子、疏水相互作用。水合离子和水合分子上的水就是原料中的结合水，结合水与自由水相比，化学性质没变，物理性质发生了改变，这种改变源于结合水被其他离子或极性分子通过极性作用束缚在周围，因此不能移动，包括不能蒸发、不能流动。原料中，自由水和结合水的比例关系以水分活度表示。烹饪中，水具有举足轻重的地位和作用，但是只有对其有效的控制才能取得更好的效果，比如控制水分活度。

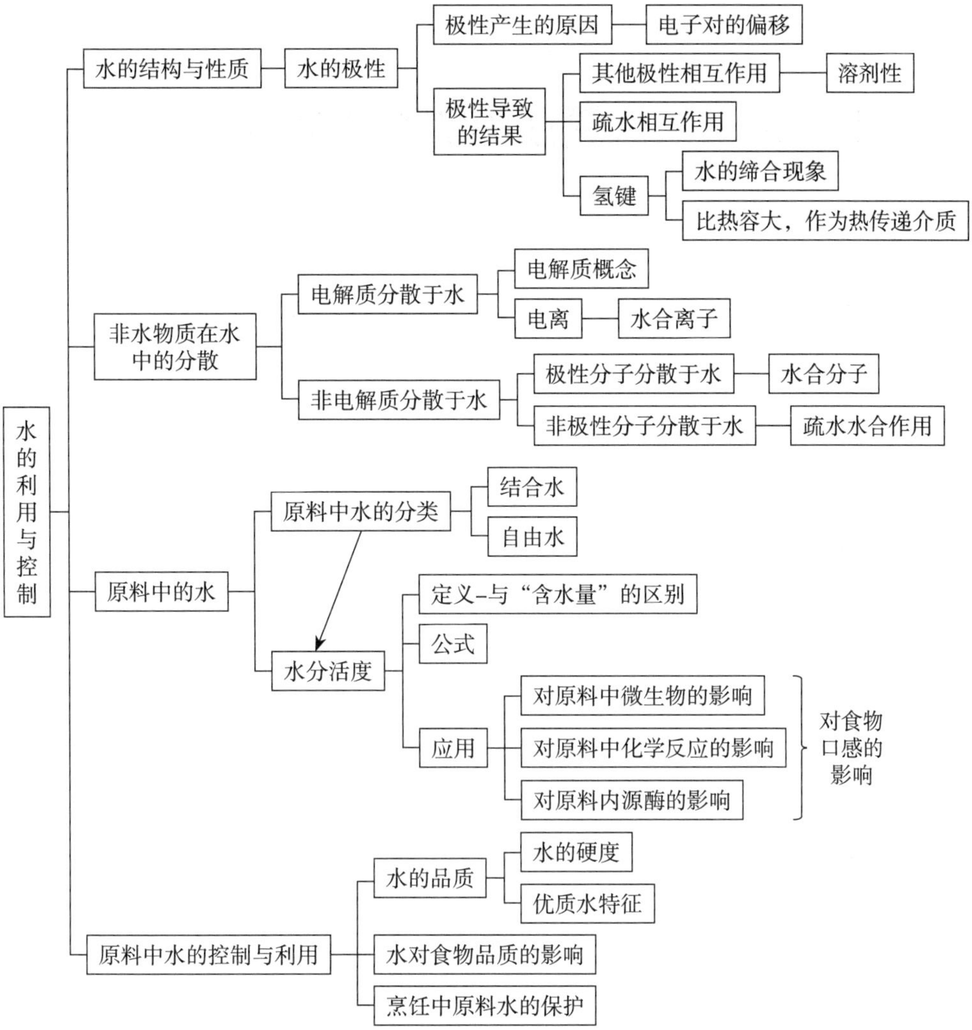
水的利用与控制
水的结构与性质
水的极性
极性产生的原因
电子对的偏移
极性导致的结果
其他极性相互作用
溶剂性
疏水相互作用
氢键
水的缔合现象
比热容大，作为热传递介质
非水物质在水中的分散
电解质分散于水
电解质概念
电离
水合离子
非电解质分散于水
极性分子分散于水
水合分子
非极性分子分散于水
疏水水合作用
原料中的水
原料中水的分类
结合水
自由水
水分活度
定义–与“含水量”的区别
公式
应用
对原料中微生物的影响
对原料中化学反应的影响
对原料内源酶的影响
对食物口感的影响
原料中水的控制与利用
水的品质
水的硬度
优质水特征
水对食物品质的影响
烹饪中原料水的保护

第六章 烹饪中的胶体体系

学习重点

1. 分散系的定义和分类；
2. 高分子溶液的性质；
3. 凝胶的形成机理；
4. 面筋的形成机理。

学习难点

1. 高分子溶液的性质；
2. 凝胶的形成机理；
3. 面筋的形成机理。

学习指导

溶胶又称大分子溶液，属胶体分散系。人体体液和烹饪汤汁中总是分散着各种大分子物质。与溶液中的小分子溶质相互独立存在不同，胶体分散系中的大分子分散质因为分子链长，在水中难以独立存在，总是与其他分子相互纠缠在一起，形成大分子溶液的特有性质。

分散系是原料、食品及人体液体的主要存在形式。原料、食品、人体，甚至自然界中几乎不存在绝对的纯净物。自然界的物质总是相互分散，只是分散时各物质的占比不同而已。日常所说的“纯净物”实质上是指分散质比例极低以至于可以忽略不计的分散系。因此，学习分散系不仅对学习烹饪技能课有帮助，对理解营养配餐、安全卫生课程内容也有帮助。

分散系的分散质和/或分散剂分别可以是气、液、固三态的物质，它们两两组合，可以形成九种分散系，但是以水为分散剂的分散系在烹饪行业、人体、甚至自然界中最为常见，所以本章将重点介绍以水为分散剂的分散系。在以水为分散剂的前提下，分散质不同，分散系的性质千差万别，其中以分散质的粒子直径对分散系的性质影响最大。所以，本章根据分散质的粒子直径将分散系分为分子分散系、胶体分散系、粗分散系，并一一介绍它们的性质以及这些性质产生的原因。除此以外，本章还介绍物质的分散原理和分散过程。

第一节 分散系

知识目标

1. 了解分散系的定义；
2. 熟悉三种分散系的特性。

能力目标

能辨别常见的分散系。

重点内容

分散系的定义。

难点内容

分散系的辨别。

一、定义

分散系是指一种或几种物质以较小的颗粒分散在另一种物质中所形成的相对均匀的混合体系。被分散的那种物质称为分散质（分散相），分散其他物质的那种物质则称为分散剂（分散介质）。就数量比例而言，分散剂的数量必然超过分散质，所以分散系的存在状态通常由分散剂的状态决定。分散质和分散剂都有固、液、气三态，表6-1所示为分散质和分散剂分别是固、液、气三种物态的分散系的名称和实例。

表 6-1　常见的几种分散系

分散相	分散介质	名称	实例
液	气	液气溶胶	云、雾
固	气	固气溶胶	烟、大气中粉尘
气	气	气气溶胶	空气、混合气体
气	液	泡沫	汽水、泡沫
液	液	乳状液	牛奶、农药乳浊液
固	液	溶胶	泥浆、卤化银溶胶
气	固	固体泡沫	馒头、泡沫塑料
液	固	固体乳剂	珍珠、肉冻
固	固	固体悬浮剂	合金、有色玻璃

二、分类

分散系可以有多种分类方法，按分散相粒子大小分类，分散系可分为分子分散系、胶体分散系和粗分散系。分散相粒子大小不同导致分散系性质不同。由于人体和烹饪中均以水为介质，因此本章只探讨以水为分散剂的分散系。

分子分散系的分散相粒子直径小于1nm，能透过半透膜。用光线照射分子分散系时，光线能直接穿过分散系，所以分子分散系是透明的。分子分散系恒稳定，只要外界条件不改变，分散相永远不会沉淀，所以分子分散系是真溶液，分散相与分散介质以分子或离子形式彼此均匀互溶，没有界面，高度稳定，如食盐水和糖水。分子分散系的稀溶液有一个特别的性质——稀溶液的依数性。稀溶液的依数性指在一定的温度和压力下，将非挥发性溶质分散于分散剂中组成稀溶液，那么稀溶液的饱和蒸气压和凝固点比纯溶剂的低，溶液的沸点比纯溶剂的高，纯溶剂与溶液之间产生渗透压现象，且溶液的蒸气压、凝固点、沸点、渗透压的大小只与溶质粒子的数目有关，与溶质的种类没有关系。

粗分散系的分散相粒子直径大于100nm，目测混浊、不均匀、不稳定，放置后很快便会沉淀或分层。如果是固体颗粒分散于液体，则称为悬浊液，如黄河水；如果是液体颗粒分散于液体，则称为乳浊液，如油水体系。

胶体分散系的分散相粒子直径在1 ~ 100nm，不能透过半透膜，稳定性介于分子分散系和粗分散系之间，短时间放置，分散相不会沉淀，长时间放置，分散相容易聚集沉淀。胶体分散系目测均匀，实际上不均匀，如牛奶。丁达尔效应、电泳、布朗运动、聚沉是胶体分散系的四大特性。

几种分散系的稳定性见表6–2。

表 6-2　几种分散系的比较

分子分散系（粒子直径小于 1nm）	胶体分散系（粒子直径 1 ~ 100nm）		粗分散系（粒子直径大于 100nm）
低分子溶液（小分子） 最稳定	高分子溶液（大分子） 很稳定	胶体溶液（小分子聚体） 较稳定	浊液（分子的大集合体） 不稳定
单相体系		多相体系	

巩固提高

一、选择题

1. 下列分散系，哪个是液体分散到气体中？(　　)
   A．牛奶　　B．雾　　C．珍珠　　D．灰尘
2. 下列分散系，哪个是固体分散到气体中？(　　)
   A．烟　　B．空气　　C．酒　　D．岩石
3. 下列分散系，哪个是胶体分散系？(　　)
   A．食盐水　　B．牛奶　　C．馒头　　D．冰淇淋
4. 下列分散系，哪个是分子分散系？(　　)
   A．果汁　　B．油
   C．葡萄糖酸钙口服液　　D．排骨汤
5. 下列分散系，哪个是乳浊液？(　　)
   A．清汤　　B．泥浆
   C．淀粉糊　　D．冰淇淋
6. 牛奶是（　　）。
   A．分子分散系　　B．胶体分散系
   C．粗分散系　　D．以上都不是
7. CH_3COOH是弱电解质，HCl是强电解质。1mol/L CH_3COOH溶液和1mol/L HCl溶液中，哪个溶质粒子多？(　　)
   A．CH_3COOH　　B．HCl
   C．两者相等　　D．无法比较
8. 水与汤同时加热，哪个先沸腾？哪个沸点高？(　　)
   A．水；水　　B．水；汤
   C．汤；汤　　D．汤；水
9. 为了加快蒸制菜的熟化过程，应选用（　　）作为传热媒介。
   A．纯净水　　B．盐水　　C．油　　D．酒精

10．标准大气压下，不挥发性溶质溶于水形成的稀溶液的凝固点（　　）。

A．高于0℃　　B．低于0℃

C．仍为0℃　　D．不能确定

二、判断题

（　）1．胶体分散系比较稳定。

（　）2．同等条件下，食盐水比水的凝固点更高。

（　）3．海水鱼在淡水中饲养会被胀死。

（　）4．汽车冷却液是稀溶液。

（　）5．溶液的蒸气压与溶质分子大小有关，分大越多，蒸气压越大。

三、思考题

物体（如船、铁块）放于水中发生漂浮或沉淀的条件是什么？这一条件是否适用于分散相分散于水中？

第二节　液溶胶及其特性

知识目标

1. 了解溶胶的定义和分类；
2. 理解乳化原理；
3. 熟悉蛋白质亲液溶胶的特性；
4. 理解蛋白质亲液溶胶的起泡原理。

能力目标

能够制作比较稳定的泡沫。

重点内容

蛋白质亲液溶胶的特性和起泡性。

难点内容

蛋白质泡沫的稳定性。

一、溶胶的定义和分类

以液体作为分散介质的胶体，称为液溶胶或溶胶。烹饪溶胶的分散相一般是烹饪原料中的生物高分子，如蛋白质、多糖、脂肪。按照分散相的亲水性，溶胶分为亲液溶胶和疏液溶胶（也称憎液溶胶）。亲液溶胶中的生物高分子分散相与水发生亲水水合作用，所以比较稳定，不易分层；疏液溶胶中的生物高分子分散相与水发生疏水水合作用，所以不稳定，易分层。

生物高分子溶于水，是形成亲液溶胶还是疏液溶胶，取决于体系的内聚力和附着力大小比较。所谓内聚力是指体系中同种物质之间的作用力，所谓附着力是指体系中不同物质之间的作用力。如牛奶体系中，蛋白质–蛋白质/水–水之间的作用力是内聚力，蛋白质–水之间的作用力是附着力。如果溶胶体系中所有内聚力都远大于附着力，则形成疏液溶胶；相反，如果附着力远大于各内聚力，则形成比较稳定的亲液溶胶。溶胶体系的内聚力/附着力大小与溶胶的分散相和分散介质的极性有关。分散相和分散介质的极性越接近，附着力与内聚力越接近。

烹饪中常见的亲液溶胶有蛋白质溶胶和淀粉溶胶，疏液溶胶主要是脂肪溶胶，而更常见的是由亲液溶胶、疏液溶胶、真溶液、甚至粗分散系组成的混合液，如汤汁、动植物原料体液。好的汤汁总是以稳定、不易分层的亲液溶胶为主，疏液溶胶需要转化成亲液溶胶。体液中疏液溶胶比例过高会引起血管堵塞，继而引起高血压、冠心病、脑梗死、心肌梗死等疾病。因此，熟悉亲液溶胶、疏液溶胶的特性以及疏液溶胶向亲液溶胶转化的方法对烹饪制汤营养安全和理解生命现象非常重要。

二、亲液溶胶

亲液溶胶在短时间内不会分层，长时间则可能聚集沉淀，所以果汁、茶饮料、奶制品等饮料说明书中经常有“喝前摇一摇”“有少量沉淀属正常现象”等说明文字。

1. 蛋白质溶胶

（1）蛋白质溶胶的稳定性　溶胶稳定性一般取决于胶粒表面水化膜厚度、双电层结构和布朗运动。

①水化膜厚度：蛋白质表面电荷和极性基团使其能与H_2O形成电性作用，在蛋白质表面形成一层水化膜。水化膜将蛋白质与蛋白质隔开，使它们难以聚集沉淀。水化膜越厚，蛋白质溶胶越稳定。蛋白质处于非等电点时，蛋白质分子上的电荷为同种电荷。肽链在同种电荷的排斥作用下展开，肽链上的极性基团和带电基团充分暴露，使水化膜面积更大、更厚。水化膜不但能提高蛋白质亲液溶胶的稳定性，而且能通过提高蛋白质的持水能力改善蛋白质类原料的嫩度和口感。

②双电层结构：蛋白质溶液中有时存在盐离子（稳定体系中阴阳离子同时存

在），如果蛋白质表面为负电（pH>p*I*），阳离子通过静电作用吸附在蛋白质周围，阴离子再吸附在阳离子外围，形成内部正电外部负电的双电层结构。相反，如果蛋白质表面为正电（pH<p*I*），阴离子通过静电作用吸附在蛋白质周围，阳离子再吸附在阴离子周围，形成内部负电外部正电的双电层结构。同种胶体粒子的双电层结构相同，即外层是同种电荷，因此相互排斥而不能聚沉。蛋白质净电荷越多，溶胶中离子越多，双电层越厚，蛋白质溶胶越稳定。

③布朗运动：是指悬浮在液体或气体中的微粒所做的永不停息的无规则运动。因为水分子永不停息地做无规则运动，胶体粒子分散于水中，受水分子的撞击，也不停地做无规则运动，使蛋白质不易聚集沉淀。

（2）影响蛋白质溶胶稳定的因素

①蛋白质种类：蛋白质一级结构中带同种电荷的氨基酸越多，蛋白质表面的水化膜越厚，蛋白质溶胶越稳定。组成蛋白质肽链的氨基酸有四种——R基带正电、R基带负电、R基不带电但有极性基团、R基不带电也没有极性基团。如果组成蛋白质的所有氨基酸的R基都不带电也没有极性基团，则蛋白质溶胶为疏液溶胶；如果组成蛋白质的所有氨基酸R基都带正电，或都带负电，或都带阳性基团，或都带阴性基团，那么肽链会因同性电荷相斥而散开，从而能与水分子充分作用，形成最厚的水化膜。然而这些都是理想状态。现实中绝大多数情况下，这四类氨基酸都存在于同一条肽链中，使得肽链某一R基的负电或阴性基团与另一R基的正电或阳性基团相吸引，导致肽链因吸引力的牵引而折叠成近似球状。球状的蛋白质稳定性低，容易沉淀。正负电荷或阴阳基团相互吸引后剩余的净电荷越多，水化膜越厚，蛋白质溶胶越稳定。

②pH：蛋白质pH改变，蛋白质表面电荷发生变化，蛋白质与水的结合能力相应地发生变化。如僵直前的生牛肉pH从6.5下降至接近5.0（p*I*），牛肉持水量显著减少，嫩度明显降低。pH 9 ~ 10时，侧链疏水基和酪氨酸残基离子化，蛋白质持水能力增强；当pH>10时，赖氨酸残基上的氨基失去正电荷，蛋白质结合水能力下降。

③温度：蛋白质持水能力一般随温度升高而降低，所以加热会使蛋白质因持水能力降低而聚集沉淀。空间结构紧密的蛋白质在加热时，易发生链的展开，使原来被遮掩的肽键和极性侧链暴露在表面，从而提高了极性侧链结合水的能力，例如，乳清蛋白加热时可产生不可逆胶凝。

④离子种类和浓度：蛋白质溶液中离子的价态和浓度影响蛋白质与水的亲和力。在低浓度（0.2mol/L）时，盐离子与蛋白质分子的带电基团发生微弱结合，使蛋白质水合作用增强（盐溶），但是盐离子不会对蛋白质带电基团的水合层带来实质性影响。高浓度时，盐和水之间的相互作用超过蛋白质和水之间的相互作用，因而可引起蛋白质脱水（盐析）。

蛋白质持有的水包括结合水、邻近水和自由水，蛋白质水合水实际上是结合水。蛋白质的持水能力和水合能力都对食物的体积、黏度、嫩度有影响，特别是对肉泥和焙烤过的面团。不溶性蛋白质在低盐离子浓度下会溶胀，也就是水嵌入肽链残基之间，增加了蛋白质的体积，同时使蛋白质相关的物理性质发生变化。例如，肌原纤维的二聚体浸泡在1.0mol/L的NaCl溶液中，体积比原有状态增加2.5倍。蛋白质溶胀时所需要的水量通常是蛋白质干重的数倍。

（3）蛋白质聚沉　食物加工中，有时希望得到稳定的蛋白质溶胶，比如制汤。但也有时希望得到蛋白质沉淀物，比如制豆腐、奶酪等。使蛋白质溶胶聚集沉淀的关键是破坏蛋白质的水化膜和双电层结构。

可以通过以下方法实现蛋白质聚沉：

①调节溶胶pH至p*I*：双电层结构的形成基础是蛋白质表面带电或存在极性基团。将溶胶pH调至p*I*，蛋白质肽链上正负电荷相等。相等的正负电相互吸引，使蛋白质表面净电荷为零且结构致密，因而聚集沉淀。人体大多数蛋白质的p*I*位于pH4～6.5。当体液偏酸性时，部分蛋白质因体液pH等于其p*I*聚集沉淀而失去活性，这对人体健康非常不利。

②向蛋白质溶胶中加入中性盐电解质：是使蛋白质聚集沉淀的常用方法。中性盐（电离出的离子中既没有H^+，也没有OH^-，如NaCl）离子–水分子之间的附着力大于蛋白质分子–水分子之间的附着力，而且盐离子价态越高，这种趋势越明显。将高浓度中性盐加入蛋白质溶胶，原先附着在蛋白质表面的水分子被中性盐离子夺取，蛋白质因水合程度降低（相当于溶解度降低）而沉淀，例如做豆腐时，往豆浆里加盐卤（$MgCl_2 \cdot 6H_2O$）或石膏（$CaSO_4 \cdot 2H_2O$），大豆蛋白将聚集沉淀，如果加入低价态食盐，豆腐则难以制成。

③向蛋白质溶胶中加入带相反电荷的胶粒：带相反电荷的胶粒可以中和蛋白质电荷，与蛋白质聚集在一起，使蛋白质沉淀。

④加热溶胶体系可以使溶粒碰撞加剧，碰撞中双层电子结构被破坏并变薄，胶粒因稳定存在的条件被破坏而逐渐聚集沉淀。

⑤向溶胶中加入有机溶剂：有机溶剂具有疏水性，加入到蛋白质溶胶中，溶胶中亲水物质受有机溶剂排挤，相互聚拢而沉淀。

2．淀粉溶胶

淀粉由葡萄糖残基连接而成。葡萄糖分子最明显的特征是含有大量羟基，所以淀粉分子具有极强的亲水性。因分子间氢键作用，淀粉分子链与链之间吸附非常紧密，淀粉颗粒往往难以溶解，需要加热才能崩解，所以，淀粉颗粒分散于冷水为悬浊液，颗粒崩解后的淀粉溶胶是亲液溶胶。

三、疏液溶胶

油混入水中，无论怎样搅动、振荡、加热，静置后都会迅速分层（下层水相，上层油相），而不是形成如牛奶、淀粉糊那样的均匀体系。这是因为油脂的长链烃基是非极性的，与水之间不能产生电性作用，水-油之间的附着力远远小于水-水之间的内聚力。所以油-水混合体系为疏液溶胶。烹饪汤汁中的油-水混合体系如果分层明显，会使汤汁失去良好的口感和风味，主要为乳浊液的汤汁才均匀，口感好、味道足；体液中的油水如果分层明显，油脂易附着在血管壁，阻塞血管。

如何让油以小油滴形式分散于水中？其思路是寻找既与水结构相近，又与油结构相近的物质，使其既与水形成较强的附着，又也油形成较强的附着。这种物质称为乳化剂（表面活性剂的一种）。

1. 乳化原理

乳化剂的结构同时具有非极性基团和极性基团。烹饪中常用的乳化剂——卵磷脂的结构和乳化原理如图6-1所示。乳化时，乳化剂的极性端与水亲和，将非极性端与油挤到一起，在振动、沸腾、搅拌等作用下，油以小油滴形式分散于水中或水以小水滴形式分散于油中。乳化剂一般分散于油水界面，其亲油端伸入油滴，亲水端伸入水相，这相当于在没有极性的油脂上绑了一段极性基团，在油脂分子和水分子之间建立亲和关系。

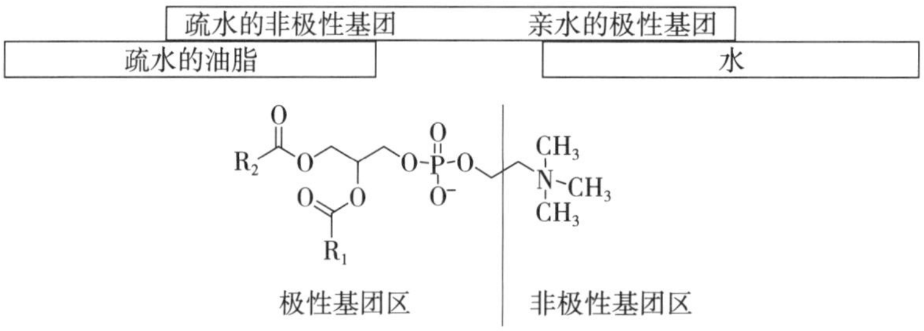

图6-1　卵磷脂的结构和乳化原理

我国允许使用的食品乳化剂主要分为四大类：多元醇脂肪酸酯类、磷脂及其衍生物、盐类和其他种类，其中品种和消费量最多的是多元醇脂肪酸酯类，如司盘和吐温系列。卵磷脂和蛋白质是天然乳化剂，烹饪中最常用。

2. 乳浊液

疏水溶胶乳化后形成的均匀体系称为乳化液。乳化液也称乳胶体、乳浊液，一般指两种互不相溶的液体在乳化剂的参与下，一种液体以微小液滴的形式分散在另一种液体中的混合体系。如果水以液滴形式分散于油相，称为油包水（W/O）型乳化液，如果油以油滴形式分散于水相，称为水包油（O/W）型乳化液（图6-2）。

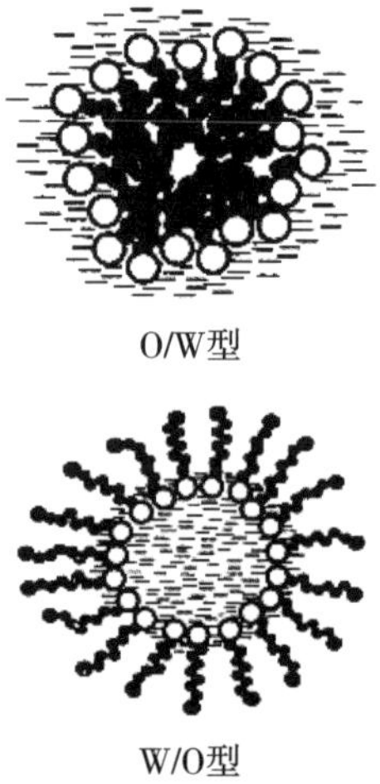

图6-2　乳化液的两种类型

四、蛋白质泡沫与泡沫食品

现代食品中有许多是泡沫食品，如蛋糕、蛋糕顶端的饰料、冰淇淋、啤酒泡沫、面包、蛋奶酥等。泡沫是一类气–液疏液溶胶，需要乳化剂乳化才能相对稳定。食品中蛋白质是重要的乳化剂。

1. 蛋白质的乳化性

图6–3 蛋白质立体线圈

通常一条蛋白质链既有极性氨基酸，又有非极性氨基酸，所以蛋白质分子中既有亲水基团，又有疏水基团，是一类乳化剂。水溶液中，受水的极性影响，蛋白质分子的亲水基团迁移到表面，疏水基团则被包裹在内部，整个蛋白质分子盘绕成卷曲的线圈状（图6–3所示为蛋白质立体线圈）。而一旦蛋白质到达气–水（如气泡）或油–水（乳化液）界面，蛋白质分子链便开始移动，疏水基团向非极性相（气相或油相）移动，亲水基团向极性相（水相）移动。与小分子乳化剂相比，蛋白质分子链长，移动速度慢，对降低界面张力*没有明显效果，但是可以持续吸附到界面，在界面形成厚厚的一层具有黏弹性的界面膜。这有益于乳化液的长期稳定。

2. 蛋白质泡沫体系的形成

泡沫是由液膜分割的气泡组成的分散系，液体为连续相，气体为分散相。泡沫形成方法主要有搅拌法、摇晃法、打擦法和起泡法，均是将气体注入表面活性剂溶液中。搅拌法、打擦法和摇晃法通过快速运动使空气掺入溶液；起泡法通过高压将气体注入溶液，压力释放时气体剧烈喷出而形成气泡。

影响蛋白质泡沫形成的因素有盐类、糖类、脂类等。盐类对泡沫形成的影响较复杂，如氯化钠一般能提高蛋白质发泡性能，但会使泡沫稳定性降低，Ca^{2+}则能提高蛋白质泡沫稳定性；糖类会抑制蛋白质起泡，但可以提高蛋白质泡沫稳定性；脂类对蛋白质起泡和泡沫稳定性都不利；蛋白质浓度在2%～8%时，起泡效果最好。除此之外，影响蛋白质泡沫形成的因素还有搅拌时间、搅拌强度、搅拌方向等。

3. 泡沫体系的稳定性

（1）泡沫不稳定的原因　蛋白质泡沫非常不稳定，大约1h即消失。泡沫消失的原因主要有以下三点：

①泡沫向外排气：大多数蛋白质等具有表面活性的生物大分子往往在气–液界面形成类似于三维凝胶结构的吸附层，但是吸附层不足以封闭所有的网络“孔洞”，因此吸附层对气体分子的自由通过几乎毫无影响。泡沫中的气体在液体的挤压下通过吸附层的“孔洞”向外排气，气泡逐渐变小并慢慢消失。

---

* 界面张力：可以理解为液－气或液－油之间因缺乏亲和力而形成的相互抵触的趋势。

②泡沫膜破裂：泡沫气-液界面上的蛋白质亲水基团吸有水分，由于重力作用，泡沫形成后不断从顶部往下排液，泡沫从圆形变成多面体形。多面体形气泡的薄膜易破裂。两个相邻气泡薄膜破裂时会造成相邻气泡的合并。

③泡沫间气体扩散：泡沫中的气体相互间扩散也是导致泡沫不稳定的因素。这种相互扩散存在一定规律：较小气泡中的气体会自动向较大气泡中扩散，直至较小气泡消失，留下较大气泡。这种现象称气泡的歧化或者粗化。

泡沫地变小、消失过程中，泡沫向外排气、膜破裂和气体扩散同时存在，无论哪种占据优势，泡沫体系最终都会分离成独立的液相和气相。

（2）蛋白质泡沫的稳定　要形成稳定的蛋白质泡沫，可采用降低气-液界面张力、提高液相黏度及在界面间形成牢固而富有弹性的蛋白质膜等方法。比如将蛋清蛋白溶胶或明胶蛋白溶胶pH调至p*I*附近，蛋清蛋白或明胶蛋白将因静电相互吸引，使空气-水界面蛋白质膜厚度和硬度增加，提高了泡沫的稳定性。

巩固提高

一、选择题

1．疏液溶胶中的附着力（　）内聚力。

A．远大于　　B．远小于　　C．等于　　D．不确定

2．以下是附着力的是（　）。

A．牛奶中的α-酪蛋白与β-酪蛋白之间的极性作用

B．牛奶中的α-酪蛋白与脂肪之间的非极性作用

C．牛奶中的水与β-酪蛋白之间的极性作用

D．牛奶中的水与水之间的极性作用

3．以下哪项不是豆浆中蛋白能比较稳定地存在较长时期的原因？（　）

A．大豆蛋白表面吸附的水

B．大豆蛋白在不停地运动

C．大豆蛋白分子小

D．大豆蛋白表面吸附着豆浆中的盐离子

4．以油为分散相的亲液溶胶，分散质分子结构中可能含以下哪种基团？（　）

A．$—CH_2CH_2CH_2CH_3$　　B．—OH

C．—CO—　　D．—COOH

5．以下不是食品乳化剂的是（　）。

A．多元醇脂肪酸酯类　　B．脂肪

C．司盘　　D．吐温

6. 以下关于冰淇淋说法不正确的是（　）。

A. 冰淇淋是W/O体系

B. 冰淇淋是亲液溶胶

C. 冰淇淋是胶体分散系

D. 冰淇淋是疏液溶胶

7. 将食用油、牛奶一起倒入开口的杯子中，搅拌并静置一段时间，推测此时牛奶中的蛋白主要位于（　）。

A. 油–水界面　　B. 水相中

C. 油相中　　D. 水–气界面

8. 不能提高泡沫稳定性的是（　）。

A. Zn^{2+}　　B. 脂肪

C. 糖　　D. Ca^{2+}

9. 以下不是泡沫消失的原因的是？（　）

A. 泡沫膜破裂

B. 泡沫向外排气

C. 泡沫中的气体在泡沫间相互扩散

D. 向泡沫体系中增加蛋白质

10. 以下关于蛋白质，描述正确的是（　）。

A. 蛋白质在水中时极性基团暴露在外，在油中时非极性基团暴露在外

B. 蛋白质在界面时为立折叠紧密的线圈状

C. 在不同分散相中，蛋白质的立体结构可能不同

D. 蛋白质都不能充当乳化剂

二、判断题

（　）1. 亲液胶体中的内聚力更大。

（　）2. 乳化剂必须既有亲水基团，又有亲油基团。

（　）3. W/O体系为水包油体系。

（　）4. 泡沫中的气体能向外排出是因为泡沫界面膜存在孔隙。

（　）5. 增加界面膜厚度可以使泡沫更稳定。

三、思考题

如何提高泡沫的稳定性，以保持泡沫类食物不塌陷？

第三节　食用凝胶

知识目标

1. 凝胶和胶体的关系；
2. 凝胶对食物形状、口感的影响；
3. 凝胶网络结构的形成；
4. 面筋形成的过程及影响因素。

能力目标

1. 能根据烹饪需求，选择合适的凝胶种类制作食物；
2. 能根据需求，选择合适的面粉，制作延展性、弹性、韧性、可塑性满足需求的面筋。

重点内容

1. 凝胶网络结构的形成；
2. 面筋结构的形成与影响因素。

难点内容

面筋结构的形成过程及原理。

一、食用凝胶简介

豆腐、凉皮、肉皮冻、鱼冻、血块、果冻以及凝固的汤汁、稀饭、藕粉糊等口感嫩滑软弹的食物都是食用凝胶。食用凝胶有些是蛋白质凝胶，如鱼冻、血块、肉皮冻、豆腐；有些是多糖凝胶，如藕粉糊、凝固的稀饭汤、凉皮。凝胶形成的过程称为胶凝作用。

食品或生物体中的凝胶往往是食物或生物组织的骨架，起着支撑食物形状或生物组织的作用，比如面筋是面包、馒头的骨架，胶原蛋白是骨骼的骨架。骨骼中的羟基磷酸钙等无定形物质填充在胶原蛋白网络中，可保持骨骼固定形状不变形，具备一定的承重能力。

二、凝胶的性质

1. 弹性

凝胶的特点是具有网状结构，充填在网眼里的溶剂不能自由流动，而相互交联成网络骨架的高分子或溶胶粒子有一定的柔顺性，使凝胶成为弹性半固体。各种凝胶在冻态时（溶剂含量多的称冻，如鱼冻）弹性大致相同，但干燥后就显出很大差别。一类凝胶在干燥后体积缩小很多，但仍保持弹性，称作弹性凝胶。肌肉、脑髓、软骨、指甲、毛发、组成植物细胞壁的纤维素以及其他高分子溶液所形成的凝胶都是弹性凝胶。另一类凝胶烘干后体积缩小不多，但失去弹性，并容易磨碎，称作脆性凝胶。烹饪中涉及的凝胶主要是弹性凝胶。

2. 膨润

当干燥的弹性凝胶和溶剂接触时，便自动吸收溶剂而膨胀，体积增大，这个过程称作膨润或溶胀。有的弹性凝胶膨润到一定程度，体积增大就停止了，称为有限膨润，例如蹄筋在水中的膨润。有的弹性凝胶能无限吸收溶剂，最后形成溶液，称无限膨润，例如藕粉在水中的膨润。

因为食物蛋白质的等电点一般在微酸性pH，所以为了加快膨润速度，蛋白质凝胶可采用加碱法（弱碱）。而多糖凝胶则可以采用加热法破坏多糖分子间氢键，以加快凝胶膨润速度。

3. 离浆

新制备的凝胶搁置较久后，一部分液体可自动地从凝胶中分离出来，而凝胶本身的体积缩小，这种现象称作离浆，又称脱水收缩，例如，血块久置后有血清分离出来。离浆本质上是膨润的相反过程，是由于高分子之间继续交联作用将液体从网状结构中挤出。

三、重要的多糖凝胶

1. 淀粉凝胶

淀粉颗粒糊化后，淀粉分散成淀粉单分子，随着水温升高，淀粉分子螺旋结构解体成随机卷曲结构（图6-4）。随机卷曲的淀粉分子在交叉处通过羟基形成氢键，成为网络节点（图6-5）。水与网络空隙位置的羟基形成氢键填充在空隙中。重要的淀粉凝胶有稀饭、凉皮、藕粉凝胶等。

2. 其他多糖凝胶

许多海藻胶（如海藻酸钠、卡拉胶、琼胶）、植物渗出胶（如桃胶）、微生物胞

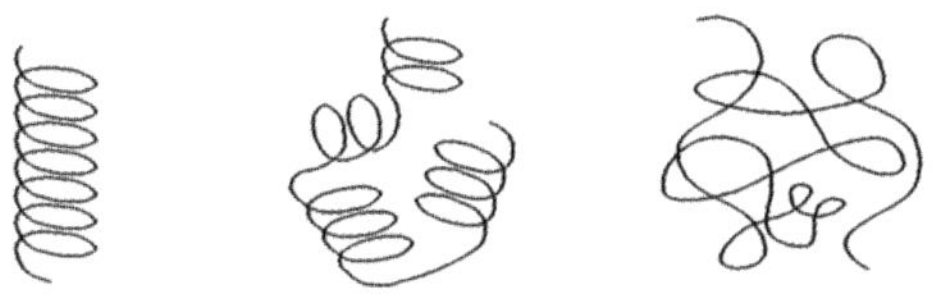

图6-4　直链分子在溶液中的构象

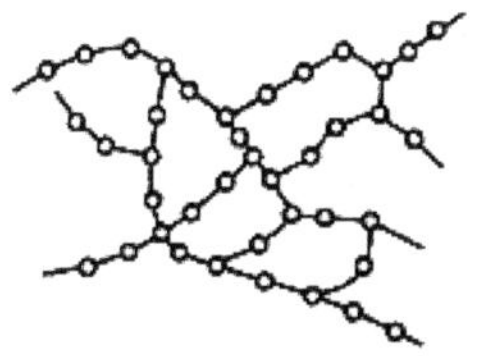

图6-5　淀粉的交联结构

外多糖（如黄原胶）以及部分动物多糖（如壳聚糖）都可以形成凝胶。它们是重要的食物原料和食物助剂，常用于制作具有弹性的食品，如QQ糖、果冻，也常用作增稠剂，如为酸奶、果汁增稠。这些多糖胶还常用于制作食物保鲜，如涂抹在水果表面，防止水果腐败。

四、重要的蛋白凝胶

1. 蛋白凝胶的形成

和淀粉一样，一定温度的水溶液中，维持蛋白质立体结构的氢键、分子间作用力、疏水作用力等次级键断裂，蛋白质立体结构崩解，肽链随水的流动而散开，也形成随机曲卷的线状（图6–4）。当无数条肽链以随机曲卷的线状在水中存在时，便形成如图6–5所示的网络结构，网络结点由一条肽链上的功能基团与另一条肽链上的功能基团相互作用形成，网络空隙中充满了液体的分散剂或其他小分子分散质。

2. 胶原蛋白凝胶

胶原蛋白凝胶来源于天然胶原蛋白，动物骨、皮、筋和结缔组织中的蛋白质主要是胶原蛋白，其占动物蛋白1/3以上。天然胶原蛋白（如猪皮）不溶于水、稀酸和稀碱，蛋白酶对它的作用也很弱，长时间煮沸可使其次级键断裂，蛋白质空间结构崩解成为水溶性明胶，所以烹制含有蹄筋、肉皮等结缔组织较多的原料，时间要长。明胶可吸水膨胀至1.5～2倍，因为胶原蛋白亲水基团多，所以明胶食品滑润性好、弹性和爽滑感足。

凝胶是冷凝胶，即低温凝固，高温熔化。小笼包制作时，固态胶原蛋白与馅料一起包入小笼包，制熟加热时熔化成汤汁。

3. 面筋

（1）面筋的形成

①面筋蛋白：小麦面粉中有四类蛋白质——清蛋白、球蛋白、醇溶蛋白和谷蛋白，清蛋白易溶于水，球蛋白易溶于盐溶液而不溶于水溶液，醇溶蛋白可溶于70%以上的乙醇溶液，谷蛋白不溶于中性盐溶液和乙醇。醇溶蛋白也称为麦胶蛋白，谷蛋白也称为麦谷蛋白，两者占小麦蛋白总量80%以上，而且二者含量近似。醇溶蛋白和谷蛋白总称为面筋蛋白，而清蛋白、球蛋白称为非面筋蛋白。

②面筋蛋白中的二硫键：醇溶蛋白和谷蛋白的肽链上都分布着多个半胱氨酸残基（半胱氨酸残基上含有巯基—SH）。每个半胱氨酸侧链上含有一个巯基，两个相邻巯基在催化剂的作用下脱氢，形成二硫键（图6–6）。

$$—SH+—SH \xrightleftharpoons{2H} —S—S—$$

图6–6　二硫键的形成

二硫键在所有维持蛋白质结构的“键”中具有举足轻重的地位。维持蛋白质一级结构的主要是肽链，但是二硫键的位置和数量也属一级结构范畴。二硫键是在两个中间隔着多个其他氨基酸的半胱氨酸侧链间形成的，它的形成使肽链形成了折叠状的空间结构（图6–7）。与其他维持蛋白质空间结构的次级键不同，二硫键是共价键，相当稳定，不易断裂，所以二硫键又是维持蛋白质空间结构（二级结构和三级结构）的重要力量。

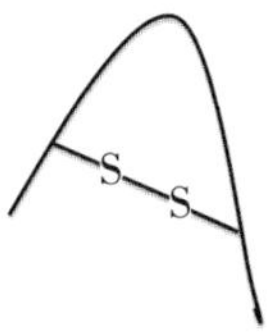

图6–7　二硫键形成的折叠

③面筋的形成：面团揉制时，干面粉颗粒吸水膨润，其可溶性成分逐渐溶于水中，与水共同形成泥浆状的悬浮体系。不溶性的面筋蛋白中的α–螺旋、β–折叠、β–转角等二级结构在揉制中随着机械作用力的作用逐渐解体，使肽链散开。肽链散开后，肽链上的带电基团和极性基团便暴露出来，与周围的水形成水合作用。肽链上的带电基团和极性基团与水结合后便失去了相互吸引的趋势（图6–8），肽链伸展开来。

电荷吸引使肽链折叠聚集成立体形状　　肽链上电荷吸引被阻断，肽链伸展开

图6–8　水的吸附使折叠的肽链展开

伸展开的肽链因肽链周围吸附着许多水分子，且由里向外，水的流动性越来越大，所以继续揉制面团时，多条肽链因水的流动性产生滑动错位，错位过程中不同肽链上的疏水区域、离子基团区域、极性基团区域等特定区域相互作用，发生交联聚合反应，形成初制面团和初始网孔（图6–9）。初制面团的初始网孔中的水分不平衡。经过一段时间放置，水分在网孔间相互扩散、渗透，最终达到各网孔间的水分平衡。

所有交联聚合反应中，二硫键的交联对面筋网络形成至关重要。肽链的分子内和

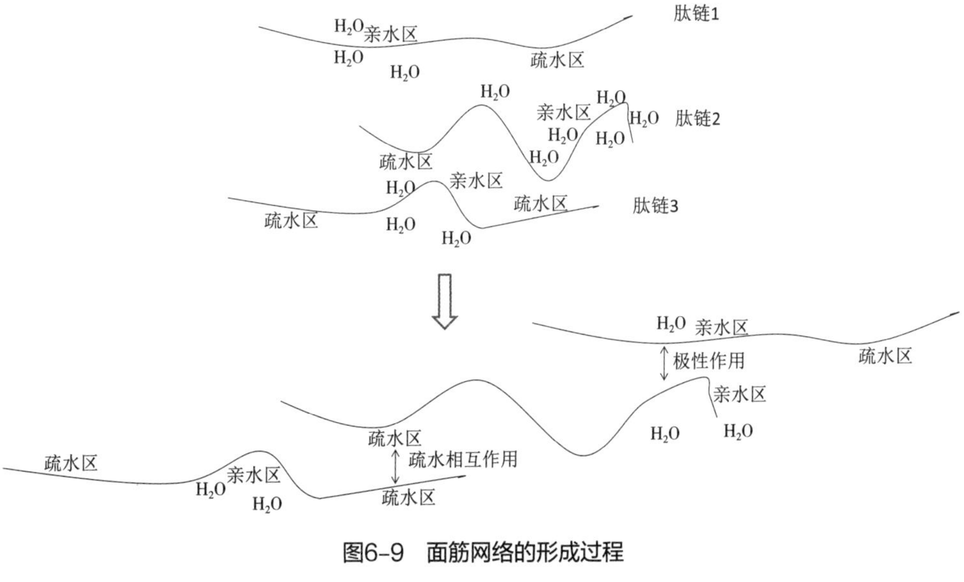

图6–9　面筋网络的形成过程

分子间巯基在还原剂、氧化剂作用下，发生二硫键的形成和交换作用，使不同肽链上的巯基相互联结成二硫键。这样原本分散的肽链便以二硫键为桥，互相联结成海绵状网络结构，增加了面筋的网络结构强度（图6-10）。

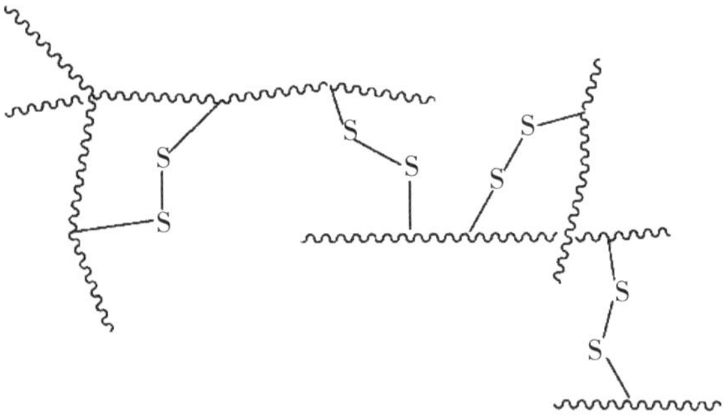

图6-10　面筋网络结构间的二硫键桥

面筋作为面团的骨架，为面包、馒头等面食品的形状提供支撑。面团发酵过程中，面筋网络逐渐膨胀。焙烤中，面点中心温度达到97～99℃时，面筋网络骨架凝固，面点体积固定并保持一定形状。面团滞留气体的能力与面筋的网络结构有关。

（2）影响面筋形成的化学因素

①面粉中面筋蛋白的含量和比例：面粉中的面筋蛋白含量和比例对面筋的形成起决定性影响。根据面粉中的面筋蛋白含量，面粉可分为高筋面粉、中筋面粉、低筋面粉。高筋面粉适宜做面包、起酥点心、泡芙等，中筋面粉适宜做中式面点，如面条、包子、馒头、饺子、水果蛋糕、肉馅饼等，低筋面粉适宜制作蛋糕、甜酥点心、饼干等。

②水：面筋形成过程中，水与肽链的极性基团和带电基团结合，使肽链上带异性电荷的基团或极性基团失去相互吸引的趋势，这对肽链的展开有着重要的意义，同时水的存在使肽链在面团揉搓过程中更易滑动形成初始网孔。但是面筋形成过程中并非水越多越好，相反面筋的强度会随着面团含水量的增加而减弱，因为面筋蛋白是有限吸水蛋白，即面筋蛋白肽链上的极性基团和带电基团数量有限，吸水量也就有限，与淀粉等多糖分子链上全是可与水分子结合的羟基不同。

一般面团含水量为面粉自重的30%～200%，优选45%～55%。水添加量超过面粉自重200%，面团会因为面筋强度太低而成黏稠的面浆。

③温度：温度对面筋的形成有很大影响。低于30℃时，温度越高越有利于面筋的形成；超过30℃，温度越高越不利于面筋的形成。温度超过60℃，面筋尚未形成时淀粉已经糊化并大量吸水。淀粉由葡萄糖残基连接而成，分子链上布满了羟基，羟基与水结合的能力很强。与淀粉链上羟基结合的水为结合水，不能移动，所以淀粉糊化并大量吸水会影响面筋蛋白肽链上带电基团和极性基团与水的结合，从而影响面筋蛋白肽链的展开，造成面筋蛋白众多肽链之间难以形成相互作用力，尤其是二硫键数量不足，面筋强度不足。冷水面团、热水面团、烫面性能的差异就是温度不同造成的。面筋蛋白水化过程中放热，和面时用的水温要考虑到这一点。

④油脂：在面粉中加入油脂会阻碍蛋白质吸水，限制面筋形成，同时油脂的润滑作用、包裹空气或水分的作用最终会形成油酥面团。

⑤pH：面粉中，肽链的带电性受pH影响，而淀粉链的带电性不受pH影响。pH大于面筋蛋白等电点时，面筋蛋白带负电；pH小于面筋蛋白等电点时，面筋蛋白带正电；pH等于面筋蛋白等电点时，面筋蛋白净电荷为0。小麦醇溶蛋白和谷蛋白的等电点位于弱酸性位置，加入少量碱即可促进肽链展开形成面筋。当然也可以调节面团pH使其小于面筋蛋白p*I*，这样面筋蛋白肽链因带正电而展开，面筋容易形成，但是这需要加入较多的酸。过多的酸会使面团有严重的酸味，并会抑制面团发酵和熟化。

⑥其他：影响面筋的形成和面筋的性能的因素还有盐、离子、亲水性物质（如食糖）等。添加少许盐、大豆粉等有利于形成高品质的面筋，而添加脂类物质、糖、蛋清、外源淀粉如米粉等会妨碍面筋形成，降低黏弹性。

（3）面筋的韧性、弹性、延展性和可塑性　面点工艺中通常用延展性、弹性、韧性、可塑性作为面筋的质量指标。延展性是延性和展性的合称。在外力作用下，延伸成细丝而不断裂的性能称延性，拓碾成薄片而不破裂的性能称展性。通俗地解释，延性就是面筋的拉长特性，展性就是面筋的拓宽特性。延展性好的面筋能被拉得很长、碾得很宽仍不断裂、不破裂，而且撤去外力后不回缩。拉面要求面筋的延性好，飞饼要求面筋的展性好。面筋的弹性是面筋的弹性形变能力指标，指面筋被压缩或拉伸后恢复原来形状的能力。恢复原来形状的能力越强，面筋的弹性越好。面筋的弹性使面点吃起来筋道足，口感弹。面筋的可塑性与弹性相对，是面筋的范性形变能力指标，指面筋被压缩或拉伸后，保持压缩或拉伸后形状的能力。面筋可塑性越强，越便于面点的造型。面筋的韧性是面筋的抗折断能力指标，与脆性相对。面筋在持续不断的垂直作用力作用下，能承受的最大形变量称为面筋的韧性。最大形变量越大，面筋的韧性越强；最大形变量越小，脆性越强。韧性与面筋蛋白的分子间作用力大小有关。分子间作用力越大，韧性越强。

面筋的延展性、弹性、韧性、可塑性与面筋蛋白中的次级键、二硫键的种类和数量有关。麦谷蛋白分子较大，呈纤维状，主要形成分子间二硫键，也有分子内二硫键。麦谷蛋白中的巯基还有可能与麦醇溶蛋白亚基发生交联作用，有助于面筋蛋白网络结构的形成。麦谷蛋白也可以通过氢键作用形成麦谷蛋白大聚体，使面团具有弹性和韧性。麦醇溶蛋白是单体蛋白，分子质量较小，分子内含有半胱氨酸残基，可以形成分子内二硫键，不含有游离巯基，因此不能形成分子间二硫键。麦醇溶蛋白在疏水相互作用辅助下嵌入麦谷蛋白大聚体中，增加面团的黏性和延伸性。麦醇溶蛋白和麦谷蛋白在面粉中的含量大致相等，彼此相互作用，相互补充，形成了面筋特有的性质。由于蛋白质含量直接决定面粉的“筋道”，所以根据面粉中蛋白质的含量，将面粉分成低、中、高筋面粉。低筋面粉蛋白质含量在8.5%以下，中筋面粉蛋白质含量约为9.5%～12.0%，高筋面粉蛋白质含量为12.5%～13.5%，蛋白质含量在13.5%之上的一般被称为特高筋面粉。日常食用的普通面粉一般为中筋面粉。高筋面粉一般用于制作柔软蓬松的面包。

巩固提高

一、选择题

1. 以下食品不是用食用凝胶制作而成的是（　　）。

A．果冻　　B．奶酪　　C．QQ糖　　D．猪皮冻

2. 以下不能形成明胶的操作方法是（　　）。

A．长时间煮沸胶原蛋白　　B．稀酸条件下煮胶原蛋白

C．稀碱条件下煮胶原蛋白　　D．冷水中浸泡胶原蛋白

3. 以下是面筋蛋白的是（　　）。

A．清蛋白和球蛋白　　B．球蛋白和醇溶蛋白

C．谷蛋白和清蛋白　　D．醇溶蛋白和谷蛋白

4. 以下哪种氨基酸含有巯基？（　　）

A．酪氨酸　　B．半胱氨酸　　C．苯丙氨酸　　D．甘氨酸

5. 对面筋网络骨架强度影响最大的键是（　　）。

A．氢键　　B．疏水相互作用

C．离子键　　D．二硫键

6. 以下有利于面筋形成的因素是（　　）。

A．pH小于面筋蛋白等电点　　B．油脂

C．少量水　　D．糖

7. 引起凝胶离浆的原因是（　　）。

A．凝胶中的大分子受到重力　　B．凝胶与水的附着力减弱

C．水的重力　　D．大分子的继续交联

二、判断题

（　　）1．藕粉凝胶具有离浆性。

（　　）2．鱼冻是脆性凝胶。

（　　）3．高筋面粉的吸水性好于低筋面粉。

（　　）4．随机线状高分子的形成是凝胶形成的必要条件。

（　　）5．揉面时的搓揉动作可使面筋蛋白变性。

三、思考题

阐述面粉通过揉制形成面筋的过程和原理。

知识拓展

蛋白质的前世今生

“蛋白质”这个词是瑞典化学家永斯·雅各布·贝采里乌斯（Jöns Jakob Berzelius）在1838年创造的。在这之前的150多年里，只有“动物物质”的概念，人们认为这些“物质”稍稍变化就组成了肌肉、皮肤和血液。最初，这些不同形式的“物质”都被认为是类胶质（只是有胶质的性质，但不是胶质，因此文中用了gluey）。但在加热时，它们会变成坚硬的角状物质；在潮湿、温暖的环境中则腐烂变臭，产生碱性的挥发物。这与在潮湿、温暖的贮藏环境中产生酸性物质的淀粉、糖类和多数的植物体截然不同。

1728年，意大利学者雅可布·贝卡利（Jacopo Beccari）宣布发现白面粉中存在具有“动物物质”全部特性的东西。将和好的生面团在水中揉搓清洗，除去细小的白色淀粉颗粒，剩下的就是黏性的面筋团。如果不知道它是从哪儿来的，人们就会以为它来自动物。贝卡利认为，这些“动物物质”成分使得小麦特别有营养。作为一个整体，面粉并没有表现出动物物质特性，这是因为大量淀粉的存在掩盖了面筋的性质。

18世纪末，这类物质中主要的元素被确定下来。氨，也就是“挥发碱”，被证明是一种氮氢化合物。面筋和动物组织一样含有氮元素，而淀粉、脂肪和糖类则没有。起初人们认为，动物消化过程中肯定有一步是把植物性食物中的营养和大气中的氮结合，使营养物“动物化”。尤其是这个理论似乎可以解释反刍动物缓慢的消化过程和巨大的胃。可是，在法国，进一步的研究推翻了这个理论。首先，弗朗西斯·马让迪（François Magendie）在1816年公布，只吃不含氮的脂肪和糖类食品的狗只能存活几个星期。接着，19世纪30年代，让·布森戈（Jean Boussingault）证明，牛每天吃掉的干草和马铃薯中含有的氮元素数量足以抵消产奶和日常氮元素流失的总额。1838年，自学了化学分析的荷兰医生盖里特·穆尔德（Gerritt Mulder）发表文章称，他分析过的所有重要的“动物物质”都具有相同的基本组成：40个碳原子，62个氢原子，10个氮原子和12个氧原子，可以简单地表示为：$C_{40}H_{62}N_{10}O_{12}$。这些“动物物质”表现出不同的性质仅仅是因为依附于它们的硫或磷原子的个数不同。他把文章寄给了瑞典的化学权威雅各布·贝采里乌斯（Jacob Berzelius）。贝采里乌斯答复说：这是对“动物营养的基本或主要物质”的最重要的发现，这种物质应当以希腊海神普罗透斯（Proteus，具有预言能力，但会变换成各种形状以逃避回答问题——译者注）为名，称为“蛋白质（protein）”。

导学树

分散系按照分散相和分散质分类，可以分为九类，但是烹饪中主要是以水为分散相的分散系，包括固–液、液–液、气–液三种。如果固体、液体或气体分散质的直径介于1～100nm，则满足了胶体分散系的条件，此时这三种分散系均可称为液溶胶，但是烹饪中气–液液溶胶并不多见，主要是固–液和液–液两种液溶胶。如果分散质固体和液体是极性的，便能够很好地分散在水中，反之，则不能很好地分散于水中。对于不能很好地分散于水中的非极性分散质，如果希望得到分散较好的液溶胶，就需要添加乳化剂。

液溶胶的半固态状态称为凝胶。凝胶具有独特的立体网络结构，即大分子分散质纵横交错形成网络骨架，其他物质（主要是水）填充在网络中。如果采用油炸、微波干燥等方法迅速将网格中的水去除，就可以形成膨化食品。

面筋是通过揉制方式形成的凝胶。关键是原有二硫键的断裂与新的二硫键的形成。

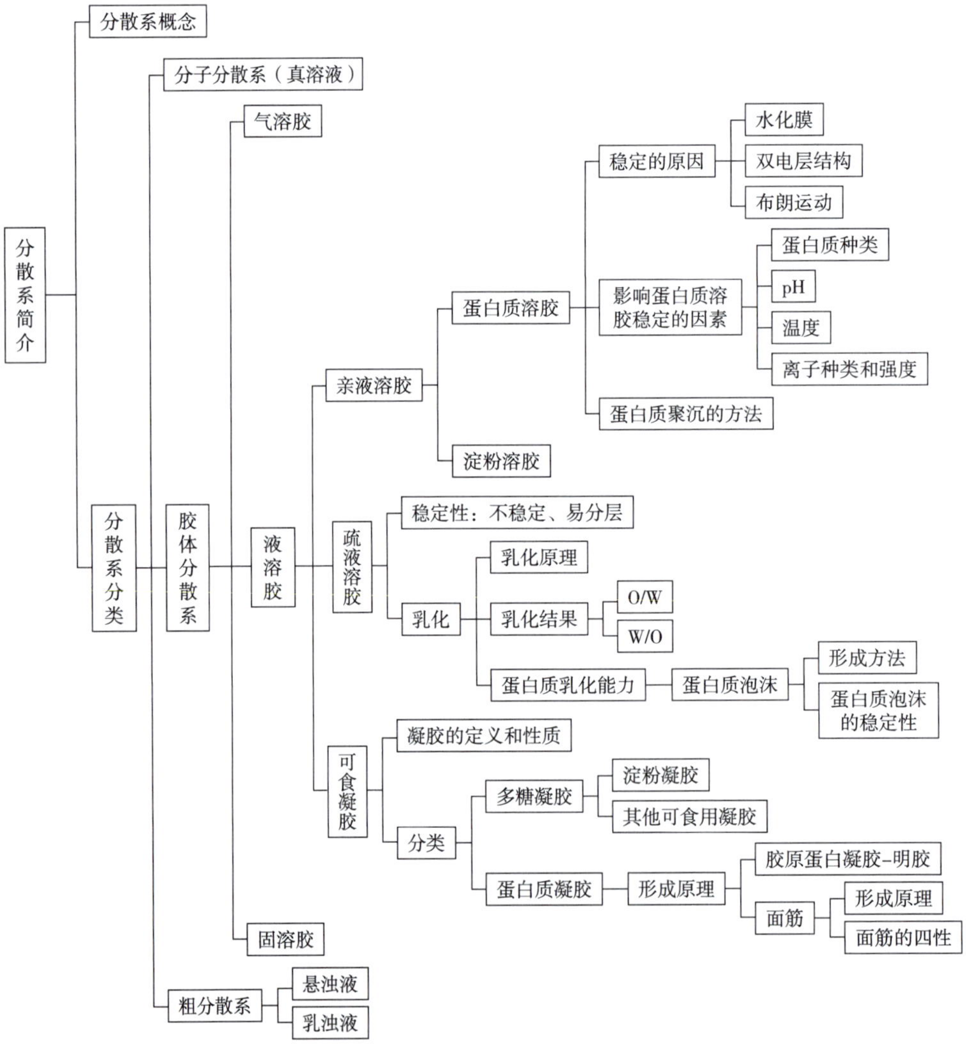

第七章 食物风味与感官检验

学习重点

1. 食物颜色的成因和控制方法；
2. 食物气味的协调方法；
3. 味觉原理和影响味觉的因素；
4. 味的相互作用；
5. 食物感官检验目的和方法。

学习难点

1. 食物气物的协调方法；
2. 味的相互作用；
3. 根据食物感官检验目的，确定检验方法。

学习指导

烹饪的最低要求是保证食物安全和基本营养，最高目标则是安全、营养和感官感受三要素全部达到最佳状态，其中感官感受的主要内容有：食物颜色搭配能满足人的视觉享受、食物香气和滋味能满足人的嗅觉和味觉享受、食物形状和质地能满足人的视觉和触觉享受。在科学技术不发达的古代，烹饪在保障食物基本安全基础上，特别重视食物的感官特性，因为食物感官特性对饮食者的冲击力较强，具有先声夺人的效果。随着化学科学的发展和人体生理学研究的深入，食物营养以食物核心价值的地位受到越来越多的重视。但随着食品风味学的发展，烹饪对食物感官特性的追求不再基于直觉，而是以科学理论为指导。

食品风味学是研究食物风味形成原理的学问，包括以下内容：风味物质的结构和生成途径，食物风味形成的原理，食物风味对人的触觉、味觉等感觉器官的影响等。如食物的软硬、粗细、黏稠度、醇厚度、颗粒度以及它们形成的原理和食物色、香、味、形对人的感官器官的影响，都属于食品风味学研究内容。

烹饪受现代食品工业影响，在烹饪中使用添加剂也越来越常见，如炸油条时面团中添加膨松剂、用嫩化剂处理牛肉制作牛柳、用红曲给红烧肉上色。食品添加剂中仅有一部分是食品风味剂，如甜味剂、香精、色素等。学习了本章内容，应学会科学对待和使用食品添加剂，既不可谈之色变，亦不可违法违规滥用食品添加剂。正确使用食品添加剂要求以食品添加剂理论为指导，参照《食品添加剂手册》，符合相关法律法规。

本章仅仅是食品风味学入门知识。如果同学希望能够更深入地学习食物风味有关知识，可以进一步学习《食品风味学》教材及相关著作。

第一节　色素和烹饪调色

知识目标

1. 了解色素的分类；
2. 熟悉常见色素的理化性质。

能力目标

根据常见色素的理化性质，分析它们的正确使用方法。

重点内容

常见色素的理化性质。

难点内容

根据理化性质，分析色素的正确使用方法。

一、视觉原理

物体呈色是因为物体能够选择性地吸收和反射可见光，反射光作用于人体视觉器官使物体呈色。反射光波长不同，物体的颜色不同。如果没有反射光，物体为黑色。食品色素一般为有机化合物，分子结构中往往具有发色团和（或）助色团。

所谓生色团是指在200～1000nm波长范围内产生特征吸收带的具有一个或多个不饱和键和未共用电子对的基团，如 $>C=C=$， $>C=O$，$-N=N-$，$-C\equiv N$，

—C≡C—，—COOH，—N=O等。所谓助色团是一些含有未共用电子对的氧原子、氮原子或卤素原子的基团，如—OH，—OR，—NH_2，—NHR，—SH，—Cl，—Br，—I等。助色团不会使物质具有颜色，但引进这些基团能增加生色团的生色能力，使其吸收波长向长波方向移动，并增加了吸收强度。

二、食品色素及其分类

食品中能够吸收和反射自然光进而使食品呈现各种颜色的物质统称为食品色素。按照来源分，色素可分为天然色素和合成色素。天然色素指食品原料体内本身具有的呈色物质（内源性色素）或从天然生物原料中提取得到的呈色物质（天然提取色素），如叶绿素、胡萝卜素、血红素、姜黄、甜菜红等。天然色素比较安全，但着色性能、色彩和稳定性比合成色素差，而且价格贵。合成色素指通过人工合成方法得到的有色物质，如苋菜红、胭脂红、柠檬黄、日落黄、靛蓝等。合成色素色彩鲜艳、化学性质稳定、着色力强，但大部分有轻微毒性。按照溶解性，色素分为水溶性色素和脂溶性色素。水溶性色素易溶于水，脂溶性色素易溶于油。食品色素是食品添加剂的一类，其用法、用量、使用范围参考GB 2760—2014《食品安全国家标准　食品添加剂使用标准》。

1. 原料内源性色素

（1）叶绿素　高等植物中主要有两种叶绿素：叶绿素a和叶绿素b，两者含量比例为3∶1。叶绿素a为青绿色，叶绿素b为黄绿色。

叶绿素含有一个卟啉环“头”和一个叶绿醇的“尾”（图7-1）。镁原子居于卟啉环中央，偏向于带正电荷；与其相连的氮原子偏向带负电荷。因而卟啉环具有极性，可以与蛋白质结合。叶绿醇是亲脂的，它决定了叶绿素的脂溶性。叶绿素种类的不同由叶绿醇侧基上的微小变化造成。

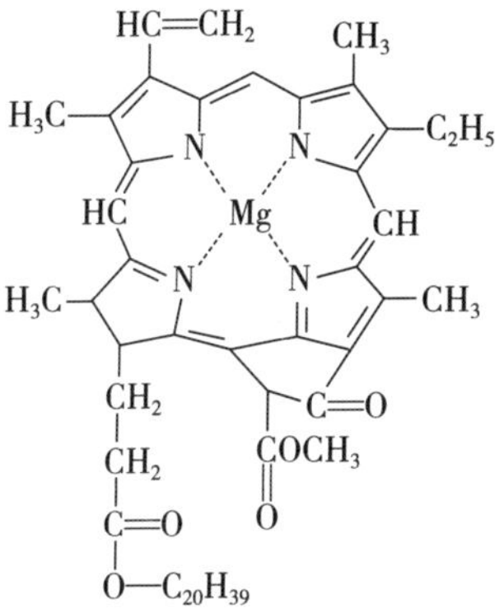

图7-1　叶绿素的结构

游离的叶绿素很不稳定，对光、酸、碱、热、氧敏感。酸性条件下脱去镁离子，成为褐色的脱镁叶绿素。在光、氧、热条件下，叶绿素易被分解为一系列小分子物质。烹饪中常采用以下方法保护叶绿素。

①旺火速成：旺火速成常称为爆炒，是典型的中式烹饪。化学反应能够发生的条件之一是物质吸收了足够的能量被活化。热量从原料表面传递到中心需要时间。爆炒时，因为原料受高温烹饪的时间极短，热还没有传递到原料中心便已停止受热，所以原料内部物质被活化的数量少，化学变化程度小，即便是叶绿素这类对热敏感的物质，也能较好地得到保护。

②焯水：烹饪中常用“焯水”法去除原料中的有害物质或破坏生物活性物质的活性，其原理是用75℃左右的热水烫漂原料，使原料中的水溶性物质溶解于水或使原料中的酶、凝集素等生物活性物质失去活性。焯水过程中，流失的不仅是水溶性有害物质，水溶性有益物质也会流失，因此焯水是一种“杀敌一千，自损八百”的烹饪手段。如非必要，应该少用。

焯水可使叶绿素水解酶失去活性、蔬菜组织中的氧气和有机酸被去除，以减少脱镁叶绿素的生成，保护蔬菜的绿色。

③加碱：叶绿素分子中的酰基（—OC═O—）在强碱条件下易被水解。弱碱条件下，蔬菜pH升高，可防止叶绿素发生脱镁反应，保护原料原有绿色。但是原料的碱性条件也会使原料中其他物质发生变化，尤其是酸性物质，不利于保持原料原有的营养物质。

（2）血红素　血红素是动物肌肉和血液中的主要色素，在动物肌肉中主要以肌红蛋白形式存在，在血液中主要以血红蛋白形式存在。与叶绿素的镁卟啉结构相似，血红素是铁卟啉化合物（图7-2），也是血红蛋白、肌红蛋白、细胞色素、过氧化物酶、过氧化氢酶等的辅基。

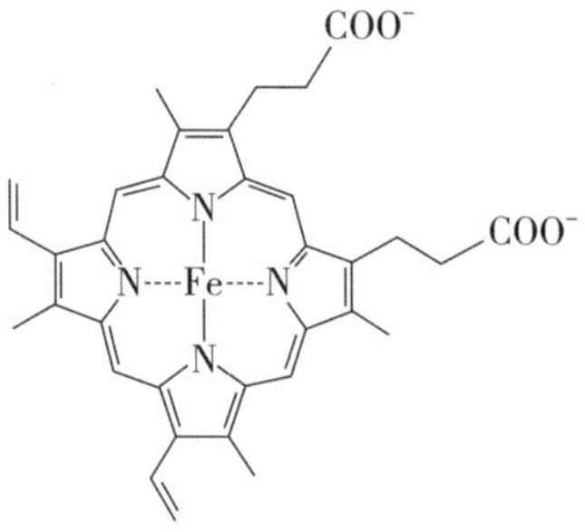

图7-2　血红素的结构

动物被屠宰放血后，肌肉组织供氧停止，肌肉的颜色呈稍暗的紫红色（肌红蛋白的颜色）。当肌体被分割以后，随着肉与空气的接触，肉表面的还原态肌红蛋白与氧气发生氧化反应，生成鲜红色的氧合肌红蛋白，产生人们熟悉的鲜肉色。随着存放时间的延长，血红素的Fe^{2+}被氧化为Fe^{3+}，生成了棕褐色的高铁肌红蛋白。因此随着新鲜肉在空气中放置时间延长，肉的颜色会慢慢变成褐色。

（3）类胡萝卜素　类胡萝卜素（图7-3）是自然界最丰富的天然色素，大部分存在于高等植物。动物体内不能合成类胡萝卜素，但体内常积蓄从植物饲料中获取的类胡萝卜素。类胡萝卜素和叶绿素往往同时存在，其黄色被叶绿素的绿色覆盖，当叶绿素被破坏后，类胡萝卜素的黄色才呈现出来。

类胡萝卜素属于脂溶性色素，一般情况下稳定，一定条件下可发生色变，如番茄加热后由红色变为橘黄色，胡萝卜加热后由金黄色变为黄色。存在于水产品体内的类

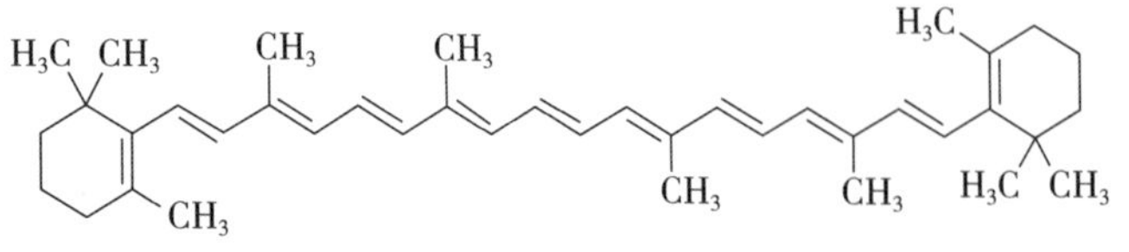

图7-3　β-胡萝卜素的结构

胡萝卜素（虾黄素，也称虾青素）在鲜虾壳中与蛋白质结合，形成虾壳中的蓝色。虾煮熟后，蛋白质与虾青素的结合被破坏，虾青素游离出来并被氧化为鲜红色的虾红素。

（4）花青素　花青素（图7-4）是一类水溶性植物色素，多以糖苷形式存在于植物细胞的液泡中，赋予植物花、茎、叶和果实美丽的颜色。花青素颜色随pH改变而改变，如在pH＜7时呈红色，pH弱碱性时呈紫色，pH＞11时呈蓝紫色或蓝色。花青素易与钙、铁、镁等金属离子络合，生成紫红色、蓝色等，生成的颜色不受pH影响。烹调富含花青素的原料时，不宜选用铁锅。另外，花青素对光、温度敏感，易受氧化剂、还原剂等影响而变色。

（5）花黄素　花黄素（图7-5）通常指黄酮类物质及其衍生物，广泛存在于植物的花、果实、茎叶、细胞中，为水溶性色素。自然条件下，黄酮类颜色从浅黄到无色，很少有明显黄色，但遇碱时会变成明显黄色，遇酸时又恢复成原来的颜色。

一些烹饪原料如黄皮洋葱、马铃薯、稻米、小麦面粉、芦笋、荸荠等在碱水中烹煮会变黄，就是由于黄酮类物质在碱的作用下变成了黄色。果蔬加工中常用柠檬酸调节pH来控制黄酮类色素的变化。黄酮类色素在空气中久置，容易氧化产生褐色沉淀，如含黄酮类色素的果汁存放过久便有褐色沉淀出现。

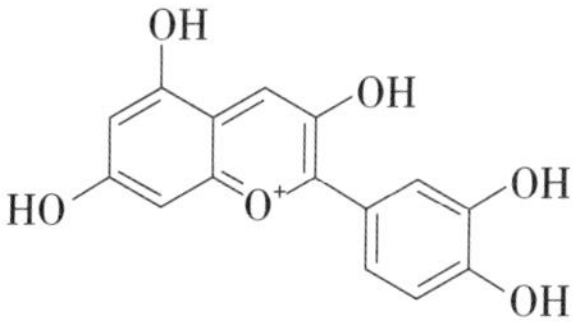

图7-4　花青素的结构

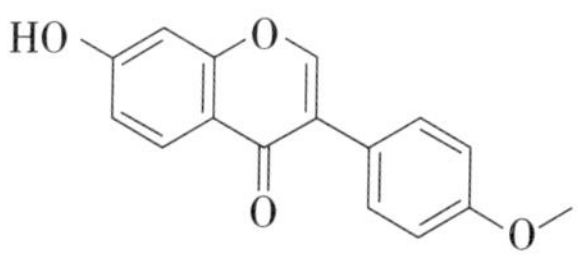

图7-5　花黄素的结构

（6）单宁　单宁（图7-6）也称为鞣质，存在于许多植物中（如柿子、茶叶、咖啡、石榴、葡萄、李等），具有收敛性。“收敛”是中医功效术语，即通过物质作用于人体，使身体皱缩、腺液分泌减少。单宁易氧化生成暗黑色化合物，在碱性溶液中

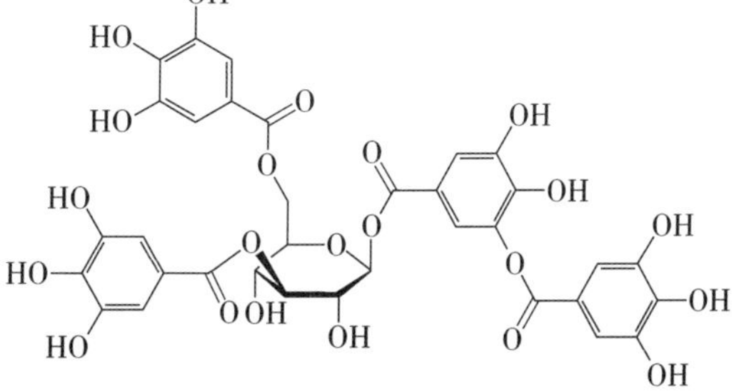

图7-6　单宁的结构

氧化更快，与金属反应生成不溶性盐，尤其与铁反应能生成蓝黑色物质，易与高价铁离子反应生成黑褐色的沉淀，并且颜色逐渐变蓝或变绿。因此加工富含单宁的食物不可使用铁制器皿。

2. 天然提取色素

（1）红曲色素　红曲色素是多种色素的混合物，主要是红色系和黄色系两大类。红曲色素为深紫红色粉末，略带异臭，熔点为165～192℃。乙醇浓度为75%～82%，醋酸浓度78%时，红曲色素的溶解度最大。红曲色素在水中的溶解度与水溶液的pH有关：在中性或碱性条件下极易溶解，pH4.0以下或5%以上盐溶液中，溶解度减小。红曲色素含量低时，其溶液呈鲜红色，含量高时呈黑褐色并伴有荧光。红曲色素对蛋白质着色性能极好，一旦染色，水洗不掉色。红曲色素常用于肉类上色，如红烧肉。

（2）姜黄色素　姜黄色素是从姜科植物姜黄、郁金、莪术等多年生草本植物根茎中提取得到的，是一种天然黄色素，具有着色力强、色泽鲜艳、热稳定性强、安全无毒等特性，广泛用于糕点、糖果、饮料、冰淇淋、有色酒等食品。

（3）甜菜红素　甜菜色素是以天然植物食用红甜菜为原料，以水为溶剂提取得到的天然色素。甜菜红素中主要成分为甜菜红苷，占红色素的75%～95%，有时也有游离的甜菜红素。甜菜色素还含有甜菜黄素、异甜菜苷、红苷等成分。甜菜红苷是一种吡啶衍生物。甜菜色素易溶于水，不溶于油脂。

（4）胭脂虫红色素　胭脂虫是一种寄生在胭脂仙人掌上的昆虫。这种昆虫的雌虫体内存在一种蒽醌色素，名为胭脂（虫）红酸，即胭脂虫红色素。胭脂红酸在pH5～6时呈红–紫红色，pH7.0以上时呈紫红–紫色，是理想的天然食品着色剂之一。其优点是抗氧化，遇光不分解。

3. 人工合成色素

（1）苋菜红　苋菜红为红褐色颗粒或粉末，水溶液为红色，耐光、热，但易被氧化和还原，遇碱变成暗红色。苋菜红多年来被认为比较安全的，近年有许多文章报道它可能致癌、致畸。目前中国和其他很多国家仍广泛使用这种色素，但限用于糖果、糕点、汽水和果子露等食品。

（2）胭脂红　胭脂红为红棕色粉末，水溶液为红色，耐光、酸，但对还原剂的耐受性差，能被细菌分解，遇碱产生红褐色，主要用于饮料、配制酒、糖果等。

（3）柠檬黄　柠檬黄为橙黄色的粉末，水溶液颜色为红色，耐光、热，耐氧化性差，遇碱变红色，还原时褪色。主要用于饮料、配制酒、糖果等，是安全性比较高的一种合成色素。

（4）靛蓝　靛蓝为蓝色均匀粉末，水溶液呈蓝紫色，不耐热、酸、光、碱、氧化作用，易为细菌分解，还原后褪色，但着色力好，常与其他色素配合使用。

巩固提高

一、多选题

1．以下是脂溶性色素的是（　）。

A．胭脂虫红色素　B．甜菜色素　C．姜黄色素　D．类胡萝卜素

2．以下是脂溶性色素的是（　）。

A．叶绿素　B．花青素　C．单宁　D．靛蓝

3．以下着色最牢固的色素是（　）?

A．姜黄色素　B．胭脂红　C．单宁　D．柠檬黄

4．苋菜红在食品中最大允许用量为（　）。

A．30mg/kg　B．50mg/kg　C．80mg/kg　D．100mg/kg

5．以下是合成色素的是（　）。

A．姜黄色素　B．柠檬黄　C．胭脂虫红色素　D．甜菜红素

6．遇铁变色的色素是（　）。

A．花青素　B．苋菜红　C．叶绿素　D．红曲色素

7．猪瘦肉在空气中长久放置，变成暗红色的原因是（　）。

A．血红素Fe^{2+}被氧化为Fe^{3+}　B．猪瘦肉细胞缺氧

C．血红素Fe^{3+}被还原为Fe^{2+}　D．血红素铁从卟啉环脱落

二、思考题

1．阅读GB 2760—2014，明白各种色素的使用范围和限量标准。

2．根据以下材料思考。

据青岛《半岛都市报》2011年4月13日消息，如今有些餐馆为了在颜色上吸引顾客，采用化学色素来渲染菜品颜色。做三黄鸡时，将大量的柠檬黄等色素涂到鸡皮上面，使其看上去颜色很诱人。在糖醋里脊、红烧肉等传统名菜中也越来越多地用化学色素来渲染菜品颜色（详情见：不少饭店厨房变“化工厂”色素染出鲜亮三黄鸡）。也有人亲自试验，展示了餐馆中四道常见菜：三黄鸡、糖醋里脊、红烧肉、桂花糖藕的自然烹饪方法和添加色素的烹饪方法，其中的颜色对比效果非常明显。有关专家表示：现行法规中，并没有明确规定能不能用，因而也就无法限制其在餐饮业中使用。

您如何看待餐饮业使用色素？欢迎就以下话题发表您的观点和建议：

（1）餐饮业使用色素有没有必要？

（2）如何规范色素在餐饮业中使用？

第二节　嗅觉和烹饪调香

知识目标

1. 熟悉嗅觉产生的原理；
2. 了解嗅觉特征和影响因素；
3. 了解香料和香精的基础知识。

能力目标

能合理使用香料香精。

重点内容

在香精理论指导下合理使用香料香精。

难点内容

通过实践，积累气味之间的相互关系经验和气味间的平衡与融合的经验，提高香精香料使用水平。

香气是人们评价菜肴感官质量的一个重要标准。食物的香气不仅能引起人们的食欲，还能间接地促进人体对营养素的消化吸收。

一、嗅觉基础理论

1. 嗅觉基础理论

嗅觉是人类的基本感觉。产生嗅觉的前提是空气中飘逸的载有气味物质分子的细小微粒被人的嗅觉器官捕捉到。微粒作用于嗅觉器官时，刺激鼻腔的嗅觉神经，并通过神经纤维传导到大脑中枢神经引起嗅觉。

自然界中大部分气味物质是有机物，大部分无机物是无气味的。少数含有SO_2、NO_2、H_2S、NH_3等的无机物具有强烈的刺激性气味。不同的气味物质同时作用于嗅觉器官时会产生相互掩盖和抑制的现象，其结果是使嗅觉发生变化。如用气相色谱分析红烧肉香气时，发现红烧肉关键性气味物质单独存在时没有任何红烧肉气味，但是混合在一起就会产生红烧肉气味，所以食物的气味是多种气味物质协同效应的结果。这也是许多以香精为主要气味的食物，气味闻起来异常尖锐浓郁、不柔和的原因。烹饪中常利用这种协同效应创造美食，如鱼煮豆腐既没有鱼腥味，又没有豆腥味，而是形成了独特的美味。

2. 嗅觉的疲劳、适应和习惯性

气味物质持续的刺激会使嗅觉细胞疲劳而变得不灵敏。常言道“入芝芷之室，久而不闻其香；入鲍鱼之肆，久而不闻其臭”，意思是再香的东西闻久了也不香，再臭的东西闻久了也不臭。一般情况下，人的嗅觉细胞1～2min就可适应气味，较强烈的气味，需10min左右适应。

3. 影响嗅觉的因素

影响人嗅觉的因素有气味物质的种类和相对分子质量、人的综合情况以及气候条件等。不同原料里的气味物质不同。食物的气味可分为植物性原料香气、动物性原料香气、焙烤食物香气和发酵食物香气等类型。同样的湿度，气温升高时，嗅觉敏感性增加；气温恒定时，湿度升高，嗅觉的敏感性增加。随着年龄增大，嗅神经纤维逐渐减少，嗅觉也会逐渐减退。女性嗅觉常不如男性灵敏。身体疲倦、营养不良、生病甚至心情不好时，嗅觉会减退，所以感冒的人容易闻不到菜肴的香味。

二、香料与香精

1. 烹饪中常用的香料

广义上，香料亦称香原料和香精，狭义上，不包括香精，指一种能被嗅感嗅出气味或味感品出香味的物质，是用以调制香精的原料。香料可促进食欲、帮助消化和吸收。因为不少食用植物香料兼有辣味，所以又称为食用香辛料。目前被国际组织确认的天然食用香辛料有70多种，通常使用含香最浓郁的植物部位，比较常见的是姜、葱、大蒜、辣椒、茴香、八角、肉桂、花椒、胡椒等。烹饪中常将香料磨成粉末使用，分为三种：拌和式、吸附式、微胶囊。拌和式香料是几种粉状香料混合形成，如五香粉、咖喱粉。吸附式香料是使香精充分吸附在载体表面，如肉类香精。微胶囊香料是将香精用胶囊包裹以保持较长时间的释放，并防止香精氧化变质。

2. 食用香精

（1）食用香精　香精是由数种乃至数十种香料，按照一定比例调和成具有某种香气或香型和一定用途的调和香料。香精按用途可分为日用香精、食用香精和其他用途香精。食用香精种类可分为天然香精、等同天然香精、人工合成香精、微生物方法制备香精和反应型香精。天然香精是从天然动植物香料中萃取得到的完全天然的物质，如香兰素、苯甲醛，或蒸馏得到的，如柑橘油、薄荷油、丁香油。全世界有5000多种原料可用于提取食用香精，常用的有1500多种。等同天然香精是人工合成的与天然香精物质完全相同的化学物质，如存在于大部分水果和许多天然食物中的丁酸乙酯。人工合成香精是人工合成的尚未被证实自然界是否存在的物质，如乙基麦芽酚、乙基香兰素。微生物方法制备香精是通过微生物发酵或酶促反应获得的香精。反应型香精是将蛋白质与还原糖加热发生美拉德反应而得到，常见于肉类、巧克力、咖啡、麦芽香中。

（2）香气组成　每种香料表现出的香气特征不同。比如檀香木香气持久，初闻香气不明显，时间越久，香气越馥郁；柠檬等柑橘系香气恰恰相反，开始清爽，但很快香气就消失；而花香多介于檀香木和柑橘系之间。1954年，英国著名调香师扑却（Poucher）按照香料中香气的挥发度和在辨香纸上的留香时间，将香气分为头香、体香、基香。头香挥发度高、扩散力强，在评香纸上的留香时间小于2h，头香赋予人对香料的第一印象。体香挥发度中等，在评香纸上的留香时间2～6h，构成香料的香气特征，是香料最重要的组成部分；基香亦称尾香，挥发度低，富有保留性，在评香纸上的残留时间在6h以上，也是香料香气特征的一部分。

三、气味之间的相互关系

1. 气味间的相互作用

气味间存在相互作用。在混合气味中，各成分之间的相互作用包括以下几种：气味的累加、气味的协同、气味的融合、气味的掩盖。气味根据强弱分为4个等级，分别是0级（无气味）、1级（极微弱）、2级（弱）、3级（明显）。

（1）气味的累加　指一些呈香物质的气味强度可以相互叠加，叠加后的混合物气味比各气味单独存在时更强的现象。

（2）气味的协同　指不同气味混合后，强度均有增强的现象。

（3）气味的融合　指不同的具有相似浓度的气味混合后能融为一体，形成新的气味，各自原来的气味消失的现象。如果几种气味混合，能形成一种难以辨别出各自原气味的新气味，那么这些气味互为可融和气味；如果混合后，原来气味可以单个地被辨认出来，并且在混合气味中，这些单个气味都可以成为注意中心，则这些气味相互为非融和气味。

（4）气味的掩盖　指几种气味混合后，某些气味可以掩盖另一些气味的现象。这通常与呈香物质的浓度或气味的强度有关。在混合气味中，如果一种呈香物质的浓度较高，或者两种呈香物质的香气物质浓度相同，但一种气味强度较高，则这种呈香物质的气味会掩盖另一种呈香物质的气味。

2. 气味间的平衡

多种气味混合，如果相互平衡，则形成的新气味令人愉悦且浓郁度适宜，反之，形成的新气味令人厌恶。气味间的平衡可通过人的嗅觉感受到。例如，如果人为调整酒的酒精度超过4%，则酒精的气味就掩盖了酒的果香和花香，使人只闻到酒精的气味。玫瑰香是麝香型气味，而麝香味（萜烯类物质）具有强烈的掩盖作用。如果用非常成熟的葡萄酿酒，则该葡萄酒主要呈麝香味（玫瑰香味），但若用不太成熟的葡萄酿酒，就需要加糖以增加酒精度，那么该葡萄酒既有麝香味，又有酒精味。由于麝香味与酒精味很难协调，所以该酒的气味令人不愉悦。

四、烹饪调香

烹饪中往往需要添加适量香辛料来改善菜肴香气，或掩盖原料中不良气味。香辛料的使用既要根据烹饪时间确定，又要根据香料类型确定。如果烹调时间长，可以直接投放香辛料；如果烹调时间短，比如爆炒，可将香辛料投入热油锅内煸炒出香味，再烹调菜肴，还可以将香辛料制成末状或榨汁，如葱油、姜汁、蒜泥。香味物质一般是脂溶性的，可用食用油提取香料中的香气成分，制成香油，如将花椒油、辣椒油。

西式面点、饮料加工中，也常使用香精改善食品风味。香精使用时，除要符合食品添加剂使用规范外，还应注意气味的相互作用和平衡问题，以及头香、体香、基香的厚薄问题。烹饪史上有许多是通过气味平衡形成的美食，比较著名的有鱼煮豆腐、鱼香肉丝、酸菜鱼、咖喱鸡等。

巩固提高

一、不定项选择题

1．以下哪些因素会影响人的嗅觉？（　）

A．温度　　B．湿度　　C．心情　　D．性别

2．气味物质以（　）形式被嗅觉器官捕捉到。

A．微粒　　B．光束　　C．磁场　　D．热量

3．“入芝芷之室，久而不闻其香”指气味的（　）。

A．平衡性　　B．适应性　　C．疲劳性　　D．融合性

4．“檀香木香气持久，初闻香气不明显，时间越久，香气越馥郁”，由此可以判断檀香木（　）？

A．头香薄、体香厚、基香厚　　B．头香厚、体香薄、基香薄

C．头香厚、体香厚、基香厚　　D．头香薄、体香薄、基香薄

5．“鱼煮豆腐”形成一种不同于鱼腥味和豆腥味的新的令人愉悦的香气，这属于（　）。

A．香味的平衡　　B．香味的融合

C．香味的掩盖　　D．香味的协同

6．红烧鱼时，鱼下锅前先用油将葱、姜爆出香气，再将鱼下锅油煎，爆葱、姜的目的是（　）。

A．香味协同　　B．香味累加

C．香味融合　　D．香味掩盖

二、思考题

1. 查资料，了解各种气味物质的沸点，分析气味物质沸点有什么特点？为什么气味物质主要是有机物？
2. 收集烹饪史上那些单独原料气味难闻，与其他原料混合烹饪后又成为美食的案例，并分析这些美食品种原料气味间的相互作用。

第三节　味觉与烹饪调味

知识目标

1. 熟悉味觉形成原理；
2. 了解味觉的影响因素和味的相互作用。

能力目标

能合理使用滋味物质。

重点内容

提高滋味物质的使用水平。

难点内容

通过实践，逐渐积累滋味物质间的相互作用经验，提高使用滋味物质的水平。

民以食为天，菜肴的味是评价菜肴质量的一个重要指标。

一、味觉原理

味觉是由分布在舌和上颚上的味蕾感受到的。味蕾是由味细胞组成的，味蕾的顶端有一个小孔，称为味孔（图7-7）。食物的各种味道都是由食物中可溶性呈味物质溶于唾液，或食物溶液接触舌头表面的味蕾，再进入味孔，通过收集和传递信息的神经感觉系统传导到大脑，经大脑的分析处理和识别，最后使人产生味觉。

舌头的不同部位对味觉的敏感性是不同的：甜味比较敏感的部位在舌尖，对酸味比较敏感的部位在舌的两侧后半部分，对苦味比较敏感的部位在舌头根部，对咸味比较敏感的部位在舌尖和舌头两侧的前半部分，具体如图7-7和图7-8所示。

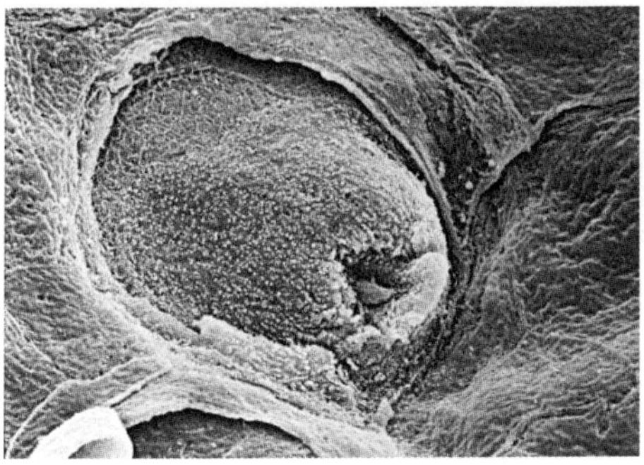

图7-7　显微镜下的味蕾

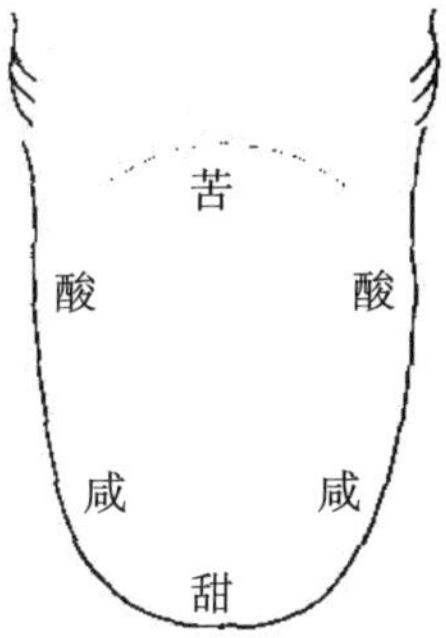

图7-8　舌头味感区域示意图

二、味的分类

从生理学角度看，味分为甜、酸、苦、咸四种基本味，生活习惯和饮食爱好的差异性对味的分类各不相同。如中国、日本分为甜、酸、苦、咸、辣五种；欧美分为甜、酸、苦、咸、辣、金属味六种；印度分为甜、酸、苦、咸、辣、淡、涩、不正常味八种。

烹饪中把味分为单一味、复合味两大类。单一味是指味觉器官所感受到的独立的味，包括甜、酸、苦、咸、辣、麻、涩、鲜等。其中辣味是刺激口腔、鼻腔黏膜和皮肤所引起的痛觉；麻味是麻味物质刺激舌黏膜引起的感受；涩味是涩味物质对舌黏膜的收敛作用引起的感觉；鲜味是与其他味配合的整体味感。复合味是指多种呈味物质刺激味觉器官所产生的综合味感，如麻辣味、咸鲜味、鱼香味、酸甜味等。

三、影响味觉的因素

1. 生理因素

人体的健康状况、年龄和性别不同，对味觉的敏感程度不同。一般来说，健康的人味觉的灵敏度高，非健康人的味觉的灵敏度低；儿童的味觉的灵敏度高，随着年龄的增长，味蕾数目和唾液分泌的降低而导致味觉灵敏度下降；女性味觉的灵敏度高，男性的味觉的灵敏度低。生活环境和饮食习惯也对味觉的感受程度不同。

2. 心理因素

人的心理活动对味觉的影响也比较复杂，如就餐环境、服务的好坏、食物的装盘、价格等都有可能影响人的心理，从而影响味觉。

3. 温度

同一食物在不同的温度下，味觉感受有差异。最能刺激味觉神经的温度在10～40℃，其中30℃最为敏感。低于或高于此温度范围时，人的味觉都会减弱。因此在烹饪过程中，冷菜的调味应适当偏重一点，以弥补因温度低而对菜肴口味的影响。

4. 食物的黏稠度

食物的黏稠度可以延长呈味物质在口腔内停留的时间，给较弱的味感更多的感受时间，同时降低了呈味物质从食物中释放出来的速度，对于味感过强的食物还可以给予一定程度的缓冲，所以说适当的黏稠度对食物整体风味有很重要的影响。食物黏稠度的确定取决于食物的特征、烹饪方法等因素。在中式烹调中，勾芡是运用比较广泛的一项技术，勾芡能增加菜肴汤汁的黏稠度，使芡汁均匀包裹在原料的表面，形成菜肴良好的味感。

制作“麻婆豆腐”“一品海皇羹”等菜肴时，勾芡使得菜肴的主配料和调味品均匀混合在一起，形成厚重、鲜美的口感。

5. 食物的颗粒度

食物的颗粒度对味觉会产生直接的影响，颗粒越细小越有利于呈味物质的释放，同时对口腔的触动较柔和，对味觉的影响有利，所以细腻的食物可以美化口感，如制作豆沙月饼，豆沙馅心的颗粒度将影响入口的触觉感受和对细腻度的享受。有些食物需要在咀嚼的过程中才能体会到良好的口感，这类食物就必须要有明显的颗粒度、适当的弹性、韧性及滑顺的质感。

在制作“金沙炒膏蟹”菜肴时，咸蛋黄经过油炒制后，其粉状颗粒均匀覆盖原料的表面，形成独特的口感。

6. 呈味物质的溶解度和浓度

味觉的产生是以呈味物质能溶解为前提的，完全不溶于水的物质是无味的，如果把舌头上的唾液用滤纸吸干，那么，把一块干燥的糖块放上去，是感觉不到甜味的。因此，呈味物质溶解速度的大小、快慢都将直接影响味觉的感受程度。如蔗糖较容易溶解，其味觉的产生、消失也快；而糖精较难溶解，其味觉产生就较蔗糖慢，但味觉持续的时间却比较长。

呈味物质的浓度不同也会导致味感的不同，只有适合的浓度才能产生愉快的味感。一般来说，任何浓度的甜味都是愉快的；低浓度的酸味和咸味令人愉快，而高浓度的酸味和咸味则会使人感到难受。另外，在可以感知的范围内，呈味物质的浓度与味感强度呈正比关系，即浓度高的呈味物质味感强度大。

7. 油脂对味觉的影响

食物中的油脂并不表现直接的呈味作用，但油脂会减弱甚至能够短暂地改变食物的味道。因为食物中的呈味物质都是水溶性的，油脂在口腔内形成的薄膜能够阻碍水溶性呈味物质与味觉器官的接触，但是油脂薄膜不可能将口腔内所有味觉器官全部覆盖，而且唾液对油脂薄膜起到一定的冲刷作用。所以，有油脂存在的时候，人的味觉感官对各种呈味物质的感知是动态的，这样使得食物的风味有了很好的层次感和立体感。油脂的这种作用降低了呈味物质对味觉器官的刺激强度，使食物更加美味。“鱼头豆腐汤”的成菜特点是：鱼汤奶白，味道鲜美，香而不腻，口感醇厚，就是运用了油脂的乳化作用，使得水油均匀混合在一起，形成丰富的口感。

四、味的相互作用

1. 味的对比

把两种或两种以上不同味觉的呈味物质以适当的比例混合在一起，使其中一种呈味物质的味感变得更加突出的现象，称为味的对比现象。如在10%的蔗糖溶液里加入0.15%食盐后，其混合液的甜味比原来的蔗糖溶液显得更加甜；味精的鲜味只有在食盐存在的情况下才能显示出来。

在烹调菜肴时，往往先确定菜肴的主味，然后再加上其他辅味。如以咸味为主的菜，可以加上盐量25%的糖，既吃不出甜味，又可使咸味更鲜醇；制作以甜酸味为主的菜，也要加上适当的盐，才能使菜肴更好吃。

2. 味的相乘

把两种或两种以上有相同味感的呈味物质混合以后，其味感强度超过两者分别使用时相加的总和，出现相乘的效果，称为味的相乘现象。如甘草本身甜度为蔗糖的50倍，但与蔗糖混合后其溶液甜度可增至蔗糖的100倍。

烹饪中，我们常采用多种料在一起炖、煨等方法来增强原料的鲜味。福州传统名菜“佛跳墙”制作过程中，用绍兴酒坛装鸡、鸭、羊肉、猪肚、鸽蛋及海产品等10多种原辅料煨制，利用这些原料中不同的鲜味物质之间的相乘作用，使得菜肴的整体鲜味有了很大程度的提升。

3. 味的消杀

把两种不同味觉的呈味物质以不同的浓度混合后，会使其中任何一种呈味物质的味感要比它单独存在时所呈现的味感有所减弱，这种现象称为味的消杀。如做鱼类或者牛羊肉、内脏等带有腥膻气味的原料时，要多加些糖、醋、酒、葱、姜、蒜等调料去除不良气味；在制作新鲜的鱼虾、鸡鸭、蔬菜时，这些本身具有鲜美滋味的原料时，调味就要淡一些，如果调味过重，会抵消原料本身的鲜味。

烹饪过程中，如果不小心把菜肴的口味调得过酸或过咸时，应适当添加糖对过酸或过咸口味进行减弱。需要注意的是，虽然味的消杀作用减弱了盐或糖的味道，但盐或糖的数量是确实存在的，因此可能会使就餐者食用过多的盐或糖，从而对人体健康带来不利的影响。

4. 味的转化

在品尝过盐水或苦味物质以后，立即饮用无味的清水会感觉有些甜味，这种现象称为味的转化。吃过甜食后，再吃酸的食物或喝酒就会感觉特别的酸或苦。因此筵席上菜时，甜品、水果放在最后上，就是为了预防吃了甜味食物以后会出现味的转化；品酒师和菜肴评委在评判作品时候都要用白开水洗漱口腔，间歇数秒钟后，再继续品尝下一作品，其目的就是为了防止出现味的转化作用而影响评委评判的准确性。

五、主要几种味的相互作用

1. 咸味与甜味

咸味和甜味之间一般存在着相互减弱的现象，这属于味的消杀现象。但在甜味溶液中加入少量的盐，可突出甜味，这是味的对比现象，在甜味溶液中加入大量的盐以后，甜味会减弱；在咸味溶液中加入糖可减缓咸味。

2. 咸味与酸味

在咸味溶液中加入少量的食醋，可使咸味增强，但当咸味溶液中加入过量的食醋时，则又使咸味减弱。如在1%～2%的食盐溶液中加入醋酸含量在0.05%以上（pH在3.4以下），或10%～20%的食盐溶液中加入醋酸含量在0.3%以上（pH在3.0以下）时，均可使咸味有所减弱。任何浓度的醋酸溶液加入少量的食盐则酸味增强，但加入大量的食盐后酸味反而减弱。

3. 咸味与苦味

咸味溶液中加入苦味物质可导致咸味减弱，如在食盐溶液中加入适量咖啡因则咸味降低。苦味溶液中加入咸味物质则苦味减弱，如咖啡因溶液中加入适量食盐则苦味下降。

4. 咸味与鲜味

咸味溶液中加入少量味精后可使咸味变得柔和。在味精溶液中加入适量食盐，可使鲜味突出，这时食盐实际上是起着一种助鲜剂的作用。

5. 甜味与酸味

甜味溶液中加入少量酸味物质则甜味减弱，加入量越大，甜味越小。酸味溶液中加少量入甜味物质则酸味减弱，加入量越大，酸味越小。

6. 甜味与苦味

甜味溶液的甜味因苦味物质的加入而减弱；苦味溶液的苦味因甜味物质的加入而减弱。如喝咖啡时加糖的目的就是为了减弱咖啡的苦味，但是需要加入比较高浓度的糖才能明显减弱咖啡的苦味，因此，喜欢咖啡苦味的人喝咖啡时都不喜欢加糖。

7. 甜味与鲜味

少量的甜味可以增强鲜味的强度，形成较好的味感，如江浙厨师在烹制菜肴的过程中喜欢加入少量的糖来代替味精，这样菜肴不但不显甜，而鲜味又有所增加。所以，在有食盐的前提条件下，少量的糖有提鲜的作用。

8. 酸味与苦味

酸味溶液中加入少量的苦味物质则酸味会增强。

9. 酸味与鲜味

酸味能使鲜味减弱；鲜味也能使酸味缓和。如味精的鲜味会受食醋影响。

巩固提高

一、选择题

1. 以下哪种原料的切配方式有利于食物呈味？（　）

A. 切成丝　B. 切成末　C. 切成块　D. 切成丁

2. 以下说法正确的是（　）。

A. 甜味比较敏感的部位在舌根

B. 对酸味比较敏感的部位在舌的两侧后半部分

C. 对苦味比较敏感的部位在舌尖

D. 对咸味比较敏感的部位在舌头两侧的后半部分

3. 以下不能影响人的味觉的是（　）。

A. 食物的温度　B. 食物的黏稠度

C. 食物的切块大小　D. 食物的颜色

4. 以下哪种食物是单一味？（　）

A. 香草蛋糕　B. 红烧肉　C. 糖水　D. 茶叶蛋

5. 甘草和蔗糖之间是（　）。

A. 味的相乘　B. 味的对比　C. 味的消杀　D. 味的转化

二、判断题

（　）1. 不同民族对味的划分不同。

（　）2. 食物中的油脂不能影响人的味觉。

（　）3. 一种味能突出另一种味是味的对比。

（　）4. 咸味可以突出甜味。

（　）5. 咸味与苦味间是味的消杀。

三、思考题

实习生小吴在做“鱼香肉丝”时，将里脊肉洗净切成长条，加入料酒、鸡蛋清、水淀粉、盐搅拌均匀，腌制20min后开始烹调，烹调时忘记了腌制时已经加盐，又加了较多的盐，导致烹调好的“鱼香肉丝”太咸，请你通过味的相互作用纠正小吴所做的“鱼香肉丝”的味感。

第四节　食物的感官检验

知识目标

1. 熟悉感官检验的作用；
2. 熟悉各种感官检验方法的具体操作步骤。

能力目标

能主持分析型和嗜好型感官检验。

重点内容

熟悉各种感官检验方法的具体操作步骤。

难点内容

感官检验指标设计。

饮食行为是一种复杂行为。日常生活中，人们饮食的目的主要为了从食物中获得营养，同时也希望从饮食行为中获得食物的色、香、味、形、声给人的视觉、嗅觉、味觉、触觉、听觉享受。此外，食物的许多品质特征是综合信息汇聚出的特征，无法通过仪器检测，只能通过人的感觉器官检测。这种以“人”为工具，利用科学客观的方法，借助人的眼睛、鼻子、嘴巴、手及耳朵，并结合心理、生理、物理、化学及统计学等，从而得出结论，对食品的色、香味、形、质地、口感等各项指标做出评价的方法，称为食物感官检验方法。食物感官检验可以解决化学分析和仪器测定无法解决的问题，比如人们对食物的喜好程度。

一、食物感官检验的作用

食物感官检验可以确定食物的质量等级；可以了解食物存在的缺点和缺陷，发现烹饪加工中的问题，帮助改进烹饪工艺；可以检验烹饪配料效果，发现烹饪配料中的问题，引导烹饪朝营养、口感丰富、科学烹饪的健康方向发展。

二、食物感官检验方法分类

根据感官检验的目的，可以将食物感官检验的方法分为分析型感官检验和嗜好型感官检验。分析型感官检验是把人的感觉当仪器，测定食物的特性或差别；嗜好型感官检验是分析消费者更喜欢什么。

感官检验的具体方法有很多种，主要有成对比较检验法、三点检验法、二–三点检验法、五中取二检验法、A或非A检验法、排序检验法、分类检验法、评估检验法、评分检验法、分等检验法、简单描述检验法、定量描述检验法、剖面检验法等。烹饪中常用的检验法的具体内容如表7–1所示。不同检验方法所需评价人数如表7–2所示。

表 7–1　烹饪中常用的感官检验（检验）方法

分析型感官检验			操作方法
差别检验	总体差别检验	成对比较检验法	每次随机地同时出示两个样品给评价员，要求评价员对这两个样品进行比较，判定整个样品或者样品某些特征强度的顺序
		三点检验法	每次随机提供给评价员三个样品，两个相同，一个不同，要求找出相同的两个样品。这种方法一般用于鉴别两个样品的细微差别或用于挑选、培训评价员
		二–三点检验法	先给评价员一个参照样品，接着提供两个样品，其中一个与对照样品相同或者相似，要求评价员从后面提供的两个样品中挑选出与对照样品相同的样品，这种方法也被称为一–二点检验法。用于确定两个样品间是否有可觉察的差异
		五中取二检验法	每个评价员同时得到五个样品，其中两个是相同的一种产品，另外三个是相同的一种产品，要求评价员在品尝之后，将两个相同的产品选出来。这种检验方法主要是为了评定两种样品是否存在感官上的差异，当鉴评员人数较少（如10个）时，多用该试验。此试验易受感官疲劳和记忆效果影响，所以这种方法主要用于视觉、听觉和触觉鉴评，不适用风味评定
		A或非A检验法	评定人员先熟悉样品“A”，再将一系列样品呈送给评定人员，样品中有“A”，也有“非A”。要求评定人员对每个样品做出判断，哪些是“A”，哪些是“非A”
	性质差别检验	排序检验法	将一系列样品按其某种特性或整体印象的顺序进行排列
		分类检验法	在确定产品类别标准的情况下，要求评价员品尝样品后，将样品划分为相应类别
		评分检验法	评价员就样品的某些感官特性按事先确定的规则在其中选择合适的分值
		分等检验法	在确定产品等级标准的情况下，要求评价员品尝样品后，将样品划分为相应等级的感官检验方法
嗜好型感官检验			操作方法
简单描述检验法			评价员用合理、清楚的文字对构成样品质量特征的各个指标尽量完整、准确地进行定性描述，以定性评价样品感官品质
二点嗜好试验法			比较两种试样，判断哪一种更好，并利用二点嗜好检定表对判断结果进行检定。特点：（1）可给出样品间指定属性存在差别的方向；（2）结果检定应用二点嗜好试验结果检定表（双侧）

表 7-2　不同检验方法所需评价人数

方法	所需评价人数		
	专家型	优秀评价员	初级评价员
成对比较检验法	7名以上	20名以上	30名以上
三点检验法	6名以上	15名以上	25名以上
二-三点检验法			20名以上
五中取二检验法		10名以上	
A或非A检验法		20名以上	30名以上
排序检验法	2名以上	5名以上	10名以上
分类检验法	3名以上	3名以上	
评分检验法	1名以上	5名以上	20名以上
分等检验法	按具体方法	按具体方法	
简单描述检验法	5名以上	5名以上	

感官检验人员也可以分成专家型、消费者型、无经验型、有经验型、训练型五类。消费者型可以从事嗜好型感官检验。无经验型一般可在实验室小范围内进行感官检验。有经验型感官检验人员具有一定的差别分辨能力，可从事差别类检验。训练型感官检验人员都具有描述产品感官品质特性及特性差别的能力，专门从事对产品的品质特性的评价。

三、食物感官检验的顺序和基本规则

食物感官检验一般在饭后2～3h内进行，通常先进行视觉检验，再进行嗅觉检验，然后进行味觉检验及触觉检验。味觉检验前不要吸烟或吃刺激性较强的食物，以免降低感觉器官的灵敏度。检验时取少量被检食品放入口中，细心品尝，然后吐出（不要咽下），用温水漱口。若连续检验几种样品，应先检验味淡的，后检验味浓的食品，且每品尝一种样品后，都要用温水漱口，以减少相互影响。对已有腐败迹象的食品，不要进行味觉检验。

四、食物感官检验结果的描述

根据检验需求，食物感官检验的结果可以采用简单描述法、定量描述法。简单描述法要求评定人员对构成食物的特征的各个指标进行定性描述，尽量完整地描述出被检食物的品质，具体可分为风味描述法和质地描述法。描述时，评定人员可以自由地选择自己认为合适的词汇，也可以由组织方提供指标检查表，或是评价某类产品时的一组专用术语，由评定人员选择其中合适的指标或术语对产品的特性进行描述。定量描述法要求评定人员尽量完整地对被检食物的感官特征的各个指标的强度进行评定。

五、食物感官检验国家标准

食物感官检验从方法学、术语、感官分析实验室的建立到各种感官特征的检验方法和评价方法都有相应国家标准。如GB/T 21172—2007《感官分析　食品颜色评价的总则和检验方法》，GB/T 25006—2010《感官分析　包装材料引起食品风味改变的评价方法》，GB/T 39558—2020《感官分析　方法学“A”－“非A”检验》，GB/T 12310—2012《感官分析方法　成对比较检验》等。感官检验实践至少需要按国标操作。

巩固提高

一、选择题

1．最容易产生感觉疲劳的是（　）。

A．触觉　B．视觉　C．味觉　D．嗅觉

2．味觉感受器就是（　）。

A．舌根　B．舌面　C．味蕾　D．舌尖

3．食品的均匀性评价靠（　）完成。

A．手　B．耳　C．鼻　D．嘴

4．感官检验宜在饭后（　）h内进行。

A．0.5　B．1　C．2～3　D．8

5．感官检验时，先进行（　）检验。

A．味觉　B．嗅觉　C．视觉　D．触觉

二、实验题

1．味觉鉴别能力的测试：用2%砂糖溶液；0.07%柠檬酸溶液；0.7%咖啡因溶液；0.2%食盐溶液测试检验人员对甜、酸、苦、咸四种基本味觉的鉴别能力。

2．嗅觉鉴别能力的测试：要求能准确辨认出醋酸、香草香精、草莓香精、柠檬香精、橘子香精的气味。

3．辨别能力的测试：按二点辨别法测试在味觉和嗅觉上辨别不同浓度样品的细微差别的能力。测试用的标准品如下：

（1）味觉测试：①甜味（A）2%白砂糖溶液；（B）3%白砂糖溶液。②酸味（A）0.04%柠檬酸溶液；（B）0.05%柠檬酸溶液。

（2）嗅觉测试：（A）牛奶；（B）牛奶+酸奶酪香精（0.04mL）。

导学树

本章仅为风味学入门性的部分基础理论。前三节相互独立，第四节为实践性章节，也是前三节的综合。一般食物的感官检验除色、香、味以外，还包括食物的质地和形态，但是由于食品质地知识超出了本教材内容范围，因此第四节也没有介绍“食物质地”相关内容。有更深学习需求的同学可以通过其他途径学习“食物质地”相关知识和“食物质地”检验相关知识。

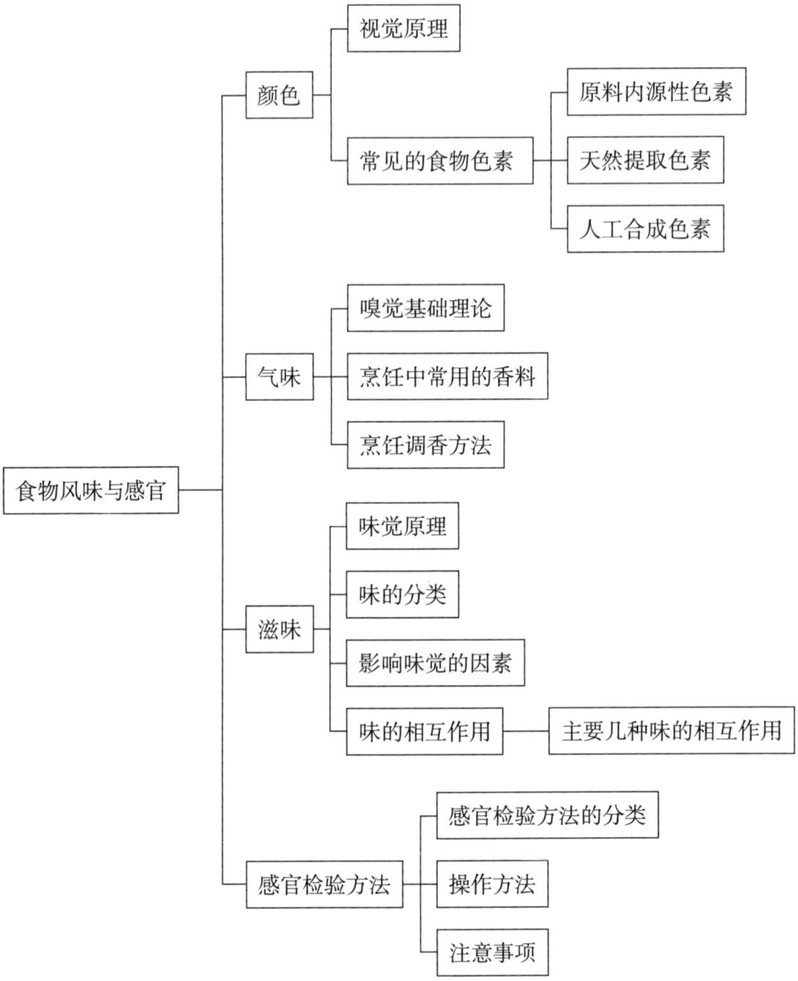

参考文献

[1] 斯里尼瓦桑·达莫达兰，柯克·L. 帕金. 食品化学：第5版［M］. 江波等，译. 北京：中国轻工业出版社，2020.

[2] 保拉·菲戈尼. 烘焙原理：第3版［M］. 许学勤，译. 北京：中国轻工业出版社，2019.

[3] 徐小青. 面筋蛋白对馒头品质的影响［D］. 郑州：河南工业大学，2020.

[4] 李芳，张影全，李明，等. 小麦面筋形成及其理化特性影响因素研究进展［J］. 中国食品学报，2019（10）：279–285.

[5] 刘长虹，杜云豪，王录通，等. 依据面筋蛋白质构变化划分馒头面团调制阶段研究［J］. 农业工程学报，2018（11）：238–241.